U0799077

国家科学技术学术著作出版基金资助出版

中国海草分布、生态系统结构及碳通量遥感

杨顶田 等 编著

科学出版社
北京

内 容 简 介

本书着力于海草碳汇的研究方法、通量等方面的研究，首先讨论海草及碳汇的遥感监测方法，对卫星遥感海草的水体校正进行阐述，然后对单种海草的分布进行作图。在海草生态系统结构方面，着重讨论海南海草床和广西海草床的结构。在此基础上，对海草生态系统中的附生生物、细菌以及浮游植物、浮游动物和底栖生物分别进行探讨。本书还分别讨论山东、台湾及海南海草床的碳通量。虽然海草净初级生产力只有500g C/(m^2·a)，但海草床的年埋藏量可以达到14kg C/(m^2·a)，远高出海草本身的初级生产力。

本书可供国家或地方海湾、海岸带管理人员，以及从事海草科学、海岸带碳通量研究的科研人员及高等院校师生参考使用。

图书在版编目（CIP）数据

中国海草分布、生态系统结构及碳通量遥感/杨顶田等编著. —北京：科学出版社，2016.12

ISBN 978-7-03-050645-0

Ⅰ. ①中… Ⅱ. ①杨… Ⅲ. ①海草-生态系统-碳循环-研究-中国 Ⅳ. ①Q949.2

中国版本图书馆CIP数据核字（2016）第274301号

责任编辑：许 健 田轶静 / 责任校对：彭珍珍
责任印制：谭宏宇 / 封面设计：殷 靓

科 学 出 版 社 出版
北京东黄城根北街16号
邮政编码：100717
http：//www.sciencep.com
苏州越洋印刷有限公司 印刷
科学出版社发行 各地新华书店经销
*
2017年1月第 一 版 开本：720×1000 1/16
2017年1月第一次印刷 印张：15 1/2 插页：6
字数：360 000

定价：98.00元

（如有印装质量问题，我社负责调换）

《中国海草分布、生态系统结构及碳通量遥感》
编写人员名单

主　　编	杨顶田			
副 主 编	单秀娟	许战洲	李文涛	黄道建
	杨超宇			
参编人员	高亚平	吴后波	郑凤英	周立柱
	尹小青	陈　杰	陈云龙	朱　利
	单秀娟	许战洲	李文涛	黄道建
	杨超宇			

前　　言

气候变化已经对中国社会经济产生了重大的影响。2009 年年底，在哥本哈根气候变化会议上，中国承诺将在减缓气候变化方面做出贡献。气候变化主要由温室气体引起，而且煤、石油等燃料燃烧所产生的温室气体已经大大超出预期。了解温室气体去向，对应对气候变化相关方针政策的制定以及措施的实施具有相当重要的意义，因此，定量研究全球温室气体的收支平衡，特别是关于碳循环的研究，一直是探讨气候变化和区域可持续发展的核心问题之一，也是全球变化研究的热点和难点，尤其在寻找未知碳汇方面更是目前共同关注的问题。

海洋作为重要的碳汇已经受到越来越多的关注，目前主要集中在近海和深远海的浮游生物对碳的吸收方面，但对海岸带，尤其是底栖水生植物的碳循环关注较少。近年来的研究认为，海岸带浅水底栖生态系统的净初级生产力占海洋总净初级生产力的 9.5%，占全球总净初级生产力的 6%。在海岸带生态系统中，海草生态系统是生产力最高的生态系统之一，可以达到 300～1500g $C/(m^2 \cdot a)$，其净初级生产力占到海岸带净初级生产力的 11%左右。而且海草是许多海洋生物的直接食物来源，为它们提供重要的栖息地和隐蔽保护场所，是将碳直接传递给海洋动物的主要途径之一，也是将碳固定在沉积物中的主要途径（如海草的根部钙化或海草的大量堆积等可以将碳直接固定在沉积物中）。海草的光合作用在大量固定碳的同时，也通过呼吸作用向海水中释放 CO_2。在其腐烂过程中，细菌等微生物也是碳循环的主要贡献者和受益者。因此对海草生态系统中碳通量及循环模式的研究可以为统计我国海洋碳通量提供重要的第一手资料。

海草一般生活在浅水环境中，尤其是以淤泥为底质的区域，人力徒步和航船等都很难达到，对于大面积的海草碳通量的检测主要通过卫星遥感来实现。已有的卫星遥感模式研究表明，初级生产力的计算对输入的叶绿素场非常灵敏，而运用光谱法来检测叶绿素 a 的含量也有大量的研究，这样就为卫星遥感海草碳通量奠定了较好的基础。

但由于海草生态系统是一个开放的生态系统，所以碳输入和碳输出的精确测定较为困难。可以采用卫星遥感的方法，并结合现场实验，通过测定有效光合辐射（PAR）、海草、悬附植物和底栖藻类初级生产力、捕食通量、碎屑通量、海草床中碳沉降及温度等指标，建立海草碳循环的生态模式，应用于海草碳通量的精细检测；并与卫星遥感模式进行有机结合，建立基于遥感的海草碳通量计算模型，为进一步综合评价我国海岸带对碳吸收的贡献等方面提供可靠的方法和基础数据。

国家自然科学基金项目资助了“基于卫星遥感和现场观测的南海海岸带海草

生态系统碳通量和碳循环研究”（编号 41176161）和国家自然科学基金海峡两岸重点项目“基于卫星遥感和现场观测的人类活动对海峡两岸海草影响研究”（编号 U1405234）。这些项目的主要目标是，以我国海草为研究对象，研究海草在海岸带的分布，碳通量及人类活动对海草的影响机理。

本书是这些项目的主要成果之一，主要从海草碳汇的卫星遥感、我国海草分布、海草生态系统结构、我国海草碳汇及影响因素等方面，全面阐述我国海草碳的分布特征及碳通量。本书编写组成员通过近两年的努力，在已有扎实工作的基础上，广泛收集资料和文献，并进行系统的总结梳理和深入的理论分析，定量给出我国海草分布及碳通量。为进一步研究相关内容提供了较好的理论基础。

本书共四篇分 16 章，包括海草及碳通量的卫星遥感、现场检测技术，以及中国海草的总体分布和单一物种的分布及海草床的分布区域。海草生态系统的结构和功能。不同区域的海草碳汇以及影响因素等内容，系统阐明中国海草分布及碳通量。

本书各章的编写人员如下：绪论，单秀娟；第一章，杨顶田，杨超宇；第二章，杨超宇，杨顶田；第三章，李文涛，杨顶田；第四章，杨顶田；第五章，杨顶田；第六章，许战洲；第七章，杨顶田；第八章，吴后波；第九章，杨顶田；第十章，杨顶田；第十一章，黄道建；第十二章，许战洲；第十三章，高亚平；第十四章，杨顶田；第十五章，许战洲；第十六章，杨顶田。参与本书校稿的还有周立柱、朱利等研究生。

由于海草生态系统碳汇通量的复杂性和编撰者学识与水平所限，书中肯定会有一些不尽如人意的地方，不足之处在所难免，衷心期望广大读者批评指正。

感谢国家科学技术学术著作出版基金的支持，感谢本书所有的研究与撰写者、有关文献与资料的提供者。

目　　录

第二篇　我国海草分布

第三篇　海草场生态系统的结构与功能

第四篇 海草生态系统中的碳通量

绪　论

工业革命以来，人类活动对全球生态系统的破坏严重扰乱了全球各碳库间的平衡。目前，全球 CO_2 年排放量为 72～100 亿吨碳（Trumper et al.，2009），大气中的碳含量正在以约每年 20 亿吨碳的速度增加（Houghton，2007），2009 年大气中 CO_2 的浓度已达到 387mg/m^3（图 0-1）。CO_2 是大气中最重要的温室气体，对温室效应和全球气候变暖的贡献中占 70%（于洪贤等，2010），大气 CO_2 浓度的剧烈上升，导致全球气候变化，并对生态系统的组成、结构和功能产生深刻的影响，对全球的气候模式、粮食生产，以及人类的生活和生计造成的影响越来越大。在今后的几十年，粮食安全、社会发展、经济发展和人类发展都将受到严重危害（Nellemann et al.，2009）。为应对全球变暖和生态系统的变化，发展低碳经济已成为各国政府的战略选择，其核心是降低大气 CO_2 等温室气体的含量。目前，各国采取多种措施致力于温室气体的减排，其中加强碳汇能力是减少温室气体排放的重要补充，在缓解气候变化方面发挥着重要的作用，也是发达国家减排温室气体的基本政策和措施之一。人类活动释放 CO_2，其中 45%的 CO_2 集聚在空气中，55%的 CO_2 通过自然生态系统转移，因此，自然生态系统的碳汇功能具有不可忽视的作用，在这里，自然界的碳汇指的是从大气中移走 CO_2 等温室气体的任何过程、活动和机制（IPCC，2007）。

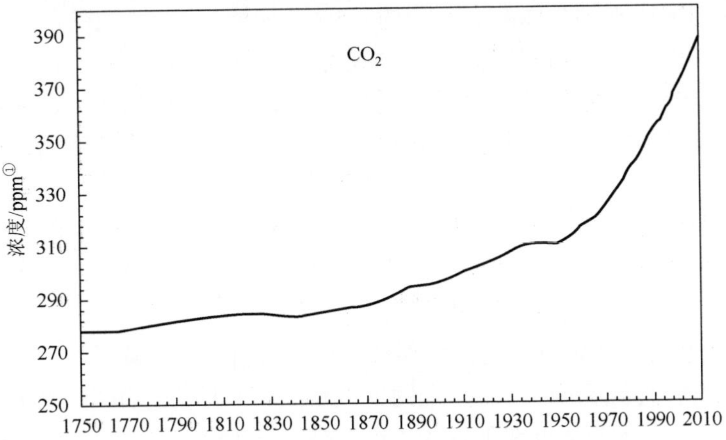

图 0-1　大气中 CO_2 浓度的变化（数据来源 NOAA）

① 1ppm=1mg/L。

海洋是地球气候的缓冲器，通过吸收 CO_2 降低其在大气中的浓度，从而减缓全球升温效应。自工业时代以来，海洋吸收的 CO_2 约占人为 CO_2 排放总量的 1/3（Sabine and Feely，2007）。海洋蕴藏着丰富的碳汇，是我国推进温室气体减排、缓和国际压力、促进产业结构优化的新空间。因此，海洋碳汇的研究已受到人类的普遍关注，也是 2010 年哥本哈根全球气候峰会的主要议题之一。

海洋是地球上最大的碳库，在海洋生物的生长、水气界面物质交换、海岸带促淤造陆等动态过程中积累了大量的无机碳和有机碳，整个海洋含碳总量达到 39 万亿吨，约占地球上碳总量的 93%，在全球碳循环中起着重要的作用，每年大约有 900 亿吨 CO_2 参与海洋循环（González et al.，2008）。另外，海洋不仅能长期储存碳，还可以对 CO_2 进行重新分配，是影响全球变化的关键控制环节。研究表明，在过去的 20 年，海洋对碳的吸收为每年 20～22 亿吨碳（Gurney et al.，2002；Plattner et al.，2002；Sabine et al.，2004；Bender et al.，2005，Miller et al.，2005，Manning and Keeling，2006）。海洋碳汇功能主要通过两种形式实现，一种是物理泵，即 CO_2 从大气—海水表面—深海的水动力输送过程；二是生物泵，即海水中的 CO_2 通过海洋植物的光合作用，将无机碳转化为有机碳，并通过食物链能量传递，一部分海洋生物被人类收获利用而实现“碳转移”，另一部分则随着生物代谢和死亡，形成颗粒碳沉积于海底。物理泵和生物泵的这些固碳机制都紧密地联系在一起，维持着微妙的平衡，并影响海洋的碳汇能力。其中生物泵是海洋碳汇的主要形式，生物泵本身的净效应是把大气中的 CO_2 浓度保持在没有该效应情况下的浓度的 30%左右（Siegenthaler and Sarmiento，1993），并增强海洋表层对 CO_2 的吸收，影响 CO_2 的溶解值，把碳转移到深海。根据联合国《蓝碳》报告，海洋生物生长的地区还不到全球海底面积的 0.5%，却捕获了地球上超过一半（55%）的生物碳，其中海洋植物的碳捕获能量极为强大和高效，虽然它们的总量只有陆生植物的 0.05%，但它们的碳储量（循环量）却与陆生植物相当，其中有超过一半或高达 71%的碳被海洋植物捕集转化为海洋沉积物，形成植物的蓝色碳捕集和移出通道。

海洋大型植物中海草床、红树林和藻类存储了海底埋藏的碳的一半，每年可存储 16.5 亿吨 CO_2，几乎占全球交通排放的 CO_2 的一半，成为地球上最密集的碳储存器，并且这种移出的生物碳可以在海洋中储存上千年（Mateo et al.，1997）。因此，海洋大型植物作为海洋生态系统组成中的重要部分，其碳循环过程和特征的研究在海洋生态系统碳循环中占有重要的地位，而海洋大型植物碳汇潜力及其影响因素的研究在全球气候变化框架下也成为提高碳汇能力，降低温室效应的研究热点。

海洋大型植物固碳是海洋碳汇的重要组成部分，它通过光合作用把吸收的 CO_2 以有机物的形式固存（Duarte and Cebrián，1996；Gattuso et al.，1998；Duarte et al.，2005），从而有效地去除大气中的 CO_2，并支持着生态系统功能。一部分过

量的 CO_2 被输送出去为邻近的生态系统所利用，包括开阔洋和海滩生态系统（Duarte and Cebrián，1996；Bouillon et al.，2008）。海草、红树林、海藻林和盐沼植物是生物圈中最密集的自然碳汇之一，它可以把富余的有机物产量埋藏在沉积物中，其生产力堪比最强的农作物（Duarte and Chiscano，1999）海草（图 0-2），虽然其面积不到海底面积的 0.2%，但埋藏力惊人，每年为全球埋藏 120～329 百万吨碳（Duarte et al.，2005），是开阔海洋平均埋藏率的 180 倍，并且时间可达千年之久（Mateo et al.，1997）。特别是海岸带的海草，其有机物质累积可以增加海底海床，有的沉积层甚至可以达到 3m。另外，海洋大型植物的树冠能捕获水流携带的颗粒，减少对叶子的冲击力（Hendriks et al.，2007），从而促进沉积作用并减少沉积物再悬浮（Gacia and Duarte，2001）。因此，海草等海洋大型植物在减缓全球变暖方面存在巨大的潜力（Nellemann et al.，2009）。

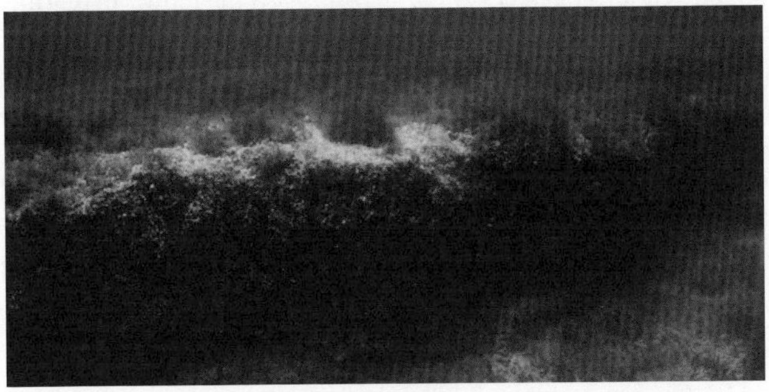

图 0-2　海草可以沉积碳达千年之久

图片来源：http：//www.nature.com/ngeo/journal/v5/n7/full/ngeo1477.html；Photo credit：Miguel Angel Mateo

为此，国家自然科学基金项目资助了“基于卫星遥感和现场观测的南海海岸带海草生态系统碳通量和碳循环研究”（编号 41176161）和国家自然科学基金海峡两岸重点项目“基于卫星遥感和现场观测的人类活动对海峡两岸海草影响研究”（编号 U1405234）。这些项目的主要目标是，以我国海草为研究对象，研究海草在海岸带的分布以及碳汇通量以及人类活动对海草的影响机理。

参 考 文 献

于洪贤，黄璞伟. 2008. 湿地碳汇功能探讨：以泥炭地和芦苇湿地为例. 生态环境，(5)：2103-2106.

Bender M L，Ho D T，Hendricks M B，et al. 2005. Atmospheric O_2/N_2 changes，1993–2002：Implications for the partitioning of fossil fuel CO_2 sequestration. Global Biogeochem. Cy.，19 (4)：4057-4061.

Bouillon S，Borges A V，Castañeda-Moya E，et al. 2008. Mangrove production and carbon sinks：A revision of global Budget estimates. Global Biogeochemical Cycles，22 (2)：1-12.

Duarte C M，Cebrián J. 1996. The fate of marine autotrophic production. Limnology and Oceanography，41：1758-1766.

Duarte C M，Chiscano C L. 1999. Seagrass biomass and production：A reassessment. Aquatic Botany，65：159-174.

Duarte C M，Dennison W C，Orth R J W，et al. 2008. The charisma of coastal ecosystems：Addressing the imbalance. Estuaries and Coasts，31：233-238.

Duarte C M，Middelburg J，Caraco N. 2005. Major role of marine vegetation on the oceanic carbon cycle. Biogeosciences，2：1-8.

Duarte C M. 2002. The future of seagrass meadows. Environmental Conservation，29：192-206.

Duarte C M. 2009. Global Loss of Coastal Habitats：Rates，Causes and Consequences. FBBVA，Madrid. 181 p. ISBN：978-84-96515-84-0 (avaiable as pdf's at：http：//www.fbbva.es/TLFU/tlfu/esp/publicaciones/libros/fichalibro/index. jsp？codigo=411).

Gacia E，Duarte C M. 2001. Elucidating sediment retention by seagrasses：Sediment deposition and resuspension in a Mediterranean (*Posidonia oceanica*) meadow. Estuarine Coastal and Shelf Science，52：505-514.

Gattuso J P，Frankignoulle M，Wollast R. 1998. Carbon and carbonate metabolism in coastal aquatic ecosystems. Annual Review of Ecological Systems，29：405-434.

González J M，Fernandez-Gomez B，Fendandez-Guerra A，et al. 2008. Genome analysis of the proteorhodopsin-containing marine bacterium Polaribacter sp. MED152 (Flavobacteria)：A tale of two environments. Proceedings of the National Academy of Science USA 105：8724-8729.

Gurney K R，Law R M，Denning A S，et al. 2002. Towards robust regional estimates of CO_2 sources and sinks using atmospheric transport models. Nature，415：626-630.

Hendriks I E，Sintes T，Bouma T，et al. 2007. Experimental assessment and modeling evaluation of the effects of seagrass (*P. oceanica*) on flow and particle trapping. Marine Ecology Progress Series，356：163-173.

Houghton R A. 2007. Balancing the global carbon budget. Annual Review of Earth and Planetary Sciences，35：313-347.

IPCC. 2007. IPCC fourth assessment report：Climate change 2007-The physical science basis. Cambridge：Cambridge University Press.

Manning A C，Keeling R F. 2006. Global oceanic and land biotic carbon sinks from the Scripps atmospheric oxygen flask sampling network. Tellus-B，58B：95-116.

Mateo M A，Romero J，Pérez M，et al. 1997. Dynamics of millenary organic deposits resulting from the growth of the Mediterranean seagrass *Posidonia oceanica*. Estuarine Coastal and Shelf Science，44. 103-110.

Miller K G，Kominz M A，Browning J V，et al. 2005. The Phanerozoic record of global sea-level change. Science，310：1293-1298.

Nellemann C，Corcoran E，Duarte C M，et al. 2009. Blue Carbon. Norway：Birkeland Trykkeri AS.

Plattner G K，Joos F，Stocker T F. 2002. Revision of the global carbon budget due to changing air-sea oxygen fluxes. Global Biogeochemical Cycles，16：1096.

Sabine C L，Feely R A，Gruber N，et al. 2004. The Oceanic Sink for Anthropogenic CO_2. Science，305：367-371.

Sabine C L，Feely R A，Reay D S. 2007. The oceanic sink for carbon dioxide. Greenhouse Gas Sinks，Oxfordshire：CABI Publishing.

Siegenthaler U，Sarmiento J L. 1993. Atmospheric carbon dioxide and the ocean. Nature，365：119-125.

Trumper K，Bertzky M，Dickson B，et al. 2009. The natural fix？The role of ecosystems in climate mitigation. A UNEP rapid response assessment. United Nations Environment Programme，UNEP-WCMC，Cambridge，UK，30 (11)：65.

第一篇　海草碳通量遥感研究进展及调查方法

第一章　海草生态系统碳汇及调查计划

第一节　海草生态系统及碳汇的重要性

海草（seagrass）属于大型沉水被子植物，它们具有高等植物的一般特征，能在水中完成其生活史。全球海草共有 12 属 50 多种，其中 9 属为眼子菜科（*Potamogetonaceae*），3 属为水鳖科（*Hydrocharitaceae*）。迄今已发现有大叶藻（*Zostera*）、虾海藻（*Phyllospadix*）、二药藻（*Halodule*）、海神草（*Cymodocea*）、针叶藻（*Syringodium*）、海菖蒲（*Enhalus*）、泰来藻（*Thalassia*）和喜盐草（*Halophia*）这 8 个属在我国有分布（杨宗岱，1982）。

全球海草分为九大区系，分别是温带北大西洋区系（temperate North Atlantic flora）、温带南大西洋区系（temperate South Atlantic flora）、温带东太平洋区系（temperate East Pacific flora）、温带西太平洋区系（temperate West Pacific flora）、地中海区系（Mediterranean flora）、加勒比区系（Caribbean flora）、印度-太平洋区系（Indo-Pacific flora）、南澳大利亚区系（South Australia flora）和新西兰区系（New Zealand flora）（Hemminga and Duarte，2000）。我国海草分布基本位于温带西太平洋区系和印度-太平洋区系的重叠区。

海草床是一种重要的湿地生态系统，具有较高的生产力和物种多样性，可以和上升流生态系统、珊瑚礁生态系统和盐沼生态系统相媲比。海草具有许多重要的生态功能，如固着底质、稳固潮滩；为一些海洋动物（儒艮、海龟等）提供食物；加速悬浮颗粒物沉降以净化水体；为众多生物提供多样的生境；尤其是固定碳功能，可以长时间储存，为增加海洋固碳提供想象空间。

海草是海洋碳汇的重要组成部分，每平方公里海草可以比森林存储更多的碳，尽管海草占据了全世界不到 0.2%的海洋面积，每平方公里却可容纳多达 83000 吨碳。一个典型的陆地森林每平方公里可存储 30000 吨碳，而海草的存碳量是其两倍以上。科学家发现，每年埋存在海洋中的碳有超过 10%是被海草吸收的。海草具有独特的能力，可将碳持续储存在其根部和沿海土壤中（陈丹，2012）。James Fourqurean 在一份声明中说，“我们的发现找到了海草床已将碳储存了数千年的实例”（Dybas，2012）。

有的研究发现，在海草床附近的深海中，海草叶片是沉到深海底部的主要碳源，尤其是在飓风的影响下，大量的海草碎片被输送到深海中，为深海中海洋生物提供有机营养（Wolf，1976）。

在我国，海草曾经也有大面积的分布，但随着近年来海岸带的大幅度开发，海草的生存环境受到巨大的影响。研究中国海草的碳汇可以为计算我国海洋碳通量提供基础数据。

下面就海草碳汇的重要性以及本书编写的必要性作一个说明。

1. 海草生态系统的重要性

海草是海洋中唯一的开花植物，能改善水的透明度、调节水质，是许多海洋生物的直接食物来源，为它们提供重要的栖息地和隐蔽保护场所，是健康海洋生态的指标之一。海草生态系统生产力可以达到 300～1500g C/(m^2·a)，其净初级生产力占到海岸带净初级生产力的 11%左右，是将碳固定在沉积物中的主要途径（如海草的根部钙化或海草的大量堆积等可以将碳直接固定在沉积物中，约占整个海洋生态系统每年固碳总量的 10%，可以长时间储存）。对海草生态系统进行研究，可以了解我国海草生态系统的基本情况，为保护和开发海草资源提供基础数据。

2. 我国近海海草生态系统处于急剧的退化之中

随着近年来海岸带经济的强劲发展，人类活动对海岸带影响越来越大，如围垦、码头建设、船舶运输、海水养殖及陆源污染等，海岸带的生态系统被破坏得越来越严重。《世界海草地图集》发布的材料认为，人类活动等因素导致全球海草面积急剧下降，有些种类已经消失。近二十年来，全球有大约 33000km^2 的海草受到人类活动的直接或非直接影响，1879 年以来，海草以每年 110km^2 的速度减少，18.5%面积的海草已经完全消失，而且呈现从 1940 年前的消失加速度为 0.9%，而到 1990 年以后为 7%。从我国海岸带来看，近年来，随着人类在海岸带活动频率和强度的增加，海草生态系统受到的影响越来越大。如广西合浦的 8 个重要海草床的平均面积已经从 1987 年的 104.5hm^2 下降到 2001 年的 28.7hm^2。1979 年杨宗岱报道，我国黄渤海沿岸广泛连续分布着大叶藻和虾海藻，但近几年研究报道显示仅威海、青岛、大连等少数海域有零星海草床分布，呈现明显衰退趋势。据 1982 年调查的胶州湾芙蓉岛附近就有大约 20000 亩①的大叶藻种群分布（中国海湾志编写委员会，1991），但 2000 年在胶州湾调查时却已经消失。

这些海草分布和物种数的降低，将导致海岸带生态系统，尤其是很多重要经济和珍贵鱼类的萎缩和消失。1930～1933 年北大西洋沿岸的大叶藻大面积发生病害，导致此处沿海和近海水域的生态环境遭到严重破坏，其中最明显的影响就是迁徙水鸟的减少和消失。同样，商业水产捕捞也受到潜在的影响，美国大西洋中部沿岸的海湾扇贝的大面积消失就是很好的证明。20 世纪 30 年代的大叶藻的消

① 1 亩=666.7 平方米。

失不仅改变了沿海动植物的生存环境，也对底质构造产生了影响，在大叶藻生长时为泥沙底质的海岸，大叶藻消失之后，变为石质海岸。

海草以及其他底栖生物的持续递减，可能会导致沿海生态系统的崩溃。海草的重要生态意义以及其生存环境的脆弱性，引起了国际社会的注意，在全球范围内召开了 10 次关于海草的会议。其中 2004 年的第六次国际海草会议在澳大利亚召开，中国科学院南海海洋研究所参加了会议，并获得了国际海草协会的资助。由于海草对近海生态环境的重要性，美国、澳大利亚及地中海沿岸等国家专门为海草研究立项，促进对海草生态环境的保护。海草的重要性也得到了国内有关部门的重视，2004 年，由国务院委托国家海洋局在中国海域划分了 15 个海洋生态脆弱区和生态敏感观察区，其中就有海南东海岸和广西北海的 2 个关于海草的生态监控区。在联合国环境署（UNEP）、国家环保局和中国科学院南海海洋研究所的促成下，广西合浦建立了大约 9000 亩海草观测示范区。海草分布及生存状况对管理决策是相当重要的，对其基础数据的了解是管理者进一步调整管理方法，减少管理成本，更好地保护海草生态系统的重要前提。

3. 我国近海海草生态系统现状依然未知

尽管我国海草生态系统的调查可以追溯到 1980 年左右，但海草调查都是大型调查中的其中一个指标，并没有进行系统化的归类和分析。近年来，国际社会对海草生态系统的关注度越来越高，我国也对海草逐渐重视起来，尤其是 2002 年由联合国环境署/全球环境基金（GEF）资助的“扭转南海及泰国湾环境退化趋势”项目，更加引起了政府和社会对海草的关注。以中国科学院南海海洋研究所为主的中国海草工作组完成了对华南地区的海草床的调查，主要包括海南东海岸、广西合浦、广东粤西的阳江、湛江海域等地方。对海草的地理分布、种类、生物量、生产力、生物多样性特征、所面临的威胁等进行了初步了解。但这些调查都只是在少数几个海湾进行调查，全国到底还有多少海域有海草，目前还并不清楚。尤其是近年来海岸带开发，很难知道有多少海草生态系统在不知道的情况下被毁坏。目前存在如下的未知：

（1）我国海草的分布还有多少未知区域目前还不清楚，还需要进行进一步调查。

（2）从海草种类来看，有的认为是 21 种，但其中并没有提到川蔓藻，而根据于硕的调查，川蔓藻就有三种。还有多少海草种类在中国分布，还需要进一步调查。另外，海草种名混乱：如红纤维虾海藻（红须根虾形藻），黑纤维虾海藻（黑须根虾形藻），日本大叶藻（甘藻）等名称较为混乱，需要进行调查后核实。

（3）海草的生态学作用还需进一步研究，如太平洋鲱是以大叶藻为产卵场，而且海草也是海龟、儒艮等的食物，但还有多少种生物依附于海草生态系统或海草生态系统能够促进哪些生物的繁殖、生长，目前还没有相关的数据，还需进一步研究。

（4）海草分布区的人类活动类型和强度还没有确切数据。目前我国海岸带的开发速度和面积达到历史的高峰，但目前对海草分布区很多的人类活动，如围垦、大面积海水养殖、船舶活动及水体富营养化等人类活动类型和强度还没有确切的数据。

（5）海草自身对环境的适应策略目前还不明了，例如，有的研究认为，海草在胁迫环境下可能会采取有性生殖为主要方式，在正常情况下，采取无性生殖为主要方式。但不同种类会有很大变化，还需要进一步研究。

（6）不同海草种类的扩张途径还有很多未知。海草扩张是通过海流、鸟类还是其他途径？还需要进行进一步研究。

（7）虽然人类活动是海草退化的主要因素，但海草退化的机理仍不清楚。

（8）我国海洋碳汇还不清楚，尤其是海草对海洋碳汇的贡献目前还不清楚。

本书对海草生态系统及其碳汇通量进行研究，可以更大程度地了解海草在我国近海的分布，为海草保护和相关方针政策的制定提供基础数据。

第二节　国内外海草的调查及计划

一、国外关于海草生态系统本底调查

海草生态系统是被人们关注较晚的一个生态系统，较早对海草生态系统关注的可以追溯到 20 世纪初 Petersen 估算过在丹麦大约 2000 平方海里海草的初级生产力空间分布，认为海草初级生产力相当于田野或草地初级生产力的 4 倍左右（Petersen，1918）。但在随后的很长一段时间内，海草的生态系统一直没有引起太多的注意。直到 1973 年，在荷兰的莱顿市召开了第一届国际海草会议，海草的分布、生存状态及碳通量等议题才引起人们的注意（McRoy et al.，1977）。此后，在全球范围内又召开了 11 次关于海草的会议。其中 2004 年的第六次国际海草会议在澳大利亚召开，中国科学院南海海洋研究所参加了会议，并获得了国际海草协会的资助。由于认识到海草生态系统的重要性，国际上启动了一系列、不同尺度的海草生态系统本底调查和动态监测计划，为评估海草资源状况、人类活动和气候变化对海草生态系统的影响作出了巨大贡献，下文对其中影响较大的海草调查计划作简要介绍。

1. SEAGRASS-NET 计划

SEAGRASS-NET（Global Seagrass Monitoring Network）计划是 2001 年启动

的，意在对西太平洋海草资源进行调查，主要采用调查草稿和网络资源对海草信息进行收集，目前调查地点已经达到33个国家的122个海草采样点。SEAGRASS-NET的人员主要来自参与国的科学家，政府官员，通过监测海草分布、种类、海草生态环境等反映海草生态系统健康状况和今后可能的发展趋势。由于缺乏全球（尤其是不发达区域）海草的目前状况和健康情况，SEAGRASS-NET 主要着力于了解海草区域的现状调查和不了解区域的海草发现。SEAGRASS-NET 目前已经收集了从巴西、美国、东非及很多西太平洋岛屿上海草分布和状况资料。主要意在引起人们对海草的注意，并提供海岸带海草生态系统状况的“全球报告卡片”。

SEAGRASS-NET 主要得到 The David and Lucile Packard Foundation，the Oak Foundation，the New Hampshire Charitable Foundation and Tom Haas，and the University of New Hampshire 等资助。

2. Seagrass Watch 计划

Seagrass Watch 是 1998 年在澳大利亚启动的一个海草观测计划，总部设在马来西亚。目前已经扩展到 26 个国家 300 多个观测点。其中 17 个国家已经进入正常海草资源调查，9 个国家还处于海草资源的鉴定之中。Seagrass Watch 的宗旨是提高人们对近海海草的注意和对海岸带变化影响海草资源的早期预警。Seagrass Watch 的人员背景各种各样，其中主要是来自大学和科研院所的大学生和科研人员。该计划主要依据本地资源、本地合作，本地支持、可获得的经费及科学专家等情况进行调整。

SeagrassWatch 计划主要得到 Coast & Clean Seas，Natural Heritage Trust & Coast Care，the Great Barrier Reef Marine Park Authority（GBRMPA），the Queensland Parks & Wildlife Service（EPA）和其他方面的资助。

3. 美国 NOAA 的 C-CAP 计划

C-CAP（the Coastal Change Analysis Program）计划是由美国海洋与大气管理局启动的一项海岸带观测计划，意在观测海岸带潮间带、湿地和邻近上游土地覆盖变化，达到每五年整体调查一次。其中海草是一个重要指标。NOAA 提供高精度的美国国家海岸带相关产品，为政府决策，科学研究提供详细的基础资料。

在 C-CAP 计划的支持下，科学家进行了海草的详细调查，如 Ward 运用 Landsat MSS 数据，采用图-图之间的对比，比较了 1987～1995 年在阿拉斯加，伊泽姆贝克潟湖中鳗草面积的变化，结果显示，此潟湖中海草的分布相对稳定。Orth 等对切萨皮克湾的海草进行了调查，发现 1984 年以来，海草面积先增加后缩减等。

美国 NOAA 的 C-CAP 计划主要得到美国国家的财政支持。

4. 得克萨斯海草保护计划

得克萨斯海草保护计划（Seagrass Conservation Plan for Texas）是1995年启动的专门保护得克萨斯州的海草资源，由得克萨斯州的三个部门（Texas Parks and Wildlife，Texas General Land Office，and Texas Natural Resource Conservation Commission）推动的，意在保护得克萨斯海岸带丰富的海草资源，同时也保护了鱼类的产卵地和海岸带生态环境。

得克萨斯海草保护计划主要由得克萨斯州的财政支持。

5. 北卡罗来纳州海岸带生物保护计划

北卡罗来纳州海岸带生物保护计划是2007年启动的，是对本州渔业改革法案通过后的响应和实施，并对北卡罗来纳州海岸带的生物资源进行系统调查。在这项调查中，海草的分布、密度、种类等资料均被系统地收集。

北卡罗来纳州海岸带生物保护的实施主要得到北卡罗来纳州的财政支持。

6. 佛罗里达州的大潟湖和圣罗萨尚德海草管理计划

佛罗里达州的大潟湖和圣罗萨尚德海草管理计划（Seagrass Management Plan for Big Lagoon and Santa Rosa Sound）的启动，主要是由于佛罗里达环保部北区生态系统恢复分部在对Pensacola湾的海草进行植被恢复时发现，其恢复海草的速度远没有海草消失的速度快。为了能够对海草生态系统进行更好地扩展，建议对海草生态系统进行保护和管理。1998年在“Big Lagoon Seagrass Management Workshop”会议上，争取到墨西哥湾计划的资助，并在1999年进行了实施，2001年结束。在这个计划的实施过程中，对大潟湖和圣罗萨尚德湾的海草的分布、种类，以及人类活动等指标进行了详细地调查。

大潟湖和圣罗萨尚德海草管理计划是由墨西哥湾计划1999年资助的。

7. 世界遗产大堡礁海区海草调查

世界遗产大堡礁海区海草调查是在1985年启动的，主要目标是调查大堡礁区域15m以上的海草分布，并对人类活动影响海草分布、繁衍等进行监测。在几个定点区域，开展长达10年的长期观测。

这项调查是由昆兰士初级工业和渔业部门的北方渔业中心推动的，由澳大利亚政府海洋和热带科学处资助。

另外，在澳大利亚的海草行动计划中，也有Hervey Bay Dugon and Seagrass Observation Plan，但没有找到更多的相关资料。

8. 斐济海洋生物多样性行动计划

2003年，斐济政府通过了斐济海洋生物多样性行动计划，对斐济的珊瑚、海草以及海岸带以上的生物多样性进行调查，了解生物多样性本底，为保护斐济海洋环境健康，特别是渔业长远利用提供基础数据。在这项行动计划中，海草是一个重要的调查对象，对海草的分布、种类、海草生态系统中的生物，以及以海草为栖息地的海鸟等进行了调查。

斐济海洋生物多样性行动计划是斐济政府部门的财政资助。

9. 世界海草地图编写的前期调查

世界海草地图是2003年11月24日发布的，是基于前6年的全球海草调查资料编写的，虽然还缺乏很多数据，但向世人展现了海草的分布变化。《世界海草地图集》显示，分布在全球120个国家和地区的海草资源生长环境日益恶化，有些地区海草已经绝迹，并危及到其他海洋生物的生存。全球海草分布面积大约是17.7万平方公里，过去10年内，已经有2.6万平方公里的海草生态区消失。《世界海草地图集》的作者之一蒙克里夫指出，他们从拍摄的2万多张彩色照片中发现越来越多的海草地正在遭受侵蚀，令人担忧的现象包括海水严重变浊和海水养殖污染导致海域水质改变等。

二、国内关于海草生态系统本底调查

迄今已发现有大叶藻（*Zostera*）、虾海藻（*Phyllospadix*）、二药藻（*Halodule*）、海神草（*Cymodocea*）、针叶藻（*Syringodium*）、海菖蒲（*Enhalus*）、泰来藻（*Thalassia*）和喜盐草（*Halophia*）这8个属在我国有分布（杨宗岱，1982）。郑凤英等（2013）认为，中国现有海草22种，隶属于10属4科，约占全球海草种类数的30%。新中国成立以来主要有如下的海草调查：

1. 珠江口海岸滩涂资源和广东海岸带海岛资源调查

我国对海草生态系统的调查可以追溯到中国科学院南海海洋研究所的20世纪80年代初开始参加珠江口海岸和滩涂资源4次调查以及1989～1994年参加广东海岸带和海岛资源调查，积累了大量的有关海草资源的资料和数据（陈思平等，1979；马应良等，1979），其中，海菖蒲中的*Enhalus acoroides*采集于海南岛海岸；贝克喜盐草（*Halophila beccarii*）采集于海口市、香港，台湾及西沙群岛也有分布；*Halophila ovalis*采集于海口市和西沙群岛海岸，台湾和香港也有分布；泰来藻中的*Thalassia hemprichii*采集于海南岛和西沙群岛；海神草中的*Cymodocea rotundata*

采集于崖县和文昌；川蔓藻中的 *Rupia maritima* 采集于蛇口和香港；矮大叶藻（*Zostera japonica*）采集于香港（黄宗国等，1994）。

2. 南沙专项调查

20 世纪 80 年代末到 90 年代末由中国科学院南海海洋研究所主持的国家专项“南沙综合考察”，对南沙群岛的 141 个岛屿包括海草在内的植物作了详细的记录，共有 6 属 7 种。分别是：泰来藻、喜盐草、川蔓藻、二药藻等（黄小平等，2007）。

3. 广西合浦儒艮国家级自然保护区调查

1996 年由国家环保总局建立的广西合浦儒艮国家级自然保护区，面积 86.4 平方公里，保护对象为儒艮、海龟、海豚、海草、红树林等。在广西合浦建立了国家级的儒艮自然保护区，并由保护区管理站进行一年一度的儒艮栖息环境的调查研究，共持续了 6 年，主要调查研究的对象有该保护区海域的 7 个海草床。

4. 联合国环境署和全球环境基金（GEF）资助南海海草调查

联合国环境署和全球环境基金于 2002 年下半年开始启动“扭转南海和泰国湾环境退化趋势项目”，将华南沿海地区陆源污染和湿地破坏等问题列为专题开展调查，并在 2012 年把新村港海草作为重要保护示范区。

5. 科学研究型海草调查

20 世纪 50 年代，中国科学院海洋研究所的杨宗岱等于 20 世纪 50 年代末开始对我国的海草场进行研究，对中国海草床的分布、生产力及其结构与功能等进行了分析。1986～1987 年，范振刚等开展了海草场生态学专题调查、生态系统保护与开发利用研究，对中国北方沿海海草种类、数量分布、季节变化、群落组成结构以及大叶藻生态习性和繁殖生长特点等进行研究。在国家海洋公益性项目的支持下，中国科学院海洋研究所、中国海洋大学等单位对威海天鹅湖的海草进行了调查。

第三节　海草的卫星遥感监测技术研究进展

传统对海岸带的调查和研究，主要采用现场调查的方法来了解海岸带生态环境变化（如海草的分布和生存状况等），而海草等海底生活的植物出于对光照的需要一般生活在浅水环境中。在研究方法方面，除现场调查外，主要采用卫星遥感和航空摄影的方法研究海草分布变化以及覆盖率、种类分布等，特别是以淤泥为底质的研究区域，人力和航船等都难以达到，因而采用遥感对海草信息的提取，是开展海草研究的重要方法。航空遥感的价格会比较贵，但它的灵活性高并且空间分辨率等的精度高。卫星遥感则覆盖范围比较广，成本相对较低，并且部分卫星具有重访频率高的优点。鉴于目前遥感技术的发展，遥感传感器的空间分辨率在不断提高，重访周期也不断地缩短。遥感数据在获取水色的空间和时间信息方面构成很好的互补关系，为运用遥感方法对海草受到气候变化、台风冲击前后的变化等问题进行监测研究提供越来越精确的技术支持。由于卫星或航空遥感数据能够较为完整地将海草等海岸带生态信息保存下来，在研究长时间台风冲击下海草的演变、全球变暖、海水酸化等对海草健康状况的影响等热点问题提供了较好的数据源，因而采用卫星或航空遥感手段对海岸带生态环境动态监测进行研究具有较好的意义。

海洋遥感是一个新兴分支学科，自20世纪70年代迅速发展(陈述彭等，1990)。海洋遥感结合了遥感技术和海洋科学，它以海洋和海岸带等的环境变化为研究对象。作为一门新兴的技术，遥感以空间分辨率、时间分辨率、光谱分辨率和经济效益等优势，迅速得到了广泛的应用，尤其在海岸带的调查研究方面，遥感技术不受地理空间限制，不受时间限制，可以经济有效地动态监测海岸带的信息，是有效的研究调查方法。

根据海水光谱透射特性及光学浅水海底反射光反映在多光谱遥感信息的差异（图 1-1），可获取光学浅水及底质的光谱信息。在光学浅水中，海底底质表面反射光影响离水辐亮度。不同底质的遥感反射率不同，通过检测底质反射率可以了解海草、珊瑚礁、沙地、砾石、淤泥等不同底质的分布状况。遥感底质反射率监测

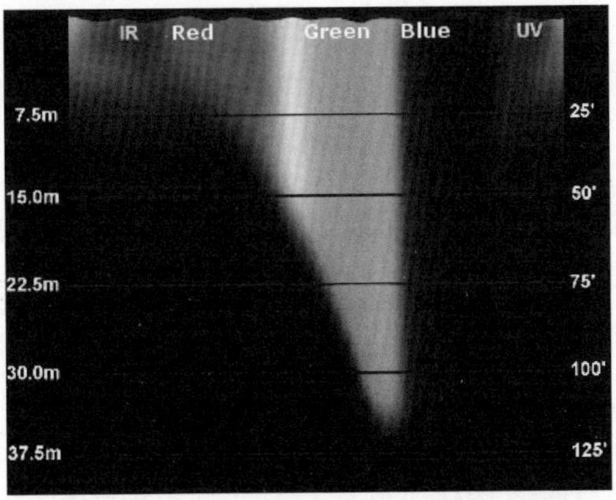

图 1-1　不同波段光谱在水中的透过情况（后附彩图）

http：//www.seos-project.eu/modules/oceancolour/oceancolour-c01-p07.html

技术可以用于海草类型鉴别，亦可用于珊瑚礁、海草、红树林等健康状态的探测。许多科学家已经做了大量的相关研究工作，建立和发展了大量的模型来揭示底质反射率对于离水辐亮度分布作用影响、底质类型与底质反射率之间的关系，以及浅海和表层光谱辐射传递、非均匀水体光谱辐射传递、海-气系统光谱辐射传递的物理模型和计算方法等。

一些研究者已经研究探讨并建立了以水体反射率反演底质反射率的模型。Yang et al.（2009）等通过现场测量和遥感图像数据对比研究海草光谱特性，建立海草遥感反射率与叶面指数模型，校正高光谱遥感数据。此外，遥感反射比的经验回归估测模型已被建立且用于遥感反演，唐军武（2004）、潘德炉（2004），Tiwari 和 Shanmugam（2009）等研究者以反射比与悬浮颗粒物质浓度、后向散射系数为参数反演水色信息。崔廷伟等（2009）认为基于遥感反射率的吸收系数反演模型不仅适用于一类水体，同样适用于黄色物质与叶绿素独立变化的场合。由水上测量法得到的高光谱数据对于研究固有光学特性和水中叶绿素浓度等方面有很大贡献，彼此间相关系数很大（李铜基等，2003）。李忠平等（2003）基于此提出一种三维蒙特卡罗模拟分析模型，以剖面数据反演出底质地形地貌和鉴别底质类型（海草、海藻、沙、珊瑚礁等）。Zaneveld 和 Boss（2003）等提出了一种二维上行辐亮度分析模型，用以反映底质形态与反射率之间的关系，解释了在水中测量时的远声场反射率和底质反射率的一些不同。Kendall 等（2003）构造了蒙特卡罗后向散射模型模拟水下底部地形倾斜环境与光场角分布的相互作用，并对浅水中的辐亮度分布特征作了细致的分析研究。当水体中含有大量的藻类和碎石的时候，蓝光波段的遥感反射率的值要大于红光、绿光波段，然而，由于底部倾斜地形地貌等因素与光场角分布的相互作用，蓝光波段的遥感反射率的值会小于红光、绿光波段。在白沙底质的浅水中（水深 5m）上行辐亮度在最低点最亮并且随着水深减小而降低。上行辐亮度关于太阳高度角对称，而对称性受到波动作用影响。在此白沙底质的浅水中 Q 因子明显小于 π。在 440nm 和 670nm，Q 几乎是与太阳高度角不相关的。在 440nm，底质为海草的浅水（水深 8m）的辐亮度分布不随太阳高度角变化而变化，然而，在 670nm，太阳高度角对辐亮度分布有着不可忽视的作用（Yang et al.，2015）。

近年来，由于光学遥感的发展，卫星遥感在海草分布的观测和研究中扮演越来越重要的角色（表 1-1），尤其是 Landsat 的 MSS、TM 和 ETM+数据，SPOT 数据、QuickBirds 数据及 IKONOS 数据，为海草的遥感监测提供了较好的数据源。基于不同底质的光谱反射率变化不同，检测底质反射率可以了解海草、珊瑚礁、沙地、砾石、淤泥等不同底质的分布类型。

表 1-1 代表性的多光谱卫星及其参数

卫星	空间分辨率/m	幅宽/km	多光谱和全色波段/nm		重访周期和像素深度
WorldView-2 WorldView-3	WV-2	WV-2	Coastal	400～450	WV-2
	全色 0.46	16	蓝	450～510	3.7 天
	多光谱 1.85		绿	510～580	11 bit/pixel
			黄	585～625	
	WV-3	WV-3	红	630～690	WV-3
	全色 0.34	13	红偏红外	705～745	4.5 天
	多光谱 1.38		近红外 1	770～895	11 bit/pixel
			近红外 2	860～1040	
			全色	450～800	
GeoEye-1	全色 0.41	15.2	蓝	450～510	3 天
	多光谱 1.64		绿	520～580	
			红	655～690	11 bit/pixel
			近红外	780～920	
			全色	450～900	
Quick Bird-2	全色 0.61	16.5	蓝	450～520	3.5 天
	多光谱 2.4		绿	520～600	
			红	630～690	11 bit/pixel
			近红外	760～900	
			全色	450～900	
IKONOS	全色 1	11.3	蓝	450～530	3 天
	多光谱 4		绿	520～610	
			红	640～720	11 bit/pixel
			近红外	760～860	
			全色	450～900	
Pleiades-1 Pleiades-2	全色 0.5	20	蓝	450～530	4 天
	多光谱 2.8		绿	510～590	
			红	620～700	12 bit/pixel
			近红外	775～915	
			全色	480～820	
Spot-6 Spot-7	全色 1.5	60	蓝	455～525	26 天
	多光谱 8		绿	530～590	
			红	625～695	12 bit/pixel
			近红外	760～890	
			全色	455～745	

续表

卫星	空间分辨率/m	幅宽/km	多光谱和全色波段/nm		重访周期和像素深度
LANDSAT 8 OLI	全色 15	180	深蓝	433～453	16 天
	多光谱 30		蓝	450～515	
			绿色	525～600	12 bit/pixel
			红色	630～680	
			近红外	845～885	
			全色	500～860	
LANDSAT ETM+	全色 15	180	蓝	450～520	16 天
	多光谱 30		绿色	530～610	8 bit/pixel
			红色	630～690	
			近红外	780～900	
			全色	520～900	
ALOS AVNIR-2（多光谱）PRISM（全色）	全色 2.5	70	蓝	420～500	46 天
	多光谱 10		绿色	520～600	
			红色	610～690	8 bit/pixel
			近红外	760～890	
			全色	520～770	
高分-1	全色 2	800	蓝	450～520	4 天
	多光谱 8		绿	520～590	
			黄	630～690	
			红	770～890	
			全色	450～900	
高分-2	全色 1	45	蓝	450～520	5 天
	多光谱 4		绿	520～590	
			红	630～690	
			近红外	770～890	
			全色	450～900	
高分-4	50		蓝	450～520	45～60 分钟
			绿	520～600	
			红	630～690	
			近红外	760～900	
			全色	450～900	
资源卫星 4		60	绿	520～590	4 天
	全色 5		红	630～690	
	多光谱 10		近红外	770～890	

续表

卫星	空间分辨率/m	幅宽/km	多光谱和全色波段/nm		重访周期和像素深度
资源卫星 4			全色	510～850	
北京 1 号	全色 4	24			3～5 天
	多光谱 32	600	绿	520～600	
			红	630～690	
			近红外	760～900	
			全色	500～800	
北京 2 号	全色 1		绿	520～600	
	多光谱 2		红	630～690	1 天
			近红外	760～900	
			全色	500～800	
环境卫星	CCD 多光谱 30		蓝	430～520	4 天
			绿色	520～600	
			红色	600～690	
			近红外	760～900	
中巴卫星（资源卫星 1）	CCD 多光谱 20	113	绿	520～590	3 天
			红	630～690	
			近红外	770～890	
			全色	510～850	

根据这个原理，较多的研究者采用卫星遥感对海草的分布及生态状况进行了研究。如 Batish（2002）运用 Landsat TM 数据研究土地利用变化对海草的影响时认为，飓风和强降雨是导致陆地侵蚀后泥土流失的重要原因，最终导致水体中透明度下降，引起了海草的分布及种群发生了较大的变化。Hashim 等（2001）采用了 Landsat 数据对南海南部、马来西亚海岸的海草进行了调查，运用了波段比和辐射传输算法对海草信息进行提取，取得了较好的效果。且对海草固有光学特性进行了大量研究分析后，建立了可靠有效的模型。且运用了波段比和辐射传输算法对南海南部及马来西亚海岸的 Landsat 数据提取其海草信息，取得了较好的效果。在底质海草种类不同、密度不同、生物量不同的情况下，底质反射率会呈现出不同趋势的特点。Ralph（2002）等采用 Landsat 数据对 Victoria 海岸海草的不同分布密度进行了分类；Ward（1997）运用 Landsat MSS 数据，采用图-图之间的对比，比较了 1987～1995 年在 ALASKA，Izembek 潟湖中鳗草面积的变化，结果显示，此潟湖中海草的分布相对稳定。Bouvet 等（2003）采用 Landsat ETM+数据的非监督分类方法研究了 New Caledonia 生态系统中海草的分布规模，识别效果

较为良好。美国 NOAA 的 C-CAP 计划，对美国较多的海湾如加勒比海、Chesapeake 湾等海湾的海草的分布，运用 TM 数据作图，取得了较好的效果。澳大利亚也对周围海域的海草采用卫星遥感数据进行了较为详细的研究。随着 SPOT，QuickBirds 和 IKONOS 等高精度数据的出现，有些研究者采用这些数据对海洋水体中海草的分布进行研究。Pasqualini（2005）采用 SPOT 2.5m 和 10m 的数据对地中海沿岸的海草 *Posidonia oceanica* 分布进行研究，对沙地、岩石上的藻类、不连续海草分布和连续海草分布等几个指标进行了鉴别，准确率分别达到 73%和 96%。Andréfouët 等（2001）也采用了 SPOT-HRV 和 IKONOS 数据对法国海岸的海草进行了研究，取得了较好的效果。Lennon（1989）利用海草在蓝、红、绿波段的信息量最大这一原理对南昆士兰海域水体处卫星遥感数据进行更高效更准确的信息提取，从而监测南昆士兰海域海草生态状况。Dierssen（2003）等对海岛周围水体的海草、珊瑚礁等进行了探测，运用辐射传输理论和经验回归的方式，建立了在 550nm 和 670nm 的遥感反射率比值与叶面积指数之间的生物光学模式，相关系数达到 0.97 以上。

多光谱卫星遥感在覆盖范围和重访频度上具有较大的优势，但在光谱分辨率方面相对不足，对海草的生存状况，如病害、环境胁迫等方面的检测区分在精度上很难满足需要。由于高光谱遥感携带更多的信息，近年来，较多的研究者采用现场或航空的高光谱检测方法对不同底质进行研究。

Hochberg（2000）测量 13100 条不同类型的光谱曲线，范围从 400～700nm，包括海草、成片的藻类、碳酸盐底质、珊瑚礁等 12 个类型，经过分析发现，全光谱分析鉴别准确率达到 83%，52 个波长分析达到 76%，14 个波段分析达到 71%。Boss（2003）研究认为，光谱的固有光学特性可以很好地区分水下的不同底质分布，进而可以了解生物地球化学过程。Agostini（2003）采用航空遥感的方式，比较了地中海 Urbinu 潟湖中 1990 年、1994 年和 1997 年海草分布的变化，认为 1990～1994 海草面积减少 12%，但 1994～1997 年间海草面积增加了 16%。但总体在 7 年间基本上保持稳定。Fyfe（2003）采用现场光谱测量的方法对 *Zostera capricorni*、*Posidonia australis*、*Halophila ovalis* 进行了区分，认为这三种海草可以从光谱角度很好地区分，即使植株上附着有附生生物或不同部位有着光谱差异，采取 530～580nm 的光谱依然能够将他们进行区分，如果再考虑 520～530nm 和 580～600nm 之间的光谱效果就更加明显。

这些研究，对于了解怎样采用光学遥感模式对海洋水体中的海草分布、种类、生存状况等方面进行提取具有相当重要的意义，也为进一步采取高光谱卫星遥感海岸带海草分布奠定了基础。然而，由于这些研究只是一定海域的研究结果，是否可以在中国海域直接应用还需要进一步验证。如果进一步结合海草植株花青素、叶黄素等色素及荧光变化，就可以了解海草生态系统的健康状况，如病害，缺光，盐度、温度变化以及全球气候变化而导致海草生存状态的变化，为保护和合理地利用近海水体中的海草资源提供实时、详细的信息。

由于光谱在海水中衰减较快，当水深在20m以下时，被动光学遥感监测到的信息相对较弱，尤其是当近岸水体中悬浮质、叶绿素和黄质含量相对较高时，如何能够精准地监测到水下的海草分布状况成为研究者一直关注的问题。近年来，一些研究者采用了相关的算法，为对海草分布的精准检测有着较好的指导意义。

Louchard（2002）采用最小距离法，研究了Bahamas的Lee Stocking岛周围的海草分布，认为利用光谱库可以成功地鉴别海底类型，并采取一次求导的方法研究了碳酸盐底质的光谱类型。Andréfouët（2003）等采用四次求导的方法，从航空光谱中将不同的底质进行分类。Lyzenga（1981）采用底部反射的离水辐亮度与底部的反射率呈现大致线形关系而与水体深度呈现指数关系，并利用Landsat MSS数据反演底部的类型。Philpot（2004）运用主成分分析的方法，对近海水体遥感精度进行分析，认为多参数运算可以提高航空遥感的分辨率和稳定性。波段比和辐射传输模型也运用在海草的识别和健康状况研究上。Lee等（1999）采用经验回归和逆向校正的方法对水体、底质反射及水深等指标进行了提取。有的研究者发展了基于物理的辐射传输分析方法（Dekker，1999），由于其合理性以及可操作性，得到一些研究者的赞同（Kutser，2003），并采纳使用。

这些对海草进行生物光学分析模式的研究，为精确识别海草及其健康状况提供了比对方法和研究思路。但大多数研究还处在尝试阶段，有的仅采用光谱与海草之间进行经验回归，得出具有很强区域性的经验关系；有的采用了半分析模式，但较多的参数只是采用经验获取，其应用的普遍性受到一定的限制。

近几年来，国内在水体生物光学的研究方面有了一定的发展，如杨顶田等对太湖水体中的光谱分布及水体中叶绿素、悬浮质、有机碳（DOC）的生物光学模式进行了较为详细的研究（杨顶田，2002；2004；2005；Yang et al.，2004；2005）；何贤强等（2004）对海水透明度的遥感模式作了较为系统的研究；李铜基（2003）、唐军武（1998）等对水体光学的测量方法作了较为详细的介绍；陈楚群等（2006）对珠江口水体中的黄色物质浓度的提取进行了回归；李炎、李京等（1999）采用分析的方法对珠江口悬浮质浓度的提取都取得了较好的效果。这些研究为海草底质提取过程中水体部分的校正和海草的光学遥感生物光学模式的建立奠定了较好的基础。

然而，在采用遥感生物光学模式对水体中海草及其状况进行提取时依然存在较多的问题，如海草都属于单子叶植物，种间有着较为相似的生物化学过程，如何运用光谱模式将海草的不同种类进行区分将是研究的难点之一；海草的不同密度和深度其光谱曲线会有较大的变化；由于近岸水质变化较大，在运用生物光学模式对其进行提取时受到其他物质，尤其是藻类叶绿素a、黄质及悬浮质的影响较大；在提取海草底质及海草生理特征过程中水体部分的校正方法还有待于进一步探索；海草生物光学提取模式的参数变化较大以及现场采样和遥感数据之间的时空吻合性较难等。在检测年度变化时，不同遥感图片之间如何进行对比，对比的精度如何等都要作进一步研究。

第四节　海草信息遥感提取的水体校正模型

对于海岸带的底栖生物（海草、珊瑚等）通常生活在浅海区域，因此光学遥感探头获得的水表反射率信息不仅包括了底质信息，而且也包含了底质上层水体的信息（包括水深深度和水体的光学特性）（图 1-2）。为了从遥感数据中提取底质的信息，必须准确地剔除水体的影响（Holden et al., 1999; Hochberg et al., 2003）。水体校正是海岸带生态遥感监测和研究中最为关键的一步，它的精确度影响着后续的底质分类、生物光学模型的建立及其他一些光学信息提取过程的精度。水体校正是剔除遥感信号中水体的影响，进而得到底质高光谱反射率的过程。遥感图像上的每个像元都具有不同的水深，并且它对应水体的光学特性不同，这使得水体校正工作成为了海岸带动态遥感监测中的重点、难点问题。海岸带水体大多属于光学浅水，在浅水区域，光穿透深度大于或等于水深的水体。光学浅水的底质反射是影响二类水体水质参数遥感反演精度的重要因素之一。光学浅水的底质反射与离水辐亮度耦合在一起，水面之下遥感反射率是底质反射率与水体信号的线性叠加。如果忽视底质反射的贡献，把水底反射信号当作水体组分信息直接进行水质参数的遥感反演，往往会给水质参数的反演结果造成较大的误差。同理，如果忽视水体光学信号的贡献，把反射信号当作底质反射率信息直接进行底质分类，进行海岸带动态遥感监测，往往会给监测结果造成较大的误差。光学浅水的底质反射与离水辐亮度耦合在一起，水面之下遥感反射率是底质反射率与水体信号的线性叠加。如果忽视底质反射的贡献，把水底反射信号当作水体组分信息直接进行水质参数的遥感反演，也会给水质参数的反演结果造成较大的误差。同理，如果忽视水体光学信号的贡献，把反射信号当作底质反射率信息直接进行底质分类，进行海岸带动态遥感监测，往往会给监测结果造成较大的误差。光学浅水光谱特性与光学深水有着很大差别，其反射率不仅受到水深、水体成分的影响，同时还要受到底质类型及海水底部地形特征的影响。尽管遥感技术很早就被广泛应用于地表组成信息监测、资源与环境动态监测，但在光学浅水中的应用还处于初级阶段，因为光学浅水水体的光学特性复杂，其反射率信号不仅与底质类型、底部地形特征相关，还与水深、水体组分密切相关，所以发展光学浅水的底质光辐射分布模型是遥感监测技术广泛应用的一大重点。因此很多在一、二类水体上应用的方法模型在浅水底质研究中很难适用，目前需要大量的新的光学浅水底质光谱模型，以及发展新的测量技术和测量仪器。

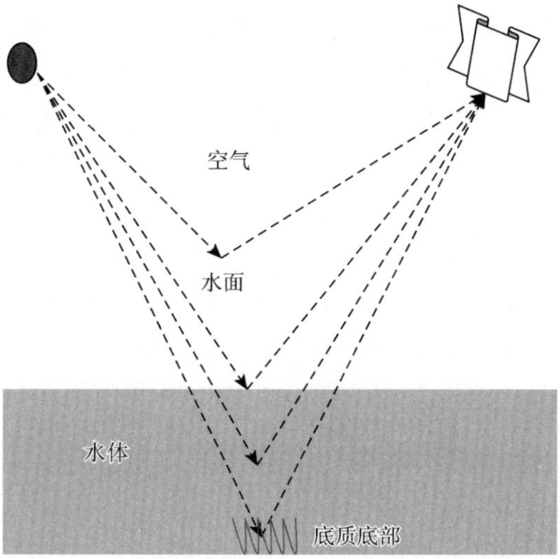

图 1-2 卫星传感器接收到海草遥感信息的示意图

目前常用的水体校正方法有经验型（Goodman and Ustin，2002）。经验型方法是建立经验方程，如线性方程

$$R_2(\lambda)=\iota_1(\lambda)\cdot R_1(\lambda)+\iota_2(\lambda)\cdot z+\iota_3(\lambda) \tag{1-1}$$

指数型方程

$$R_2(\lambda)=\iota_1(\lambda)\cdot R_1(\lambda)\cdot \exp(z\cdot \iota_2(\lambda)) \tag{1-2}$$

R_1（λ）和 R_2（λ）是水体校正前和水体校正后的反射率，z 是水深，ι_1（λ）、ι_2（λ）、ι_3（λ）是回归系数。指数型方程（1-2）满足 Beer 定律，但在光学浅水地区，水面下探头所接收到的信号除了水体信号还要受底质反射信号的影响，光在水中传播并不是完全满足 Beer 定律（Maritorena et al.，1994）光强随深度的增加呈指数衰减的深水体（Goodman and Ustin，2002）。经验型的水体校正方法需要大量的现场实测数据估算经验参数和反复验证参数的适用海区。而且在这里的经验方法还需知道每个像元的水深，并且需要满足一个假设——每个像元水体的光学性质相同。对于任意给定光学浅水水域，存在两个特殊波段，这两波段在不同底质类型的遥感反射率值的比是一常数（Polcyn et al.，1970；Lyzenga，1978）。Lyzenga 等用上行辐亮度衰减信号依赖于水深这一原理，提出了一种水深反演模型，用以剔除水深对底质信号的影响（Lyzenga，1978；Maritorena，1996）。该方法首先构

建由两个波段的反射率对数值组成的坐标系，然后在遥感图像中找到大量的分布在不同深度的同种物质，它们在此坐标系中呈线性分布，Lyzenga（1978）认为直线的斜率就是构建坐标系的两个波段光在水中传播的衰减系数的比值。不同的物质在坐标系中的分布表现为互相平行的直线。对坐标进行旋转使其中一个坐标轴与直线平行，这样就得到与深度无关的因子。该方法是在水体光学特性一致的假设条件下，通过 Beer 定律推导出来的，它不需要知道水深、水质数据，因此在早期得到了较为广泛的应用。但该方法需要找到足够的分布在不同深度处的同种物质，这在实际操作中有一定难度，并且由于水质变化或其他原因，不同物质在坐标系中也并不表现为互相平行的直线。此外，Sandage 和 Holyer（1998）采用神经网络算法对佛罗里达 AVIRIS（Airborne Visible 中 Infrared Imaging Spectrometer）水色遥感图片进行处理，剔除了水深对底质信号的影响。Lee 等（2001）建立了光学生物经验模型，并应用经验模型和校正因子从佛罗里达坦帕遥感图片 AVIRIS 提取水体光学特征信息，底质信息和水深。在高光谱遥感应用中，Louchard 等（2003）使用了光谱匹配的方法，进而可忽略掉水体信号干扰直接从遥感信号中提取底质信息。基于上行辐亮度衰减信号依赖于水深这一原理，Conger（2006）应用 SHOALS（scanning hydrographic operational airborne lidar survey）、LIDAR 和 Quickbird 数据，把研究目标的原始遥感数据与邻近光学深水的数值相减后对其取自然对数，最终得到了一组与水深呈线性关系的数据。再利用这种线性关系对水深和底质信息进行提取。

辐射传输理论也通常被应用于水体校正模型中，用以反演不同底质、不同水深对进入水体的光辐射传输的影响作用。这种模型可以用来监测海水底质类型和水深等海洋生态状况（Lee et al.，1999）。这类方法通常采用迭代寻优的策略，计算量很大，而且模型的不成熟和过于简化使得模拟结果与实际值相差较大，因此在实际中不太常用。Christian（2002）将离水辐照度表达为底质信号与水体信号的线性叠加。基于一类水体辐照度反射率经验模型算法，将与研究目标邻近的光学深水反射率替代光学浅水水下辐射传输方程的部分参数，最终得到底质反射率的提取模型。随着近年来高光谱遥感技术的发展，光学浅水的高光谱遥感也受到了越来越多的关注。Lee 等（2002）从水色数据分析了波段数与水体和底质信息反演的关系。研究结果发现高光谱数据大大提高了底质信息分类的精度。水下光辐射传输模型的正确认识与理解是遥感技术在海洋领域应用的基础之一（马荣华等，2009），与光辐射传输密切相关的重点核心内容是生物光学模型。光学浅水水体光学特性是水体校正中非常重要的因素。水体光学特性描述的准确性以及光学参数的正确表达直接决定了水体校正模型校正结果的精度。近年来，生物光学模型的发展有效地推动了水体校正模型的发展。水体的两大光学特性（周雯等，2010），包括表观光学特性（表观光学参数；AOPs）和固有光学特性（固有光学参数；IOPs）。它们往往是生物光学模型关注的重点（许大志等，2007）。表观光学参量是与光照条件相关的光学参数，因而会随光照条件的变化而发生变化的参数量（吴廷芳等，2003），属于这一类的参数有：遥感反射比（R_{rs}）、离水辐亮度（L_w）、归一化离水辐亮度（L_{wN}）及水面以下的辐照度反射率（R（0^-））等。描述水体辐射传输的基本光学特性需要了解水体的固有光学特性参数，对固有光学特性参数的准确理解和认识是建立水质参数遥感模型的基础（王桂芬等，2010）。固有光学特性是指只与水体成分有关的描述水体内在特质的光学参量，它们并不会随着光照条件变化而发生变化，这一类型的光学参量包括了：吸收系数 a 和体散射函数 VSF（volume scattering function）β（ψ，λ），单位吸收系数，以及散射相函数 $\tilde{\beta}$（李彩等，2007）。对光学浅水中近岸水体等Ⅱ类水体而言，其中涉及的光学参数具有很强的区域性，具体化不同区域内水体光学特性的光学参量既是模式参数化的重要步骤，也是提高光学模型精度的必经之路（李彩，2007；Strömbeck，2001；Ma et al.，2006；Ma et al.，2009）。表观光学特性的重点内容包括了离水辐亮度或遥感反射率。在底质类型与底质反射率之间的关系研究中，不同底质类型的底质反射率测量研究是必要的。有效的、精确的现场测量将有利于生物光学算法、大气校正算法的开发、对星载遥感器的辐射校正及其数据的真实性检验。目前，有效的、精确的现场测量方法主要有两种：剖面法、水面之上测量法。剖面法是在水面下完成测量的，这一本质特性决定了剖面测量会受环境因素（如天空漫射反射、直射太阳光反射、耀光等）影响较小，获得的是水体内部信息，可以用来详细分析处理水体层化效应等问题。然而，剖面法也有其局限性，对于浅海和较浑浊水域，其测量误差较大，另外，存在仪器自阴影修正等问题。不同深度的上、下行辐亮度携带了各种因素（如波浪、大气、光照变化）对入射辐照度影响的全部信息。而不同深度的大气、光照的变化使得不同深度的辐照度数据不具有可比性。对此问题，李铜基等（2004）采用了新的参数来代替外推至海表面的传统的数据处理方法来消除光照、大气等变化的影响。在外推至海面的数据处理方法中，选择 ΔZ 的人为因素也同样影响了结果的客观性，因此，可以用直方图的方法来处理二类水体剖面数据。水面之上测量法是 NASA SeaWiFS 测量规范推荐的一种测量方法，目前已经较为成熟。水面之上测量比较适合的仪器为多通道光谱仪。如美国 ASD 公司 FieldSpec® ProDual VNIR 光谱辐射计（汪小勇等，2003），可以同时测量天空光信号和水体信号（Mueller et al.，2003；唐军武等，2004）。此外，杨跃忠等以近海水色遥感定标检验的需求，研发了海洋高光谱实时观测系统（即海洋光学浮标），该新型系统能同步测量海面（0^-m）和水下 0.7m，2.7m 等共三个剖面水深的高分辨率光谱（包括下行辐照度和上行辐亮度等共有 6 个光辐射量）（杨跃忠等，2009），主要用于水色遥感器的现场定标监测，获取离水辐亮度、光衰减系数等信息。固有光学参量主要包含了吸收系数、后向散射系数和衰减系数等三部分。从最早的测量仪器（吸收系数和衰减系数）对光学特性参数的测量是独立的、非同步的，后来发展到可以多光谱同时测量水体的吸收系数和衰减系数，例如，现场用于吸收系数测量的 AC-9（Wetlabs，9 通道双光路吸收系数与光束衰减系数测量仪，其中，这 9 个通道分别是 412nm、440nm、488nm、510nm、532nm、555nm、650nm、676nm 及 715nm 处），目前已有仪器可以实现吸收、衰减的高光谱测量，如 AC-S（高光谱双光路吸收系数与光束衰减系数测量仪，85 个通道，波长范围：400～750nm），其中 AC-9 是得到 NOAA 和 NASA 有关方面推荐的商业化仪器，在现场测量方面得到了广泛的认同（李刚，2005）。在实验室里，可用分光光度计等测量水体各组分的吸收系数，包括浮游植物色素吸收 $a_{\mathrm{ph}}(\lambda)$（m^{-1}）、非色素颗粒物吸收 $a_{\mathrm{d}}(\lambda)$（m^{-1}）以及 CDOM 吸收 $a_{\mathrm{g}}(\lambda)$（m^{-1}），其吸收是线性可加的（Jerlov，1976），同时代入已知的纯水吸收系数 $a_{\mathrm{w}}(\lambda)$（m^{-1}）的测量结果（Smith and Baker，1981；Sogandares and Fry，1997；Pope and Fry，1997；Bayes et al.，2007），从而可以获取水体的总吸收系数。

$$a(\lambda)=a_{\mathrm{ph}}(\lambda)+a_{\mathrm{d}}(\lambda)+a_{\mathrm{w}}(\lambda)+a_{\mathrm{g}}(\lambda) \tag{1-3}$$

具体使用分光光度计去测量水体中各组分的吸收系数的具体步骤（曹文熙等，2003；Mueller et al.，2003）及相关注意事项可参见相关参考文献（Ma et al.，2006）。现在得到后向散射的主要方法包括：

（1）理论模型。第一种，直接利用 Mie 散射理论，在一定的理想假设的条件下，直接通过模型计算水中颗粒的散射系数 $b(\lambda)$（m^{-1}）或后向散射系数 $b_{\mathrm{b}}(\lambda)$（m^{-1}）

$$b_{\mathrm{b}}(\lambda)=b_{\mathrm{bp}}(\lambda)+b_{\mathrm{bw}}(\lambda) \tag{1-4}$$

其中，b_{bp} 为颗粒物的后向散射系数（m^{-1}），$b_{\mathrm{bw}}(\lambda)$ 为纯水的后向散射系数（m^{-1}）；此外，可以通过现场实测的水体其不同深度的上行和下行辐照度，再通过辐射传输模型，建立方程，得出后向散射系数 $b_{\mathrm{b}}(\lambda)$（m^{-1}）；

（2）光学仪器现场测定。一是多角度体散射函数 $\beta(\psi,\lambda)$ 测量，积分后获取后向散射系数 $b_{\mathrm{b}}(\lambda)$，代表性的仪器如 GASM（Balch et al.，1991）及体散射仪（Lewis and Lee，2003），目前来说，这种方法较为精准，但是需要受时间以及深度的限制；现在常用的方法是通过某一个角度的体散射角函数值求出后向散射系数。因为在后向散射方向上存在一个 ψ_0，使得 $\beta(\psi_0)/b_{\mathrm{b}}(\lambda)$ 趋近于某一常数，利用这个原理可以首先测量 $\beta(\psi_0,\lambda)$，然后计算得到 $b_{\mathrm{b}}(\lambda)$。使用这个原理方法的仪器越来越多，后向散射系数测量仪不断更新发展，测量通道也在不断增加，从最初的 2 通道一直增加到现在的 9 通道，如 HydroScat 系列的 HydroScat-2（420nm 和 700nm）、HydroScat-4（420nm、470nm、532nm 和 700nm）以及 HydroScat-6（420nm、

442nm、470nm、510nm、590nm 和 700nm），Wetlabs ECO 系列的 BB-3（470nm、532nm 和 660nm）、BB-9（412nm、440nm、488nm、510nm、532nm、595nm、660nm、676nm 和 715nm）。值得注意的是，对于以上描述、介绍的光学测量仪器使用前，需要严格的校准及定标。一般都要使用后向散射概率（$\tilde{b}_b(\lambda)$）来补偿光衰减而引起的低估数值。它需要使用后向散射与总散射的比值（$b_b(\lambda)/b(\lambda)$），对散射系数校正进行校准（宋庆君等，2008；Ma and Tang，2006），在对仪器采集数据进行校正时，后向散射概率一般为了便于计算而设定为已知量。基于以上假设，后向散射系数的现场测量精度会被后向散射概率影响。后向散射概率对于不同的水体存在着相对较大的差异性。对于大洋水体，b_b/b 具有相对稳定的特征，HS-6 默认为 0.015（HOBI，2003），Kirk（1981）将 b_b/b 设定为 0.019；Whitlock 等（Whitlock et al.，1981）认为混浊河水的后向散射概率大约为 0.059；Aas 等（Aas et al.，2005）的研究表明，b_{bp}/b_p 与悬浮颗粒大小有关，颗粒越小，b_{bp}/b_p 越大，一般在 0.017～0.029 变化，上限为 0.5。马荣华等（2008）以及 Ma 等（2008）通过现场测量以及数据分析处理，发现太湖水体的颗粒物后向散射概率并不是一个不变的定值，是波长的二次函数，在 442nm、488nm、532nm、589nm、676nm 和 852nm 处分别为 0.017、0.017、0.027、0.033、0.054 和 0.094，400～900nm 范围内均值为 0.041±0.030，400～700nm 范围内均值为 0.030±0.015。此外，Ma 等（2008）以现场的实测光谱采集获取的遥感反射率比值进行分析，并且以实验室方法得到的各组分吸收光谱为基础，通过生物光学模型（李俊生等，2008），通过模拟从而获得了水体的后向散射系数（马荣华等，2008）。大洋水体光学深水（Ⅰ类水体）中，影响光学特性的物质组成较为简单（主要是叶绿素色素含量），针对 SeaWiFS 的对海水表观光学量和固有光学量的观测和数据处理分析，国际上有比较成熟的规范标准（Mueller et al.，2003）。我国在海洋水体光学特性的测量、分析与应用方面做了大量工作，并取得了丰硕成果（杨跃忠等，2009；唐军武等，2004；王晓梅等，2006）。

对于物质组成较为复杂的内陆湖泊等Ⅱ类水体中，引起的光学特性远比Ⅰ类水体复杂得多。迄今为止，水质参数在对于湖泊水体方面的估测较为薄弱，依赖水体固有光学特性的认识，使用的半分析方法仍旧比较肤浅。二类水体包含浮游植物色素、悬浮颗粒及黄色物质等的影响。由于在光学特性和方法上的落后变成了水体实际应用当中的阻碍，对于这一方面的研究，欧洲几个典型湖泊（包括瑞典的 Erken，Vättern，Mälaren 湖）的固有光学特性在欧洲 SALMON 计划项目（Strömbeck，2001）的资助下首先进行了测量调查。基于现场实际的调查结果，建立了适合该海区的生物光学模型。此外，水体固有光学特性的测量还在意大利的 Albano 湖（La et al.，2000）、俄罗斯的贝加尔湖（Balkanov et al.，2003）、芬兰和爱沙尼亚的一些湖泊（Kallio，1999；Reinart，2000）、Chilko 湖（Gallie and Murtha，1992）以及美国的安大略湖（Bukata and Jerome，1991）。借鉴 NASA SeaWiFS 测量规范，已经掌握了物质组成复杂水体固有光学特性测量的基本方法，并成功应用于太湖（杨顶田等，2003，2005；Ma et al.，2006；马荣华等，2008；Ma et al.，2008）、青海湖（周虹丽等，2005）、石头口门水库（李方等，2009），其中太湖的相关工作较为深入，并形成了良好的研究基础。水质参数反演就是通过生物光学模型利用离水辐亮度或遥感反射率等表观光学参量（Benner et al.，1993；Hoge et al.，2002），固有光学量属性以及物质组分含量的推演水体的过程（Hoge et al.，1999）。其中，CDOM 浓度反演是水色遥感的重要研究内容之一（Acker et al.，2009）。CDOM 具有较强的光学吸收特性，过高的 CDOM 含量使得光能在水下严重衰减，不利于阳光穿透水体，进而导致水中植物可利用的太阳能大大地降低（杨超宇等，2008），严重抑制了植物进行初级生产力的生产（Hanson et al.，2007）。CDOM 的吸收系数光谱的斜率随着紫外波段衰减系数的减少而减少（Siegel et al.，1997）。马荣华等（2005）分析发现波长与光谱斜率具有较好的相关性（Siegel et al.，2005）。Ma 等（2006）通过对 2004 年太湖进行光学特性测量结果，建立了太湖水体的三要素吸收光谱模型，对太湖水体区别为 7 类（Ma et al.，2008）。以此为分析研究的基础，选定了适合太湖光学深水的生物光学模型及确定其模型参数值（Ma et al.，2008）。张兵等（2009）也对太湖研究区域再次进行大规模的综合性遥感现场试验调查。经过反复试验论证，可以得出水体的生物光学特性在内陆湖泊等水体中存在季节差异性。以太湖梅梁湾水体为调查研究对象，乐成峰等（2008）研究分析了对水体固有光学特性的季节差异性。何贤强（2004）采用遥感技术分析了海水的透明度，并且对遥感模式做了研究；基于高光谱遥感技术的荧光分析法，赵冬至等（2003）研究工作者对赤潮的光谱信息提取做了分析；对海岸带生态遥感及海岛信息提取方面，李四海（1995）采用卫星遥感技术做了研究和探讨；采用分析的方法被验证对珠江口悬浮质浓度的提取效果较为理想（李炎等，1999）。这些研究为海岸带动态遥感监测中水体部分的校正和海草、珊瑚的光学遥感生物光学模式的建立奠定了较好的基础。

第五节 海草生态系统碳通量的卫星遥感检测

对于大面积的海草碳通量的检测主要是通过卫星遥感来实现的（选择较为容易做现场测量的区域进行对照试验）。从已有的卫星遥感模式研究表明，初级生产力的计算对输入的叶绿素场非常灵敏，而运用光谱法来检测叶绿素 a 的含量也有着大量的研究，这样就为卫星遥感海草碳通量奠定了较好的基础。

海草碳通量主要是通过光合作用将 CO_2 和 HCO_3^-固定在海草和悬附植物体

中，通过摄食、沉降及矿化等途径将碳转移和长期固定，并通过呼吸作用和分解作用以 CO_2 和有机碳形式释放到周围环境中。对于海草的碳通量，Petersen（1918）在 20 世纪初就估算过在丹麦大约 2000 平方海里海草的初级生产力空间分布，认为海草初级生产力相当于田野或草地初级生产力的 4 倍左右。但在随后的很长一段时间内，海草的碳通量一直没有引起太多的注意。直到 1973 年，在 Leiden 召开了第一届国际海草会议，海草的分布、生存状态及碳通量等议题才引起人们的注意（McRoy et al.，1977）。而近年来，由于全球变化，海洋作为重要的碳汇受到越来越多的关注，作为海洋重要生态系统成员之一的海草，其对区域碳通量的调节也应该受到人们的重视。从海草分布范围来看，亚太地区是海草分布面积最大，种类最多的区域，南海海岸带也有超过 10000hm^2 的海草分布，对于维持区域性碳平衡起到了相当重要的作用。然而在近年来全球碳通量的估算中，海草的作用往往被忽略，给全球碳通量估算的精度打了较大的折扣。海草碳通量及循环过程主要包括海草生态系统的光合固碳、碳的转移和沉积、向环境中释放 CO_2 以及改变海气 CO_2 交换等方面。

在固碳作用方面，①海草通过光合作用将 CO_2 或 HCO_3^-固定，形成有机碳，储存在茎枝和叶子中，也通过体内运输，将部分有机碳储存到地下茎等器官。如 Duarte 等（1999）的研究发现，海草地上部分净初级生产力可以达到 0.1～18.7g C/（m^2·d）。对于地上生物量大于 50g DW/m^2 的海草床来看，其平均碳通量变化范围在每天 0.5～2.0g C/m^2（Stevenson，1988；Dawes，1998）。而且海草地下部分的初级生产力也可以达到每天 0.001～20g DW/m^2（Duarte et al.，1998；Duarte et al.，1999；Kaldy，2000）。②在海草叶片上，生长有较多的附着生物，可通过光合作用，将 HCO_3^-固定，形成较大的初级生产力。而且，海草的存在有利于底栖藻类的固着和繁衍。研究发现，海草中有 150 种微藻（大部分是硅藻）形成附着生物群落（Phillips，1980），其初级生产力占到整个海草床的 20%～60%（Borowitzka，1989）。Moncreiff 等（1992）在研究 Mississippi Sound 生态系统初级生产力时发现，附着生物、底栖硅藻和浮游植物的初级生产力占整个生态系统初级生产力的 87%。还有的研究认为底栖藻类占整个海草生态系统初级生产力的 33%～42%（Kaldy，2002）。③当水流经过海草床时，水流速度由于海草的摩擦而减小，促进了粒子的沉降，因而也增加了碳的沉降（Gacia，2002；Agawin，2002；Duarte，2004）。Gacia 等（2002）研究认为 *Posidonia Oceanic*a 海草床的沉降速率可以达到 198g C/（m^2·a）。

在碳的转移和沉积方面，①海草在生长过程中不断地向环境中分泌 DOC。研究认为分子量较小的 DOC 很容易被海草周围的藻类和细菌利用，促进了溶解碳向颗粒碳转变（Jones，2003）。②海草在生长过程中由于摄食或海水动力等因素形成碎屑，这些碎屑随着水流进行迁移。Duarte 等（2005）的研究认为，海岸带以碎屑形式每年向深海运送达每年 1.1～3.5Tg C。③海草作为食物，通过鱼类等海洋动物的捕食，可以将碳通过捕食作用传播到深海中。研究认为，不大于 10%的海草初级生产力通过捕食的方式而进行转移（Pergent，1994；Cebri′an，1996）。④海草在光合作用的过程中，提高了水体的碱度，促进了 $CaCO_3$ 的形成，增加了无机碳的沉降（Canals，1997；Gattuso，1998；Gacia，2003）。⑤有些海草（如 *P. oceanica*）含有抑制细菌生长物质，腐烂过程较为缓慢（可以达到 2800 年以上）（Mateo，1997；Mateo，2002），通过堆积可以形成达到数米深的海草泥沼，将碳永久地深埋在地下，因而可以成为重要的碳库。

在向环境中释放碳方面，海草在固碳的同时，也通过自身呼吸和在腐烂过程中通过细菌的活动，将碳以 CO_2 或者有机碳的形式重新释放到环境中。海草在生长过程中，也向环境中释放 DOC，除部分 DOC 被细菌和藻类利用外，其余的部分主要溶解在水体中。

同时，由于海草生态系统的光合作用，改变了海气界面的 CO_2 分压，促进了海气界面 CO_2 的交换。Frankignoulle 等（1993；1991；1990；1988；1987a；1987b；1984）在研究海草床存在对海气 CO_2 交换的影响时发现，海草床中 pH 值和总碱度的日变化和年度变化与海草光合作用有着很强的相关性。

这些研究，对于了解海草碳通量及循环模式具有较好的意义，也为海草碳通量计算的建模提供了思路。然而在建模过程中，较多的影响因素使建模的参数更加复杂和多变。对这些参数的详细了解可以使海草碳通量的计算更加精确。从目前的研究结果来看，影响海草固碳的因素主要与海草分布面积、自身茎枝大小、光照、温度、营养状况及海洋动力环境等条件有较大的关系。具体思路见图 1-3。

海草分布面积与海草碳通量之间是一种线性的关系。但海草分布密度、频度、种群结构以及生长期的不同会使这种线性关系更加复杂化。目前采用卫星遥感对海草分布面积、密度和种群结构等进行鉴别已经较为成熟。如 Pasqualini（2005）采用 SPOT 2.5m 和 10m 的数据对地中海沿岸的海草 *Posidonia oceanica* 分布进行研究，对沙地、岩石上的藻类、不连续海草分布和连续海草分布等几个指标进行了鉴别，准确率分别达到 73%和 96%。Andréfouët（2003）等也采用了 SPOT-HRV 和 IKONOS 数据对法国海岸的海草进行了研究，取得了较好的效果。杨顶田等在 863 项目“光学浅水海草底质反射率的遥感检测技术”以及国家自然科学基金“基于卫星遥感和现场观测的南海海岸带海草生态系统碳通量和碳循环研究”的支持下，对华南沿海海草的分布和历史演变进行了较为详细的遥感研究，取得了一系列成果（杨顶田，2007；Yang et al.，2008；2009；2011；Yang and Yang，2010），海草提取精度超过 80%以上。在比对海草面积与海草初级生产力关系方面，Dierssen 等（2010）采用 SeaWiFs 数据对 Bahamas Bank 的海草初级生产力进行了

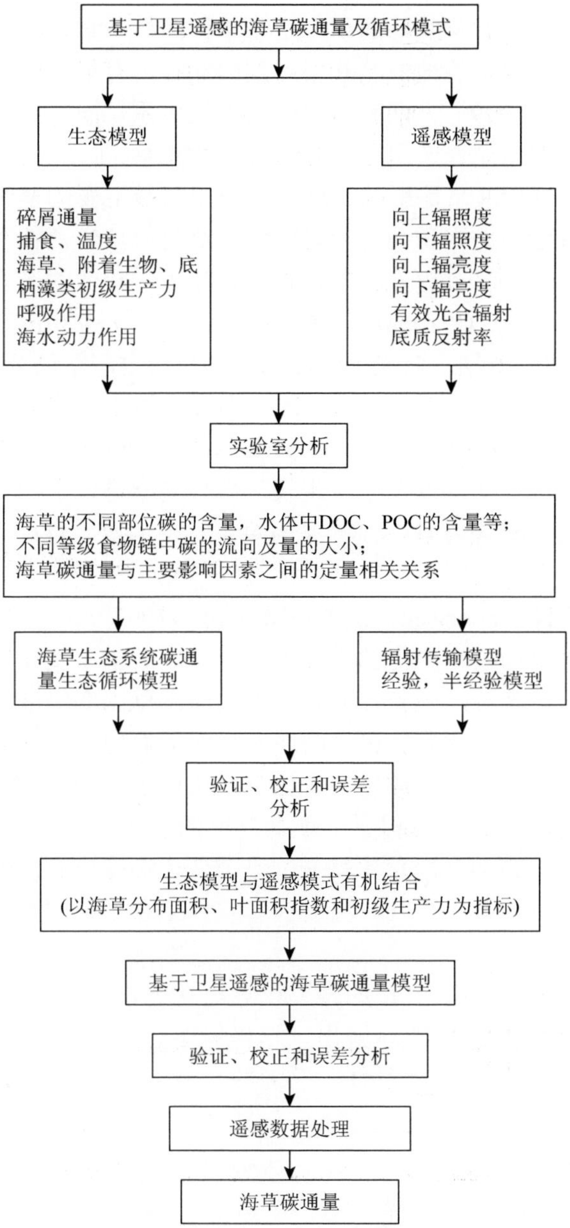

图 1-3　海草碳通量卫星遥感的思路

检测，结果发现海草的年初级生产力可以达到 1062g C/（$m^2 \cdot a$），仅 Bahamas Bank 地区的海草初级生产力就占全球海洋初级生产力的 0.2%左右。

海草自身茎枝是初级生产力产生的基础，海草生物量以及生长速率与其形态学之间有着相当密切的关系。Duarte（1991）分析了 35 种海草的生物量、生长速率和形态学数据，发现海草叶片面积分别与单位茎枝干重、海草叶片的生长间隔期以及地下茎直径（海草的地下茎和根对碳的储存占有很大的比例，可以达到总体的 35%（Duarte，1999）之间有着较好的正比关系。研究结果说明了海草的茎枝，尤其是叶片面积与光合作用之间有着直接的关系。

有效光合辐射（PAR）是影响海草光合作用的最主要的非生物因素之一。和陆生植物相比，海草的光饱和强度相对较低，这与海草生活在水下较难得到光有着直接的关系，也说明海草对光有着较强的亲和力，较低的光强就能够使海草达到最大的初级生产能力。如 *Z.marina* 的饱和光强（I_k）是 78μE/（m^2·s）（Dennison，1993），远远低于陆生植物。对光照强度的需求量决定海草的分布深度，据统计，海草正常生长所需要的光照强度是水表面光照强度的 4%～29%（Vermaat et al.，2000），平均为 11%（Duarte，1991b）。Hauxwell（2006）等对光强和海草密度、地下地上生物量、生长速度以及单枝生长等参数之间进行了 45 个回归，发现有 36 个相关性特别好。这充分说明了光是海草生长中的决定性因素。海草自身色素以及光合作用过程中产生的荧光能够提供较强的光学特征，可为卫星遥感检测提供重要的特征性条件（Dierssen，2003；Mumby，1997）。

温度是影响海草初级生产力的重要因素之一，其季节变化很大，尤其是在高纬度地区。从平均值来看，生长在高纬度地区的海草比低纬度地区的具有更大的地上部分初级生产力和生物量、更高的地上和地下生物量比值（Duarte，1999）。温带地区海草的生物量随季节的典型变化是：在春季增长，到夏季达到峰值，进入秋、冬后持续下降，与温带地区的光照和温度的季节变化基本一致（Orth，1984；Van Lent，1994）。热带地区海草生物量的季节变化幅度没有温带大，但变化更复杂、影响因素也相对较多。而且，温度也影响到生态系统的呼吸作用效率以及海草落叶的分解速度。

营养状况是影响到海草生长的重要因素。由于海草生态系统中的碳是不断沉降和输出的，其营养也不断地输出，这样就会造成海草生态系统中营养的匮乏。研究认为，生活在寡营养条件下的海草，随着营养物质的增加，其生长速率与营养量之间形成明显的正比关系。但在营养条件充足或富营养条件下，营养盐的增加对海草的初级生产力和生长影响不大（Tomasko，2001）。也有的研究认为，营养的增加会导致藻类的大量生长，会对海草生长产生负面影响（Duarte，1995）。但 Heck（2000）的研究认为，营养的增加并不会改变 Thalassia 或其上附着生物的初级生产力，因为这些因素的改变主要取决于水体中顶端生物的种群结构和量，是一个相当复杂的过程，而不能简单地归结为光照条件的改变。

海水动力条件对海草中的种群结构也有较大的影响。研究认为海流较大的地方，软体动物较难停留，因此附着生物的生长较为茂盛。而在水流较小的地方，软体动物数量相对较多，因为捕食关系而导致附着生物数量较小（Pollard，1993）。当然，极端动力条件（如飓风、卷风和台风等）对海草的影响更为巨大，海水动力可以直接将海草连根拔起，大面积海草因飓风或卷风掀起的巨浪而消失（Poiner，1989；Long，1995）。除物理作用直接伤害外，悬浮质再悬浮和陆源悬浮质引起的水体透明度降低及大量淡水引起的水体盐度下降会对海草光合作用和碳通量造成更深远的影响（Brodie，1995；Preker，1992）。在国家自然科学基金的资助下，研究 2005 年台风达维对海南新村港海草的影响时发现，海草的面积呈现明显减少（Yang et al.，2011）。

这些研究在一定程度上揭示了海草碳通量与影响因素之间的相关关系，为对海草碳通量计算进行建模具有相当重要的意义。然而，较多的研究只是进行了定性分析，有的机理性问题还有待于进一步探索，很难满足海草碳通量精细模式建立的需要，还需要对海草碳通量的影响机理进行大量、详细的研究，提供更为详尽的海草碳通量与影响因素之间相关系数。

在海草碳通量建模方面，对于海草自身来说，地上部分是进行光合作用，将环境中的碳进行固定的主要部位，地下部分的根和地下茎是光合作用产物储存的主要部位，而且地下部分产生的 CO_2 也是叶进行光合作用的重要碳源，因而较多的研究者建立了基于地上地下部分碳平衡的海草初级生产力模式（Wetzel et al.，1986；Alcoverro et al.，2001；Burd et al.，2001），为提高海草碳通量的提取精度提供了重要方法。

由于海草生态系统是一个开放的系统，上游水的流入，碳会从系统外输入，同时碳也由于捕食或以碎屑的形式随水流输出到系统外。基于这个原理，Mateo 等（1997）建立了基于系统物质平衡的算法，计算海草的碳通量。在此算法中，包含了海草生态系统中基于海草落叶的碎屑通量算法、捕食通量算法（Mateo et al.，1997）及海草生态系统碳输出模式等，为建立海草生态系统碳通量计算模式提供了指导。

海草自身的光合作用是建立海草碳通量模型的重要基础，有的研究者建立了初级生产力与光照强度之间的定量模型（P-E）。如 Zimmerman 等（1994）对 *Zostera marina* 进行了研究，建立了初级生产力日变化和光照强度之间的关系，结果发现，虽然中午较强光强产生的光抑制对估算初级生产力影响较大，但采用 P-E 模型获得的初级生产力与全天的光饱和计算的碳合成量具有较好的吻合性。由于海草光合作用过程中光是重要的影响因素，因此通过对海草床中光的辐射传输进行模拟可以了解海草对光的吸收和散射，进而可以建模对海草的光合作用进行计算。在对海草光合作用做进一步研究后，Zimmerman 等（2001）建立了海草床中辐照度的生物光学模式，并进一步建立了海草床中初级生产力的分层模式，提高了海草初级生产力的光学检测精度。Dierssen 等（2010）将这些模式运用到卫星遥感数据上，获得了较好的效果。

对海草初级生产力的成功遥感检测，解决了海草碳通量卫星遥感的一个重要环节，为进一步建立海草生态系统碳通量遥感模式奠定了坚实的基础。由于遥感技术的快速发展，较多的研究者将遥感技术与各种生态模型有机地结合起来，给海草碳通量卫星遥感模型的建立提供了较好的思路。例如，遥感驱动的生态系统模型如 CASA（Barro´n，2006；Potter，2006）、PROXEI（Potter，1993）等；融合遥感数据的生态系统模型如 PIXGRO（Chen，1999）、BDMEBDC（Adiku，2006；Kimball，1999）等，并且已经得到了很好的验证（Kimball，1997；Zhang，1999；Houborg，2004；Boegh，2004）。这些模型从一定程度上提高了卫星遥感的作用，拓宽了卫星遥感的应用范围，给大面积测算海草碳通量提供了启示和借鉴方法。

然而，在采用遥感的方法对海草碳通量进行提取时依然存在较多的问题，如不同生长阶段海草初级生产力的卫星遥感提取模式的参数如何调整，如何将海草碳通量的生态模式与卫星遥感模式进行有机结合；由于近岸水质变化较大，在运用生物光学模式对其进行提取时受到其他物质，尤其是藻类叶绿素 a、黄质及悬浮质的影响较大，在提取海草生态系统初级生产力过程中水体部分的校正方法还有待于进一步探索；现场采样和遥感数据之间的时空吻合性较难等。在采用不同遥感图片对海草初级生产力进行提取时如何进行对比，对比的精度如何等都要做进一步研究。

参考文献

陈楚群. 2006. 珠江口黄色物质初步研究. 中国科学院研究生院博士学位论文.

陈丹. 2012. 海草固碳能力远超森林. 人民网，http：//env.people.com.cn/GB/18003895.html.

陈思平，邓亦，陈波飞，等. 1979. 广东海岛植物概况. 广州：广东省科学技术出版社.

崔廷伟 张杰，马毅，等. 2009. 渤海近岸水体漫衰减系数 Kd (490) 遥感反演模型. 遥感学报，3：411-422.

广东省海洋带和海洋资源综合调查领导小级. 1984. 珠江口海岸带和海洋资源综合调查研究文集. 广州：广东科技出版社.

何贤强，潘德炉，毛志华，等. 2004. 利用 SeaWiFS 反演海水透明度的模式研究。海洋学报，26(5)：55-62.

黄小平，黄良民. 2007. 中国南海海草研究. 广州：广东经济出版社.

黄宗国. 2008. 中国海洋生物种类与分布 (增订版). 北京：海洋出版社.

乐成峰，李云梅，查勇，等. 2008. 太湖梅梁湾水体组分吸收特性季节差异分析. 环境科学，29 (9)：2448-2455.

李彩，曹文熙，柯天存. 2007. 同步测量海水固有光学特性的高光谱剖面仪样机设计. 高技术通讯，17 (8)：859-857.

李方，徐京萍，何艳芬，等. 2009. 长春市石头口门水库颗粒物光谱吸收特性. 湖泊科学，

21 (2)：280-287.
李俊生，张兵，张霞，等. 2008. 一种计算水体中悬浮物后向散射系数的方法. 遥感学报，12 (2)：1-6.
李四海. 1995. 提高遥感数据分类应用性的有效途径. 国土资源遥感，4：1-4.
李铜基，陈清莲，汪小勇. 2004. 剖面法测量近岸水体遥感反射率的新方法. 海洋技术，23 (3)：1-4.
李铜基，陈清莲. 2003. Ⅱ类水体光学特性的剖面测量方法. 海洋技术. 22 (3)：1-5.
李炎，李京. 1999. 基于海面-遥感器光谱反射率斜率传递现象的悬浮泥沙遥感算法. 科学通报，44 (17)：1892-1897.
马荣华，宋庆君，李国砚. 2008. 太湖水体的后向散射概率. 湖泊科学，20 (3)：375-379.
马荣华，宋庆君，唐军武. 2007. 太湖秋季水体遥感反射比的简单经验估测模型. 湖泊科学，19 (3)：227-234.
马荣华，唐军武，段洪涛，等. 2009. 湖泊水色遥感研究进展. 湖泊科学，21 (2)：143-158.
潘德炉，何贤强，李淑菁，等. 2004. 我国第一颗海洋卫星 HY-1A 的应用潜力研究. 海洋学报 (中文版)，02：37-44.
宋庆君，唐军武，马荣华. 2008. 水体后向散射系数校正方法研究. 海洋技术，1：48-52.
唐军武，陈清莲，谭世详，等. 1998. 海洋光谱测量与数据分析处理方法. 海洋通报，17 (1)：71-79.
唐军武，田国良，汪小勇，等. 2004. 水体光谱测量与分析Ⅰ：水面以上测量法. 遥感学报，01：37-44.
汪小勇，李铜基. 2003. 双通道高光谱地物波谱仪测量水体的遥感反射率. 海洋技术，22 (3)：20-24.
王桂芬，曹文熙，杨跃忠，等. 2010. 珠江口藻华水体总吸收系数的变化特性及高光谱反演模式. 热带海洋学报，29 (2)：58-59.
王晓梅，唐军武，宋庆君，等. 2006. 黄、东海水体总吸收系数光谱特性及其统计反演模式研究. 海洋与湖沼，37 (3)：1-8.
吴廷芳，曹文熙. 2003. 水下光辐射测量的阴影效应及其校正方法研究. 海洋学报，25 (1)：49-51.
许大志，曹文熙. 2007. 南海北部水体叶绿素 a 浓度反演的生物光学模型. 热带海洋学报，26 (2)：15-21.
杨顶田，陈伟民，曹文熙，等. 2005. 长江下游湖泊水体中有色可溶性物质的生物光学模式. 遥感学报，9 (4)：387-392.
杨顶田，陈伟民，陈宇炜，等. 2002. 太湖梅梁湾水体中初级生产力的光学检测. 湖泊科学，14 (4)：363-368.
杨顶田，陈伟民，江晶，等. 2003. 藻类爆发对太湖梅梁湾水体中 NPK 含量的影响. 应用生态学报，14 (6)：969-972.
杨顶田，陈伟民，刘正文，等. 2004. 太湖梅梁湾水体中紫外光的分布及藻体内 MAAs 的检测. 武汉植物学研究，22 (3)：264～268.
杨顶田. 2007. 海草的卫星遥感研究进展. 热带海洋学报，26 (4)：82-86.
杨顶田. 2013. 海草碳通量的卫星遥感检测研究进展. 热带海洋学报，32 (6)：108-114.
杨跃忠，曹文熙，孙兆华，等. 2009. 海洋高光谱辐射实时观测系统的研制. 光学学报，29 (1)：102-107.

杨宗岱. 1979. 中国海草植物地理学的研究. 海洋湖沼通报，2：41-46.
杨宗岱. 1982. 国海草的生态学研究. 海洋科学，(2)：34-37.
于硕. 2010. 中国沿海川蔓藻 (*Ruppia*) 的分布及其影响. 华东师范大学硕士学位论文.
张兵，申茜，李俊生，等. 2009. 太湖水体 3 种典型水质参数的高光谱遥感反演. 湖泊科学，21 (2)：182-192.
赵冬至，张丰收，赵玲. 2003. 近岸海域叶绿素和赤潮的 AVHRR 归一化差值探测方法研究. 海洋技术，3：33-39.
郑凤英，邱广龙，范航清，等. 2013. 中国海草的多样性、分布及保护. 生物多样性，21 (5)：517-526.
周虹丽，朱建华，李铜基，等. 2005. 青海湖水色要素吸收光谱特性分析——黄色物质、非色素颗粒和浮游植物色素. 海洋技术，24 (2)：55-58.
周雯，曹文熙，杨跃忠，等. 2010. 大亚湾水体后向散射比率的光谱变化. 热带海洋学报，29 (2)：35-49.
《中国海湾志》编写委员会. 1991. 中国海湾志. 北京：海洋出版社.
Aas E，Hokedal J，Sorensen K. 2005. Spectral backscattering coefficient in coastal waters. Int. J. Remote Sens.，26 (2)：331-343.
Acker J，Lyon P，Hoge F，et al. 2009. Interaction of hurricane katrina with optically complex water in the gulf of Mexico：Interpretation using satellite-derived inherent optical properties and chlorophyll concentration. IEEE Geosci Remote S，6 (2)：209-213.
Adiku S G K，Reichstein M，Lohila A，et al. 2006. PIXGRO：A model for simulating the ecosystem CO_2 exchange and growth of spring barley. Ecological Modelling，190 (3/4)：260-276.
Agawin N S R，Duarte C M. 2002. Evidence of direct particle trapping by a tropical seagrass meadow. Estuaries，25：1205-1209.
Agostini S，Marchand B，Pergent G. 2003. Temporal and spatial changes of seagrass meadows in a Mediterranean coastal lagoon. Oceanologica Acta，25：297-302.
Alcoverro T，Manzanera M，Romero J. 2001. Annual metabolic carbon balance of the seagrass *Posidonia oceanica*：The importance of carbohydrate reserves. Mar. Ecol. Prog. Ser.，211：105-116.
Andréfouët S，Claereboudt M，Matsakis P，et al. 2001. Typology of atolls rims in Tuamotu archipelago (French Polynesia) at landscape scale using SPOT-HRV images. Int. J. Remote Sensing，22(6)：987-1004.
Andréfouët S，Kramer P，Torres-Pulliza D，et al. 2003. Multi-site evaluation of IKONOS data for classification of tropical coral reef environments. Remote Sensing of Environment 88：128-143.
Balch W M，Holligan P M，Ackleson S G，et al. 1991. Biological and optical-properties of mesoscale coccolithophore blooms in the gulf of maine. Limnol Oceanogr，36 (4)：629-643.
Balkanov V，Belolaptikov I，Bezrukov L. 2003. Simultaneous measurements of water optical properties by AC9 transmissometer and ASP-15 inherent optical properties meter in Lake Baikal. Nuclear Instruments and Methods in Physics Research，498：231-239.
Barro´n C，Middelburg J J，Duarte C M. 2006. Phytoplankton trapped within seagrass (Posidonia oceanica) sediments are a nitrogen source：An in situ isotope labeling experiment.Limnol. Oceanogr.，51 (4)：1648-1653.

Batish S. 2002. Demonstration of the impact of land use on the benthic habitats of the U.S. Virgin islands with Landsat satellite imagery. Littoral 2002，the Changing Coast，203-204.

Benner R，Vonbodungen B，Farrington J，et al. 1993. Measurement of dissolved organic-carbon and nitrogen in natural-waters-workshop report. Mar Chem，41 (1-3)：5-10.

Boegh E，Soegaard H. 2004. Remote sensing based estimation of evapotranspiration rates. International Journal of Remote Sensing，25 (13)：2535-2551.

Borowitzka M A，Lethbridge R C. 1989. Seagrass epiphytes//Larkum A W D，McComb A J，Shepherd S A. Biology of seagrasses. Elsevier，Amsterdam：458-499.

Boss E，Ron J，Zaneveld V. 2003. The effect of bottom substrate on inherent optical properties：Evidence of biogeochemical processes. Limnology and Oceanography，48：346-354.

Bouvet G，Ferraris J，Andréfouët S. 2003. Evaluation of large-scale unsupervised classification of New Caledonia reef ecosystems using Landsat 7 ETM+imagery. Oceanologica Acta，26：281-290.

Brodie J E，Baer M. 1995. River discharge and plumes associated with Cyclone Sadie//Workshop on the Effects of the Cyclone Sadie Floods in the GBR，Great Barrier Reef Marine Park Authority Workshop Series，GBRMPA，Townsville.

Bukata R P，Jerome J H，Kondratyev K Y. 1991. Estimation of organic and inorganic matter in inland waters：Optical cross sections of Lakes Ontario and Ladoga. Journal of Great Lakes Research，17：461-469.

Burd A B，Dunton K H. 2001. Field verification of a lightdriven model of biomass changes in the seagrass *Halodule wrightii*. Mar. Ecol. Prog. Ser.，209：85-98.

Canals M，Ballesteros E. 1997. Production of carbonate particles by phytobenthic communities on the Mallorca-Menorca shelf，Northwestern Mediterranean Sea. Deep Sea Research II-44：611-629.

Cebri'an J，Duarte C M，Marb`a N. 1996. Herbivory on the seagrass *Cymodocea nodosa* (Ucria) Acherson in contrasting Seagrass Mediterranean habitats. J. Exp. Mar. Biol. Ecol.，204：103-111.

Chen J M，Liu J，Cihlar J，et al. 1999. Daily canopy photosynthesis model through temporal and spatial scaling for remote sensing applications. Ecological Modelling，124 (2/3)：99-119.

Conger C L，Hochberg E J，Fletcher C H，et al. 2006. Decorrelating remote sensing color bands from bathymetry in optically shallow waters. IEEE Geosci Remote，44 (6)：1655-1660.

Costanza R，Arge R，de Groot R. 1977. The value of the world' s ecosystem services and natural capital. Nature，387：253-260.

Dahdouh-Guebas F，Coppejans E，Van Speybroeck D. 1999. Remote sensing and zonation of seagrasses and algae along the Kenyan coast. Hydrobiologia，400：63-73.

Dawes C J. 1998. Marine Botany (2nd edition). New York：John Wiley & Sons，Inc.

Dekker A，Peters S，Rijkeboer M，et al. 1999. Analytical processing of multitemporal SPOT and Landsat images for estuarine management in Kalimantan Operational Remote Sensing for Sustainable Development，315-323.

Dennison W C，Orth R J，Moore K A，et al. 1993. Assessing water quality with submersed aquatic vegetation：Habitat requirements as barometers of Chesapeake Bay health. Bioscience，43：

86-94.

Dierssen H M，Zimmerman R C，Drake L A，et al. 2011. Benthic ecology from space：Optics and net primary production in seagrass and benthic algae across the Great Bahama Bank. Mar. Ecol. Prog. Ser.，411：1-15.

Dierssen H M，Zimmerman R C，Leathers R A，et al. 2003. Ocean color remote sensing of seagrass and bathymetry in the Bahamas Banks by high-resolution airborne imagery. Limnol. Oceanogr.，48 (1，part 2)：444-455.

Dierssen H M，Zimmerman R C，Leathers R A，et al. 2003. Ocean color remote sensing of seagrass and bathymetry in the Bahamas Banks by high resolution airborne imagery. Limnol. Oceangr. 48：444-455.

Duarte C M，Chiscano C L. 1999. Seagrass biomass and production：A reassessment. Aquat. Bot.，65：159-174.

Duarte C M，Merino M，Agawin N S R，et al. 1998. Root production and below-ground seagrass biomass. Mar. Ecol. Prog.Ser.，171：97-108.

Duarte C M，Middelburg J J，Caraco N. 2005. Major role of marine vegetation on the oceanic carbon cycle. Biogeosciences，1：173-180.

Duarte C M. 1991. Allometric scaling of seagrass form and productivity. Marine Ecology Progress Series，77：289-300.

Duarte C M. 1991. Seagrass depth limits. Aquatic Botany，40：363-377.

Duarte C M. 1995. Submerged aquatic vegetation in relation to different nutrient regimes. Ophelia 41：37-112.

Dybas C. 2012. Seagrass on ocean coasts can store twice as much carbon as tropical rainforests，yet face destruction. http：//phys.org/news/2019-05-seagrasses-carbon-forests.html.

Frankignoulle M，Bouquegneau J M. 1987. Seasonal variations of the diel carbon budget of a marine macrophytes ecosystem，Marine Ecology Progress Series，38：197-199.

Frankignoulle M，Bouquegneau J M. 1990. Daily and yearly variations of total inorganic carbon in a productive coastal area. Estuarine Coastal and Shelf Sciences，30：79-89.

Frankignoulle M，Bouquegneau J M. 1991. Beds of the seagrass Posidonia oceanica：Physico-chemical interactions//B F Keegan. C.E.C./COST 647. Space and Time Series Data and Analysis in Coastal Benthic Ecology，563-571.

Frankignoulle M，Distèche A. 1984. CO_2 chemistry in the water column above a Posidonia seagrass bed and related air-sea exchanges，Oceanologica Acta.，7 (2)：209-219.

Frankignoulle M，Distèche A. 1987. Study of the transmission of the diurnal CO_2 concentration changes observed above a Posidonia seagrass bed. A method to determine the turbulent diffusion coefficient in a 8 meters water column，Continental Shelf Research，7：67-76.

Frankignoulle M，Gattuso J P. 1993. Air-sea CO_2 exchanges in coastal ecosystems// Wollast R，Mackenzie F T，Chou L. Interactions of the C，N，P，S biogeochemical cycles and Global Change. NATO ASI Series，14：233-248. Verlag Berlin：Springer.

Frankignoulle M. 1988. Field measurements of air-sea CO_2 exchange. Limnology and Oceanography，33 (3)：313-322.

Fyfe S K. 2003. Spatial and temporal variation in spectral reflectance：Are seagrass species spectrally distinct? *Limnol. Oceanogr.*, 48 (1, part 2): 464-479.

Gacia E, Duarte C M, Marbà N, et al. 2003. Sediment deposition and production in SE-Asia seagrass meadows. Estuarine, Coastal Shelf Science, 56: 909-919.

Gacia E, Duarte C M, Middelburg J J. 2002. Carbon and nutrient deposition in a Mediterranean seagrass (*Posidonia oceanica*) meadow. Limnology Oceanography, 47: 23-32.

Gallie E A, Murtha P A. 1992. Specific absorption and backscattering spectra for suspended minerals and chlorophyll-a in Chilko Lake, British Columbia. Remote Sensing of Environment, 39: 108-118.

Gattuso J P, Frankignoulle M, Wollast R. 1998. Carbon and carbonate metabolism in coastal aquatic ecosystems. Annual Review of Ecology and Systematics, 29: 405-434.

Goodman J, Ustin S L. 2002. Acquisition of underwater reflectance measurements as ground truth. Proceedings of the 11th Earth Science Airborne Workshop, Jet Propulsion Laboratory, Pasadena, CA March 6-8: 4-8.

Hanson C E, Waite A M, Thompson P A, et al. 2007. Phytoplankton community structure and nitrogen nutrition in Leeuwin Current and coastal waters off the Gascoyne region of Western Australia. Deep-Sea Res Pt Ii, 54 (8-10): 909-924.

Hashim M, Rahman R A, Muhammad M, et al. 2001. Spectral characteristics of seagrass with Landsat TM in northern Sabah coastline, Malasia. Paper presented at the 22nd Asian conference on remote sensing, 5-9 November 2001, Singapore.

Hauxwell J, Cebrian J, Valiela I. 2006. Light dependence of *Zostera marina* annual growth dynamics in estuaries subject to different degrees of eutrophication. Aquatic Botany, 84: 17-25.

Heck K L, Pennock J R, Valentine J F, et al. 2000. Effects of nutrient enrichment and small predator density on seagrass ecosystems: An experimental assessment. Limnol Oceanogr, 45: 1041-1057.

Hedley J D, Mumby P J. 2002. Biological and remote sensing perspectives of pigmentation in coral reef organisms. Adv. Mar. Biol., 43: 277-317.

Hemminga M A, Duarte C M. 2000. Seagrass Ecology. Cambridge: Cambridge University Press.

Hochberg E J, Atkinson M J, Andrefouet S. 2003. Spectral reflectance of coral reef bottom-types worldwide and implications for coral reef remote sensing. Remote Sensing of Environment, 85 (2): 159-173.

Hochberg E J, Atkinson M J. 2000. Spectral discrimination of coral reef benthic communities. Coral Reefs, 19: 164-171.

Hoge F E, Lyon P E. 2002. Satellite observation of Chromophoric Dissolved Organic Matter (CDOM) variability in the wake of hurricanes and typhoons. Geophys Res. Lett., 29 (19): 14-1-14-4.

Hoge F E, Wright C W, Lyon P E, et al. 1999. Satellite retrieval of the absorption coefficient of phytoplankton phycoerythrin pigment: Theory and feasibility status. Applied Optics, 38 (36): 7431-7441.

Holden H, Ledrew E. 1999. Hyperspectral identification of coral reef features. Int. J. Remote Sens., 20 (13): 2545-2563.

Houborg R M, Soegaard H. 2004. Regional simulation of ecosystem CO_2 and water vapor exchange for agricultural land using NOAA-AVHRR and Terra MODIS satellite data，application to Zealand，Denmark. Remote Sensing of Environment，93 (1/2)：150-167.

Jones W B，Cifuentes L A，Kaldy J E. 2003. Stable carbon isotope evidence for coupling between sedimentary bacteria and seagrasses in a sub-tropical lagoon. Mar. Ecol. Prog.Ser.，255，15-25.

Kaldy J E，Dunton K H. 2000. Above and below-ground production，biomass and reproductive ecology of *Thalassia testudinum* (turtle grass) in a subtropical coastal lagoon. Mar. Ecol. Prog. Ser.，193：271-283.

Kaldy J E，Eldridge P M，Onuf C P，et al. 2002. Carbon budget for a sub-tropical seagrass dominated coastal lagoon：How important are seagrasses to total ecosystem Net Primary Production？Estuaries，25：528-539.

Kallio K. 1999. Absorption property of dissolved organic matter in Finnish lakes. Proc. Estonian Acad. Sci. Biol. Ecol.，48：75-83.

Kimball J S，Running S W，Saatchi S S. 1999. Sensitivity of boreal forest regional water flux and net primary production simulations to sub-grid-scale land cover complexity. Journal of Geophysical Research Atmospheres，104 (D22)：27789-27801.

Kimball J S，White M A，Running S W. 1997. BIOME2BGC simulations of stand hydrologic processes for BOREAS. Journal of Geophysical Research，102 (24)：29043-29052.

Kutser T，Dekker A G. 2003. Modeling spectral discrimination of Great Barrier Reef benthic communities by remote sensing instruments. *Limnol. Oceanogr.*，48 (1，part 2)：497-510.

La A，Giordano P，Barbini R. 2000. Bio-optical investigation on the Albano Lake. In Proceedings of EARSeL- SIG-Workshop LIDAR，16-17 June 2000，Dresden：185-195.

Lee Z P，Kendall L C，Curtis D M，et al. 1999. Hyperspectral remote sensing for shallow waters：2. Deriving bottom depths and water properties by optimization. Applied Optics，38 (18)：3831-3943.

Lee Z P，Kendall L C，Robert A A. 2002. Deriving inherent optical properties from water color：A multiband quasi-analytical algorithm for optically deep waters. Applied Optics，41 (27)：5755-5772.

Lee Z P，Kendall L C，Robert F C，et al. 2001. Properties of the water column and bottom derived from Airborne Visible Infrared Imaging Spectromer (AVIRIS) data. Journal of Geophysical Research，116 (C6)：11639-11651.

Lee Z，Carder K L，Mobley C D，et al. 1999. Hyperspectral remote sensing for shallow waters：2. Deriving bottom depths and water properties by optimization. Applied Optics，38 (18)：3831-3843.

Lennon P J. 1989. Seagrass mapping using Landsat TM data. http：//www. gisdevelopment. net/aars/acrs/1989/A1/agri 002b.shtml.

Lewis A R. 1997. Effects of experimental coral disturbance on the structure of fish communities on large patch reefs. Mar. Ecol. Prog.，161：37-50.

Long W J L，Coles R G. 1995. Flood and cyclone related loss，and partial recovery，of more than 1000 km^{-2} of seagrass in Hervey Bay，Queensland，Australia. Aquat.Bot.，52：3-17.

Louchard E M，Reid R P，Stephens F C，et al. 2003. Optical remote sensing of benthic habitats and bathymetry in coastal environments at Lee Stocking Island，Bahamas：A comparative spectral classification approach，Limnol. Oceanogr.，48：511-521.

Louchard E M，Reid R，Stephens C，et al. 2002. Derivative analysis of absorption features in hyperspectral remote sensing data of carbonate sediments. The International Journal of Optics，10(26)：1573-1584.

Lyzenga D R. 1977. Reflectance of a flat ocean in limit of zero water depth. Applied Optics，16 (2)：282-283.

Lyzenga D R. 1978. Passive remote-sensing techniques for mapping water depth and bottom features. Applied Optics，17 (3)：379-383.

Lyzenga D R. 1981. Remote sensing of bottom reflectance and water attenuation parameters. International Journal of Remote Sensing，2(1)：71-82.

Ma R H，Pan D L，Duan H T，et al. 2009. Absorption and scattering properties of water body in Taihu Lake，China：backscattering. Int. J. Remote Sens.，30 (9)：2321-2335.

Ma R，Tang J，Dai J，et al. 2006. Absorption and scattering properties of water body in Taihu Lake，China：absorption. Int. J. Remote Sens.，27 (19)：4277-4304.

Maritorena S，Morel A，Gentili B. 1994. Diffuse reflectance of oceanic shallow waters：Influence of water depth and albedo. Limnol. Oceanagr，39：1689-1703.

Maritorena S. 1996. Remote sensing of the water attenuation in coral reefs：A case study in French Polynesia. Int. J. Remote Sens.，17 (1)：155-166.

Mateo M A，Cedrian J，Dunton K，et al. 2006. Carbon flux in seagrass ecosystem. Seagrass：Biology，Ecology and Conservation：159-192.

Mateo M A，Renom P，Juli`a R，et al. 2002. An unexplored sedimentary record for the study of environmental change in Mediterranean coastal environments：*Posidonia oceanica* (L.)Delile peats. Int At Energy Agency CS Papers Ser 13/P：163-173.

Mateo M A，Romero J. 1997. Detritus dynamics in the seagrass *Posidonia oceanica*：Elements for an ecosystem carbon and nutrient budget. Mar. Ecol. Prog. Ser.，151：43-53.

McRoy C P，McMillan C. 1977. Production ecology and physiology of seagrasses//McRoy C P，Helfferich C. Seagrass Ecosystems：A Scientific Perspective. Dekker，New York：53-81.

Melsheimer C，Liew S C. 2002. Extracting bathymetry from multi-temporal SPOT images. Asian Journal of Geoinformatics，3 (1)：37-42.

Moncreiff C A，Sullivan M J，Daehnick A E. 1992. Primary production dynamics in seagrass beds of Mississippi Sound：The contributions of seagrass，epiphytic algae，sand microflora and phytoplankton. Mar. Ecol. Prog. Ser.，87：161-171.

Mueller J L，Fargion G S，McClain C R. 2003. Ocean optics protocols for satellite ocean color sensor validation. Revision 4，Greenbelt，Maryland，1-5.

Mumby P，Green E，Edwards A，et al. 1997. Measurement of seagrass standing crop using satellite and digital airborne remote sensing. Mar. Ecol. Prog. Ser.，159：51-60.

Orth R J，Moore K A. 1984. Seasonal and year-to-year variations in the growth of *Zoster marina* L. (eelgrass) in the lower Chesapeake Bay. Aquatic Botany，24：335-341.

Orth R J，Williams M R，Marion S R，et al. 2010. Long-term trends in submersed aquatic vegetation (SAV) in Chesapeake Bay，USA，related to water quality. Estuaries and Coasts，

33 (33)：1144-1163.

Pasqualini V，Pergent-Martini C，Pergen G. 2005. Use of SPOT 5 for mapping seagrasses：An application to Posidonia oceanica. Remote Sensing of Environment，94：39-45.

Pergent G，Romero J，Pergent-Martini C，et al. 1994. Primary production，stocks and fluxes in the Mediterranean seagrass *Posidonia oceanica*. Mar. Ecol. Prog. Ser.，106：139-146.

Petersen C G J. 1918. The sea bottom and its production of fish-food. Rep. Dan. Biol. Stn.，25：1-62.

Phillips R C，McRoy C P. 1980. Handbook of seagrass biology. New York：Garland STPM Press.

Philpot W，Davis C O，Bissett W P，et al. 2004. Characterization from hyperspectral image data. Oceanography，4：76-81.

Phinn S R，Dekker A G，Brando V E. 2005. Mapping water quality and substrate cover in optically complex coastal and reef waters：An integrated approach. Marine Pollution Bulletin，51，(1-4)：459-469.

Poiner I R，Walker D I，Coles R G. 1989. Regional studies-seagrasses of tropical Australia//Larkum A W D，McComb A J，Shepherd S A. Biology of seagrasses：A treatise on the biology of seagrasses with special reference to the Australian region. Amsterdam：Elsevier，279-303.

Polcyn F C，Brown W L，Sattinger I J. 1970. The measurement of water depth by remote sensing techniques. Report 8973-26-F，Willow Run Laboratories.

Pollard P C，Kogure K. 1993. The role of epiphytic and epibenthic algal productivity in a tropical seagrass，*Syringodium isoetifolium* (Aschers.) Dandy，community，Australian Journal of Marine and Freshwater Research，44 (1)，141-154.

Potter C S，Randerson J T，Field C B，et al. 1993. Terrestrial ecosystem production：A process model based on global satellute and surface data. Global B iogeochem ical Cycles，7 (4)：811-842.

Potter C，Klooster S，Hiatt S，et al. 2006. Methane emissions from nat2ural wetlands in the United States：Satellite2 derived estimation based on ecosystem carbon cycling. Earth Interactions，10：1-12.

Preker M. 1992. The effects of the 1991 central Queensland floodwaters around Heron Island，Great Barrier Reef// Byron G T. Workshop on the Impacts of Flooding. Great Barrier Reef Marine Park Authority Workshop Series No. 17，GBRMPA，Townsville：75.

Ralph P J，Short F. 2002. Impact of the wasting disease pathogen，*Labyrinthula zosterae*，on the photobiology of eelgrass，*Zostera marina*，Marine Ecology Progress Series，226：265-271.

Sandage J C，Holyer R J. 1998. Coastal bathymetry from hyperspectral observations of water radiance. Remote Sensing Environment 65：341-352.

Siegel D A，Maritorena S，Nelson N B，et al. 2005. Colored dissolved organic matter and its influence on the satellite-based characterization of the ocean biosphere. Geophysical Research Letters，32 (L20605)：1-4.

Siegel D A，Maritorena S，Nelson N B，et al. 2005. Independence and interdependencies among global ocean color properties：Reassessing the bio-optical assumption. J. Geophys Res. Oceans，110 (7)：691-706.

Siegel D A，OBrien M C，Garver S A，et al. 1997. The Bermuda bio-optics project-BBOP. Ocean Optics XIII，2963：308-313.

Stevenson J C. 1988. Comparative ecology of submersed grass beds in freshwater，estuarine and marine environments. Limnol Oceanogr，33：867-893.

Strömbeck N. Water quality and optical properties of Swedish lakes and coastal waters in relation to remote sensing. 2001. Comprehensive Summaries of Uppsala Dissertations from the Faculty of Science and Technology 663 Acta Universitatis Upsaliensis，Uppsala.

Tomasko D A，Bristol D L，Ott J A. 2001. Assessment of present and future nitrogen loads，water quality，and seagrass (*Thalassia testudinum*) depth distribution in Lemon Bay，Florida. Estuaries，24：926-938.

Van Lent F，Verschuure J M. 1994. Intraspecific variatbility of *Zoster marina* L. (eelgrass) in the estuaries and lagoons of the southwestern Netherlands. Ⅰ.Population dynamics. Aquatic Botany，48：31-58.

Vermaat J E，Verhagen F C A，Lindenburg D. 2000. Contrasting responses in two populations of *Zostera noltii* Hornem. to experimental photoperiod manipulation at two salinities. Aquatic Botany，67：179-189.

Ward D H，Markon C J，Douglas D C. 1997. Distribution and stability of eelgrass beds at Izembek lagoon，Alaska. Aquatic Botany，58：229-240.

Wetzel R L，Neckles H A. 1986. A model of *Zostera marina* L. photosynthesis and growth：Simulated effects of selected physical-chemical variables and biological interactions.Aquat Bot，26：307-323.

Whitlock C H，Poole L R，Usry J W，et al. 1981. Comparison of reflectance with backscatter and absorption parameters for turbid waters. Applied Optics，20 (3)：517-522.

Wolf T. 1976. Utilization of seagrass in the deep sea. Aquatic Botany，2：161-174.

Wren G G，May D. 1997. Detection of submerged vessels using remote sensing techniques. Journal of the Australian Profession of Arms，127：8-15.

Yang C Y，Yang D T. 2015. An improved empirical model for retrieving botton reflectance in optically shallow water. IEEE Journal of Selected Topics in Applied Earth Observations and Remote Sensing，8 (3)：1266-1275.

Yang C，Yang D，Cew W. 2010. Analysis of seagrass reflectivity by using a water column correction algorithm.International Journal of Remote Sensing，31 (17-18)：4595-4608.

Yang D T，Pan D L，Zhang X Y，et al. 2004. Retrieval of water quality parameters by hyperspectral remote sensing in lake TaiHu，China. SPIE，ICOT.

Yang D T，Pan D L，Zhang X Y，et al. 2005. Detection of algal bloom with MODIS in lake TaiHu，China. SPIE.

Yang D T，Yang C Y. 2009. Detection of seagrass distribution changes fron 1991 to 2006 in Xincun Bay，Hainan，with satellite remote sensing. Sensors，9 (2)：830-844.

Yang D，Yang Y，Yang C，et al. 2011. Impacts of typhoon Tianying and Dawei on seagrass distribution in Xincun Bay，China. Acta Oceania sinica，30 (1)：39.

Yang D. 2008. Variation of seagrass distribution in Sanya Bay impacted by land use change. Proceedings of the SPIE，7145：714529-1-714529-8.

Zhang R H，Sun X M，Zhu Z L，et al. 1999. A remote sensing model of CO_2 flux for wheat and studying of regional distribution. Science in China (Series D)，42 (3)：325-332.

Zimmerman R，Cabello-Pasini A，Alberte R S. 1994. Modeling daily production of aquatic macrophytes from irradiance measurements: A comparative analysis. Mar. Ecol. Prog. Ser., 114: 185-196.

Zimmerman R, Steller D, Kohrs D, et al. 2001. Topdown impact through a bottom-up mechanism: In situ effects of limpet grazing on growth, light requirements and survival of *Zostera marina* L. (eelgrass). Mar. Ecol. Prog. Ser., 218: 127-140.

第二章　辐射传输模型在海草底质信息提取中的应用

第一节　水体、大气对海草光谱的影响

（1）波浪导致水体表面粗糙，形成镜面反射而产生耀光。这些耀光干扰了从水面上对水面下物体的探测，如图 2-1 所示。

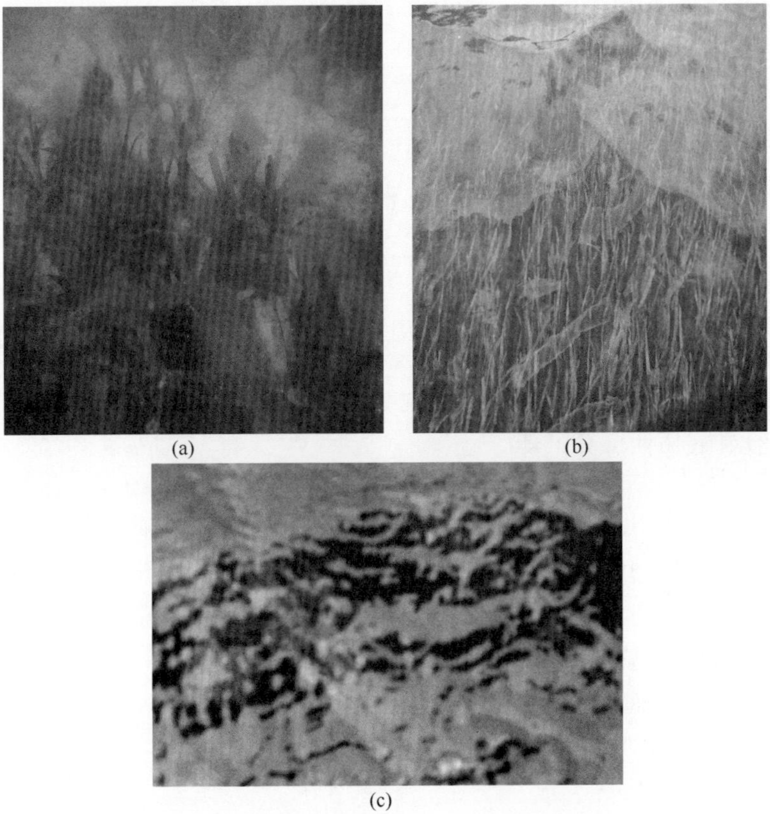

图 2-1　水面耀光影响从水面上探测水面下的目标

（a）水下拍摄；（b），（c）水面上拍摄

（2）水体中有机颗粒物、无机颗粒物、有色可溶性物质（CDOC）等对光谱的散射和吸收。

（3）大气气溶胶也会对传感器接收的信号产生影响。

为消除这些因素的影响，建立了水体辐射传输模型。

第二节　辐射传输模型

由于传感器中接收到的光信号，包括很多非目标的光信号，将传来的信号进行分解，如图 2-2 所示。

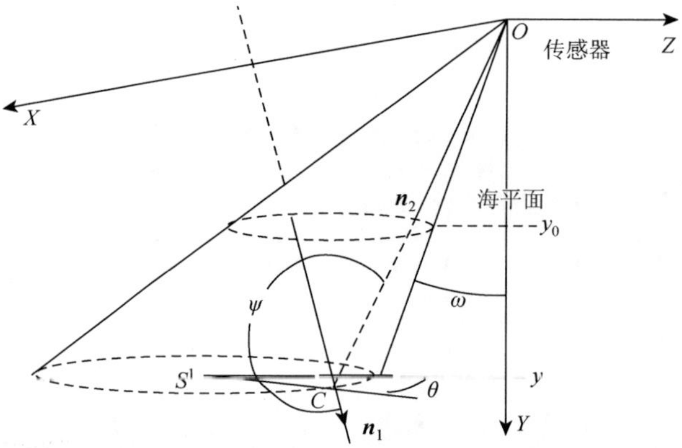

图 2-2　水体中光的辐射传输图

不同底质的光谱提取需要对水体部分进行校正，从水体表面测得的向上辐照度包含水体和底质两部分，即

$$E_u(0)=[E_u(y,\lambda)]_c+[E_u(y,\lambda)]_B \tag{2-1}$$

这里的$[E_u(y,\lambda)]_c$是水体产生的向上辐照度，$[E_u(y,\lambda)]_B$是底质产生的向上辐照度。

这里将其水体理想化并分成无限多层，其无限薄层 dy 所反射的辐照度为

$$\mathrm{d}[E_u(y,\lambda)]_c = E_d\,(y,\lambda)\,\beta(\psi,\lambda)\,\mathrm{d}S\mathrm{d}y \tag{2-2}$$

其中，下行辐照度是 E_d（y，λ）。

体散射角函数 $\beta(\psi)$（Roldan，1994）

$$\beta(\psi,\lambda)=\beta\,(90°,\lambda_0)\left(\frac{\lambda_0}{\lambda}\right)^4(1+\cos^2\psi) \tag{2-3}$$

ψ 是散射角，cos（ψ）可以表示为

$$\cos(\psi)=\boldsymbol{n}_1\cdot\boldsymbol{n}_2 \tag{2-4}$$

其中，$\boldsymbol{n}_1$，$\boldsymbol{n}_2$ 分别是入射光和反射光的向量。

$$\boldsymbol{n}_1 = (0, \sin\alpha_0, \cos\alpha_0) \quad (2\text{-}5)$$

$$\boldsymbol{n}_2 = \left(-\frac{x}{\sqrt{x^2+y^2+z^2}}, -\frac{y}{\sqrt{x^2+y^2+z^2}}, -\frac{z}{\sqrt{x^2+y^2+z^2}}\right) \quad (2\text{-}6)$$

先前提到的 $\mathrm{d}[E_\mathrm{u}(y,\lambda)]_\mathrm{c}$ 在到达水面 y_0 之前，它将沿着 y 到 y_0 经历一个衰减（$\exp[-k_\mathrm{u}(\lambda)\cdot(y-y_0)]$），其中，$k_\mathrm{u}(\lambda)$是向上辐照度的垂直衰减系数。$y_0$ 是以探头为基准点记录下的水面的位置。对于向上辐照度来说，ds 这个微元的贡献是 $\mathrm{d}[E_\mathrm{u}(y\to y_0,\lambda)]_\mathrm{c}$：

$$\mathrm{d}[E_\mathrm{u}(y\to y_0,\lambda)]_\mathrm{c} = E_\mathrm{d}(y,\lambda)\beta(\psi,\lambda)\exp(-k_\mathrm{u}(\lambda)\cdot(y-y_0))\mathrm{d}S\mathrm{d}y \quad (2\text{-}7)$$

$E_\mathrm{d}(y,\lambda)$ 可以表示为

$$E_\mathrm{d}(y,\lambda) = E_\mathrm{d}(y_0,\lambda)\exp(-k_\mathrm{d}(\lambda)\cdot(y-y_0)) \quad (2\text{-}8)$$

这里，$E_\mathrm{d}(y_0,\lambda)$ 是向下辐照度。k_d 是向上辐照度垂直衰减系数。假设 k_d，k_u 不随着深度变化而变化。在这样的假设下，可以对公式进行积分。根据式（2-2），式（2-7），式（2-8）

$$[E_\mathrm{u}]_\mathrm{c} = \int_{y_0}^{H} E_\mathrm{d}(y_0,\lambda)\exp[-(k_\mathrm{u}(\lambda)+k_\mathrm{d}(\lambda))\cdot y]\mathrm{d}y \oint_S \beta(\psi,\lambda)\mathrm{d}S \quad (2\text{-}9)$$

其中，H 是从探头为基点测量的海底的深度；S 是在 y 的位置上面元的面积。

Y 处的无限薄层的半径是

$$r(y) = \{y\cdot[\tan(\mathrm{FOV}+\omega)-\tan\varpi]\}/2 \quad (2\text{-}10)$$

这里，FOV 是探头视场角。下面，进一步简化公式。假设向下垂直衰减系数和向上垂直衰减系数相等，都可以用 k 来表示。那么，就可以简化积分公式。公式（2-9）可以简化为

$$[E_\mathrm{u}]_\mathrm{c} = \int_{y_0}^{H} E_\mathrm{d}(y_0,\lambda)\exp[-(2k)\cdot(y-y_0)]\mathrm{d}y \oint_S \beta(\psi,\lambda)\mathrm{d}S \quad (2\text{-}11)$$

积分区域 S' 被分为无数个积分微元，这个积分微元在极坐标系下可以表示为 $\mathrm{d}S = r(y)\mathrm{d}r\mathrm{d}\theta$，所以

$$[E_\mathrm{u}]_\mathrm{c} = \int_{y_0}^{H} \{E_\mathrm{d}(y_0,\lambda)\exp[-(2k)\cdot(y-y_0)]\int_0^{2\pi}\beta(\psi,\lambda)\mathrm{d}\theta\int_0^{r(y)} r(y)\mathrm{d}r\}\mathrm{d}y \quad (2\text{-}12)$$

式（2-5）中 α_0 是太阳高度角。式（2-6）中 x，z 可以分别表示为

$$x = r(y)\cdot\sin\theta \quad (2\text{-}13)$$

$$z = r(y)\cdot\cos\theta - y\cdot\tan(\mathrm{FOV}/2+\varpi) \quad (2\text{-}14)$$

$\boldsymbol{n}_2$ 是

$$\boldsymbol{n}_2 = \left(-\frac{r(y)\cdot\sin\theta}{L}, -\frac{y}{L}, -\frac{r(y)\cdot\cos\theta - y\cdot\tan(\mathrm{FOV}/2+\varpi)}{L}\right) \quad (2\text{-}15)$$

其中，$L = \sqrt{(r(y)\cdot\sin\theta)^2 + y^2 + (r(y)\cdot\cos\theta - y\cdot\tan(\mathrm{FOV}/2+\varpi))^2}$

根据式（2-4），式（2-5），式（2-15），可以得到函数 $f(\theta)$

$$\cos\psi = f(\theta) = \frac{1}{L}\{-y\cdot\sin\alpha_0 - \cos\alpha_0\cdot[r(y)\cdot\sin\theta - y\tan(\mathrm{FOV}/2+\varpi)]\} \tag{2-16}$$

所以

$$[E_{\mathrm{u}}]_{\mathrm{c}} = \int_{y_0}^{H}\{E_{\mathrm{d}}(y_0,\lambda)\exp[-(2k)\cdot(y-y_0)]\int_{\psi_1}^{\psi_2}\beta(\psi,\lambda)[f^{-1}(\psi)]'\mathrm{d}\psi\int_0^{r(y)}r(y)\mathrm{d}r\}\mathrm{d}y \tag{2-17}$$

其中，体散射函数 β（ψ，λ）是描述水体影响的重要参数（Prieur et al.，1981）。但是，现场测量体散射角函数的仪器是十分少的。所以，为了合理地简化公式，假设没有天空散射影响（Kirk，1984）。此外，假设体散射角函数对散射角范围内积分后，可以用后向散射系数来代替。

这样，$[E_{\mathrm{u}}]_{\mathrm{c}}$ 可以简化为

$$[E_{\mathrm{u}}]_{\mathrm{c}} = E_{\mathrm{d}}(y_0,\lambda)b(\lambda)[-(2k)]^{-1}\{\exp[-(2k)\cdot(H-y_0)]-1\} \tag{2-18}$$

这里，b 是后向散射系数。可以通过李忠平的半经验模型计算获得（QAA）。

最后，获得由于水体影响而造成的辐照度反射率

$$R_{\mathrm{c}} = \frac{[E_{\mathrm{u}}]_{\mathrm{c}}}{E_{\mathrm{d}}} \tag{2-19}$$

这里，E_{d} 是海水总向上辐照度。再把它转换成遥感反射率

$$R_{\mathrm{s}}^{\mathrm{c}} = \frac{t^2}{n_{\mathrm{w}}^2\cdot Q}R_{\mathrm{c}} \tag{2-20}$$

这里，水汽界面影响由系数 $t^2/(n_{\mathrm{w}}^2\cdot Q)$ 表示（Morel et al.，1993）。

同时，底部反射率是

$$R_{\mathrm{s}}^{\mathrm{b}} = \frac{t^2}{n_{\mathrm{w}}^2\cdot Q}(R-R_{\mathrm{c}}) = \frac{t^2}{n_{\mathrm{w}}^2\cdot Q}\frac{E_{\mathrm{u}}}{E_{\mathrm{d}}} - R_{\mathrm{s}}^{\mathrm{c}} \tag{2-21}$$

这里，R 是总遥感反射率。

$R = \dfrac{E_{\mathrm{u}}}{E_{\mathrm{d}}}$，$R_\infty$ 可以通过下面的公式来计算：

$$\left(\frac{1-R_\infty}{1+R_\infty}\right)^2 = \frac{[E_{\mathrm{d}}(Z)-E_{\mathrm{u}}(Z)]^2}{[E_{\mathrm{d}}(Z)+E_{\mathrm{u}}(Z)]^2} \tag{2-22}$$

第三节　典型海区的海草光谱特征

1. 水底反射率

砂底的光谱反射率主要与组成砂的矿物种类有关。以白色石英砂为主的底质反射率较大，以绿色海绿石、火山碎屑或自生矿物碎屑占多数的砂，其反射率数值和峰值波长各异。其次，反射率值与砂粒大小有关。海滨带最常见的砂是黄色，

光谱反射率峰值出现在560mm。

泥底的光谱反射率主要与组成的碎屑有关。若生物碎屑多的泥显黑色，水底以黏土为主则呈灰色。植物底的光谱反射率与植物的叶子大小、颜色、形状和表面光滑度等因素有关。

浊流层的泥沙浓度大或成稠絮状，可以认为其反射率为0。

事实上，水底物质往往是砂、泥、植物等按不同比例组合而成，这时水底反射率 R 可表示为

$$R=sR_s+mR_m+vR_v \tag{2-23}$$

其中，R_s、R_m、R_v 分别为沙、泥和植物的反射率，$s+m+v=1$ 为水底物质的组成比例参数。表2-1是波长为460nm和560nm对各种水底类型的反射率。

表2-1 不同水底类型的反射率

水底类型	反射率（460nm）	反射率（560nm）
砂	0.14	0.21
泥	0.07	0.13
海草	0.06	0.14
珊瑚	0.11	0.13
浊流层	0	0

2. 水底反射率测量方法

（1）实验室测量：在所需测量位置处，现场采集水底物质在实验室进行测量，这种方法的优点是不受水的吸收和散射影响，缺点是受水底物质类型保存方法所限制。例如，对活珊瑚虫，如果采集到船上，不可能保存活体，其表层光泽已受破坏，反射特性已改变。同时，实验室测量都是在空气中进行，这样已改变了样品的环境条件从而引起误差。

（2）现场测量：用船或浮标吊挂仪器直接在水里测量。一般使用水下光谱辐照度测量仪进行，在水底不同深度处同时测量向上和向下光谱辐照度，并用模式加以修正以获得水底底部的反射率。目前，修正模型有以下几种：近底层法、单次散射法、二流模型法、外推法。

3. 三亚湾海草遥感反射率一般光谱特征

三亚湾海草主要分布于三亚湾鹿回头，以泰来藻为优势种。图2-3是三亚湾泰来藻的现场拍摄的照片。

将辐射传输模型应用于海草底质的高光谱信号中，提取海草反射率信息和分

析海草高光谱特征。从图 2-4 中可以看出，泰来藻的反射率在 518～532nm 单调增加，这一个结果反映的海草光谱特征与 Richardson 的结果一致（2001）。Ralph（2002）认为这种光谱特征与叶黄素含量多少相关。

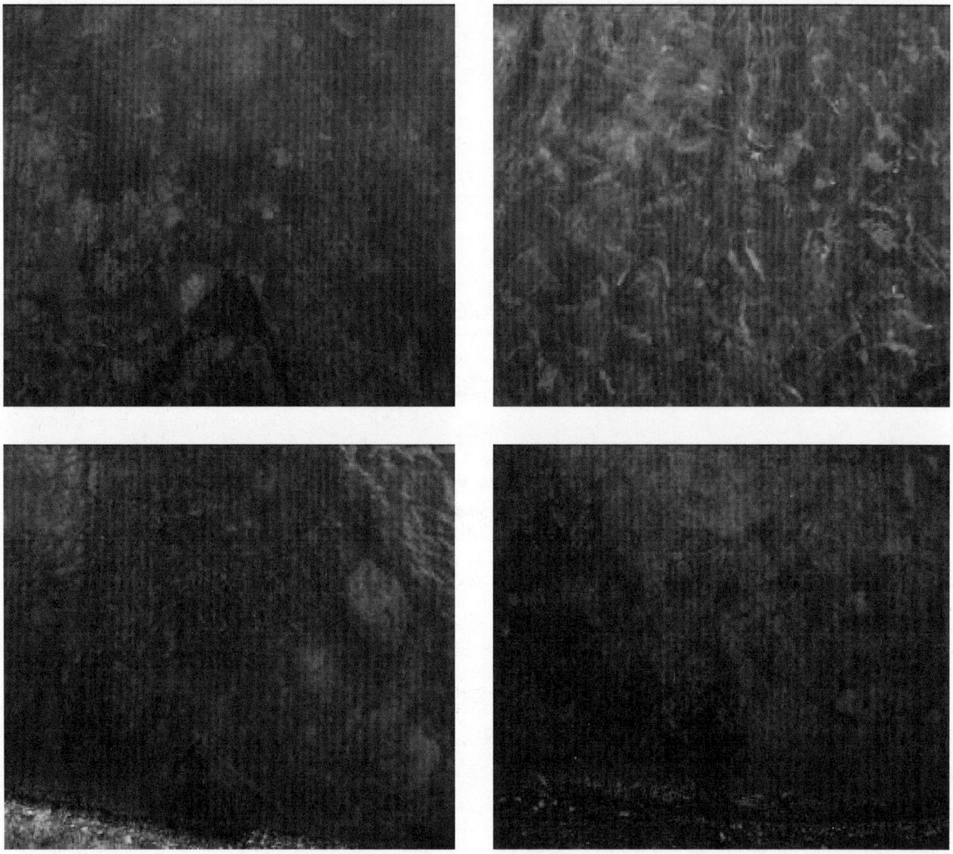

图 2-3　三亚湾泰来藻的照片

560nm，710nm 处呈现出与叶绿素密切相关的反射特征峰（Becker et al., 2005）；680nm 附近是与叶绿素密切相关的吸收谷；600～650nm 是由海草叶片中类胡萝卜素、花青素的色素量所决定的反射平台。通过海草反射率光谱分析，发现模拟的反射光谱完全符合海草的一般光谱特征。

4. 新村港海草光谱特征

新村港海草主要以泰来藻、海菖蒲为优势海草种类。图 2-5 是新村港海草的水面上照片。

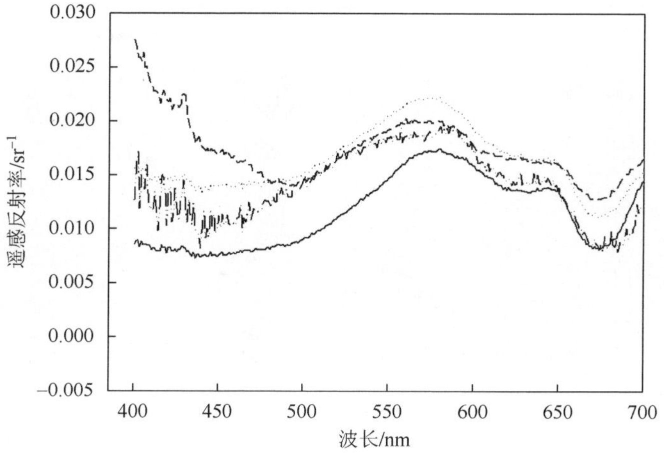

图 2-4　三亚湾海草遥感反射率光谱图

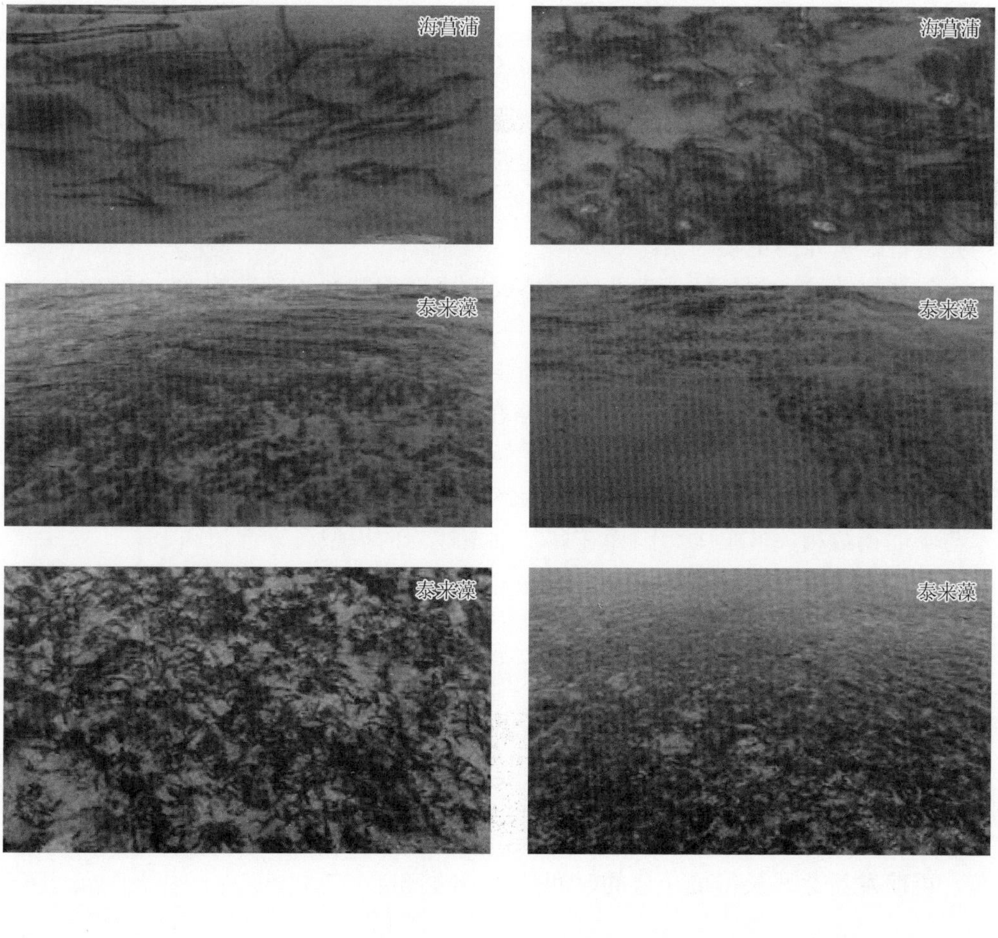

图 2-5　海草不同种类和密度的分布

首先，在此需说明的是试验选择在平静的沿岸水域，测量时在浅水中严格监控仪器探头保持其垂直。更为重要的是，试验采用水下测量的仪器是探头以及探头载体体积都十分小巧的底质反射率探测仪，且测量时避开了船只或建筑物的遮蔽现象。因而保证了数据的可靠性。

底质反射率随着海草种类、生态状态的变化而呈现出不同的趋势。由于叶绿素 a 的吸收和荧光，在绿光和红光波段呈现较为明显的峰。在 710～720nm 处，不同水深的海草反射率的峰值有很大的差异性，波峰随海草所在的水深深度的增加向短波方向移动。纯水的吸收、水中粒子的散射以及叶绿素的吸收和荧光作用是光谱特征差异的主要因素。

从新村港站点测量结果来看，遥感反射率随着叶面积指数的增加而减少，且峰值向长波方向移动。叶面积指数越小，海草叶片对白沙能遮蔽面积越小。探头所接收到的光信号更多地来自于白沙底质的下垫面，因而反射率不减反增。在 480nm 和 700nm 处，海草反射率光谱略有交汇现象，在这两个点的很小波段范围内反射率变化不大。

各波段反射率的响应如图 2-6 所示。在 500～550nm 和 650～700nm 处，反射率与叶面指数相关性很大。因而在此基础上建立的模型可靠性很高。

5. 湛江东海岛海草及光谱

喜盐草生长在潮间带滩涂上，中低潮带以及潮下带的泥质砂地带，可单生，亦可混生在同一潮带上，生长底质基本相同，所不同的是，喜盐草能在潮下带的 5m 水深处发芽、生长，不怕海水淹，在涨潮时，全部被海水淹没，退潮后在海滩上可见其踪迹。喜盐草的生长没有明显的季节性，全年均能生长，它的匍匐根状茎埋在沙中，一年四季均能发芽和生长，即当喜盐草长的时间长了，老的枯萎变黄，再萌发新芽，长得最茂盛的时间是 3～4 月份。

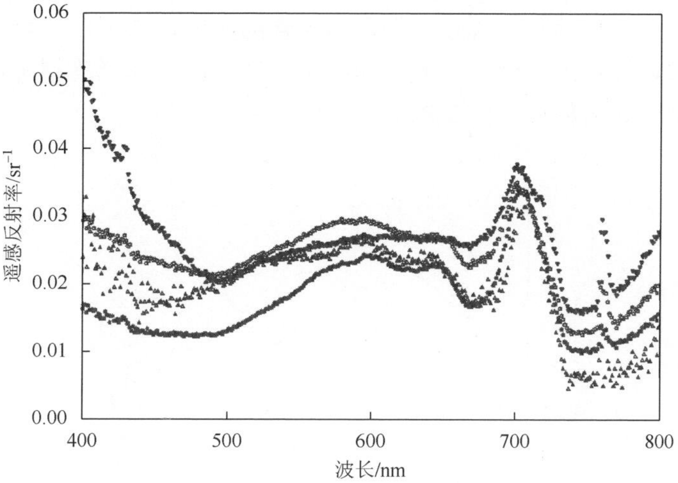

图 2-6　海草底质反射率光谱测量

湛江东海岛主要分布有喜盐草。调查发现，东海岛的西部 90%以上已经被开发，主要是养殖池，而且基本上没有潮间带（垂直海堤）。从调查发现，在每年喜盐草长得最茂盛的时间是 3 月，可见其两片叶子长出沙面，而在其他时间里，绝大部分喜盐草都被埋在沙中。

图 2-7 是现场调查的图片。由于东海岛是人类活动较为频繁的区域，水体较为混浊，目前很难找到海草的大片分布，只是在 21°04′13″；110°18′10″发现有零星分布，主要种类是喜盐草。

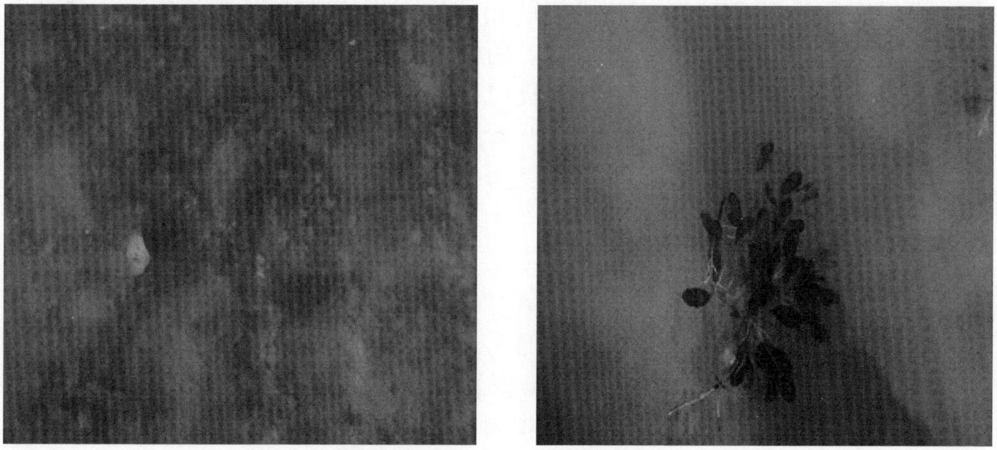

图 2-7　湛江东海岛的喜盐草

由于湛江东海岛是一个人类活动较为频繁的区域，水体中 CDOM 也相对较高，增加了水体校正的难度。从光谱曲线也可以看出，其峰值相对较为平坦，提供了较为明显的光谱特征（图 2-8）。

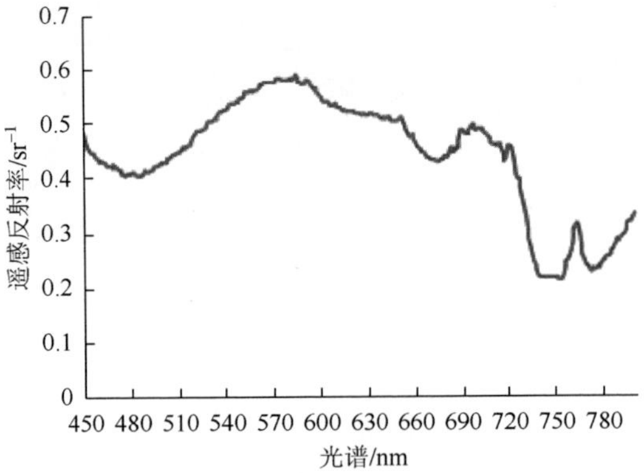

图 2-8　喜盐草的光谱

第四节　海草地物光谱分析

1. 叶面积指数（LAI）与海草反射率光谱响应

为了有效地了解海草光谱信息和验证其对 LAI 的敏感波段，我们测量了不同叶面积指数的海草反射率光谱。从结果可以看出，比起未校正遥感反射率，模拟底质反射率与 LAI 有更好的相关性，更好地表征了海草的典型光谱特征。在自然光照条件下，海草反射的辐照度光谱既包括太阳光诱导荧光的发射光谱，又包括叶片对入射光的反射，是荧光发射光谱和海草反射光谱的线性耦合，从而使得海草的反射率光谱曲线具有可识别性。如图 2-9 所示，可以从海草叶片叶绿素的强吸收带 450～550nm 和与海草叶绿素荧光峰相对应的 700～720nm 反射峰来辨别海草的叶面积大小序列。随着海草覆盖率的增大，在 715nm 处附近的海草特征性反射峰强度明显增强，此趋势与 NDVI 和叶面指数关系趋势相一致（图 2-10）。当叶面积指数增大时，反射率与海草光谱特性的相关性便也相应增加，即与海草底的其他下垫面底质（如白沙、珊瑚骨骼碎石等）的光谱特性的相关性相应减少。从图 2-9 可以看出 555nm，650nm，675nm 和 715nm 是有效识别海草不同叶面积指数的最佳敏感波段。其中，这些波段包含了海草叶片光合色素和辅助色素的吸收谷与反射峰（Fyfe and Dekker，2001）。

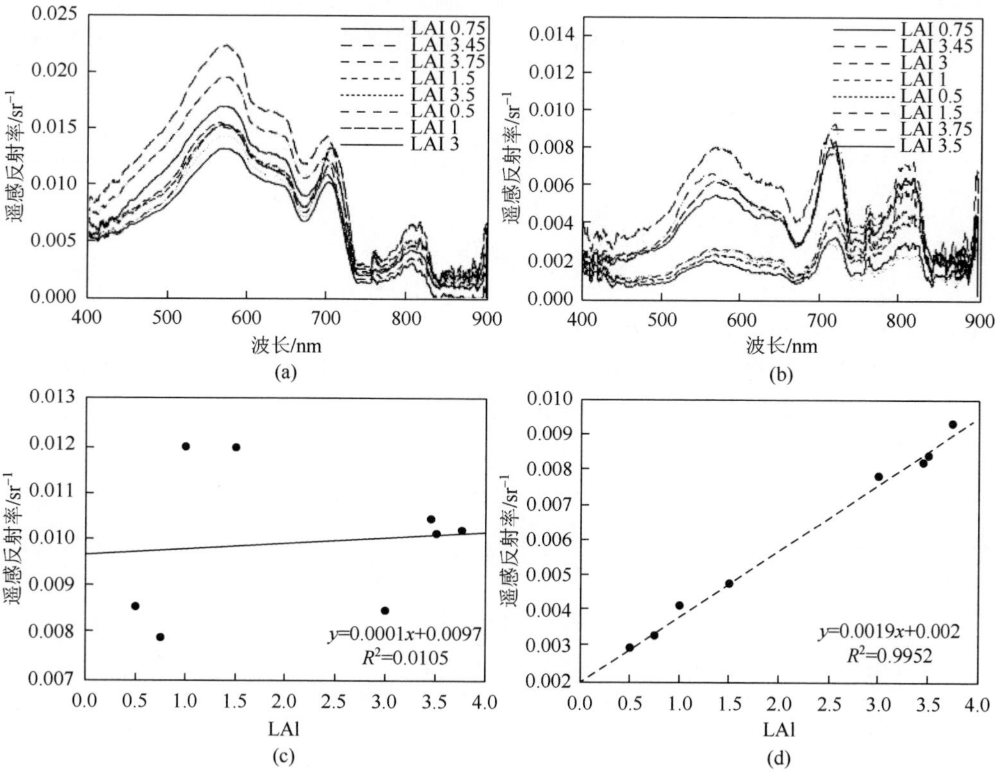

图 2-9　（a）遥感反射率与 LAI；（b）遥感反射率与 LAI；（c）遥感反射率质反射率与 LAI 在 715nm 的相关性；（d）模拟底质反射率与 LAI 在 715nm 的相关性

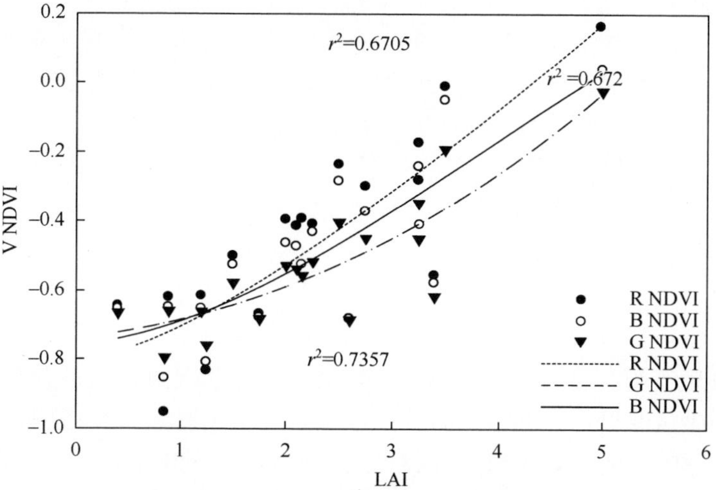

图 2-10　植被指数与叶面积指数的关系

本书中，根据海草反射率光谱敏感波段，采用了如下的植被指数算法

$$\text{R NDVI} = \frac{\text{NIR} - \text{Red}}{\text{NIR+Red}} \tag{2-24}$$

其中 NIR 为 740nm，Red 为 660nm；

$$\text{G NDVI} = \frac{\text{NIR} - \text{Green}}{\text{NIR+Green}} \tag{2-25}$$

其中 NIR 为 740nm，Green 为 550nm；

$$\text{B NDVI} = \frac{\text{NIR} - \text{Blue}}{\text{NIR+Blue}} \tag{2-26}$$

其中 NIR 为 740nm，Blue 为 450nm。

根据新的植被指数计算结果分析（图 2-10），可以看出无论是 B NDVI，G NDVI 还是 R NDVI，都是随着 LAI 的增加而增加的，但是对其 LAI 的敏感度却又是不同的。三个植被指数相比，R NDVI 与 LAI 的相关系数最大，相关性最好。

在 LAI 低于 1.5 的时候，三个不同波段所构成的 NDVI 与 LAI 的相关性都非常低（低于 0.5）。所以在 LAI 小于 1.5 的时候，采用 NDVI 这一归一化植被指数监测海草的可靠性是比较低的。

为了能够更好地对海草进行卫星遥感监测，还采用了近红外的最大峰值位置与 LAI 的指标进行了回归，结果如图 2-10 所示。

如图 2-10 所示，海草光谱曲线在近红外的峰值波长与 LAI 具有较好的相关性（0.7263）。

随着 LAI 的增大，叶绿素含量增高，海草叶片对红光波段的吸收加强，从而海草光谱曲线在近红外的峰值波长向长波方向移动。这一特征可以应用于海草大范围遥感监测。

随着叶面积指数增加，海草在 715nm 处的特征峰有红移现象发生，近红外反射的散射和反射增加，导致红边向短波方向移动。在近红外波段影响海草光谱特征的主要因素是冠层的结构而不是生化特性，由于冠层结构不同，对光线的反射和吸收能力也不相同。所以，有些研究工作者在采集海草叶片反射率时不考虑冠层的结构影响是不可取的。

红边位置（在波段 680～740nm）是绿色植物等反射率突然迅速增高，且升高最快的点。因而，红边位置也同时是植被一阶导数光谱在该波段区间内的拐点。植被的红边位置与植被的覆盖率、叶面指数等参数有关。植被的覆盖率越大，则从光谱上反映出其红边的斜率也越大。植被的生长状况对红边位置有着直接的影响。植被健康状况良好，红边则右移；相反，植被生长差，红边则蓝移。可见光波段中大部分的光能可以被植物吸收利用，但对大于 700nm 的光有强反射作用。这一个现象可以被红外照片中植物叶片的亮点做最好诠释。应用遥感技术动态监测植物活动性就是主要依靠这一原理。从结果可以看出海草的反射率随着叶面积指数增加明显红移。叶片叶绿素浓度急剧增高造成叶片吸收比的改变。这一现象在光谱 680～720nm 波段间是明显的（图 2-11）。

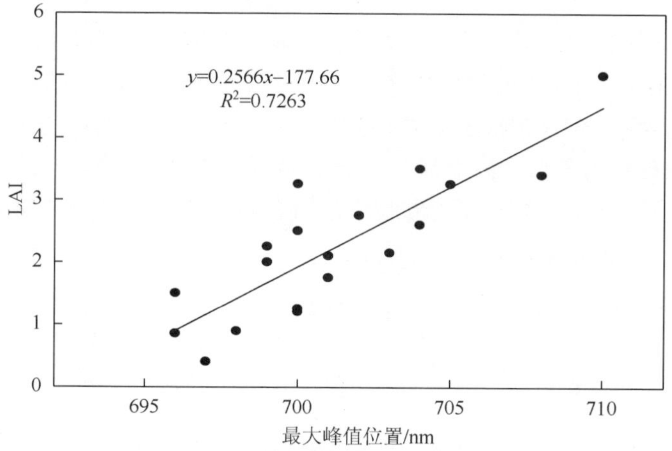

图 2-11　近红外最大峰值位置与 LAI 的线性关系

2. 一阶导数光谱的变化特征分析

海草在 625nm、675nm 附近会出现两个导数峰，且此处两峰值相差较大；而浅水珊瑚碎石和白沙共存的底质反射率导数光谱也在 625nm、725nm 处出现峰值，但是峰值都较小，并且相差值很小；而深水区珊瑚底质的反射率导数光谱则只是在 580nm 处有个导数波谷（图 2-12）。一阶导数获得的红边可能是单个叶片叶绿素含量的较好的评价器，二阶导数冠层光谱反射率则是冠层叶绿素较好的指示器。叶绿素含量高，红光区域吸收增加，导致红边向长波移动。

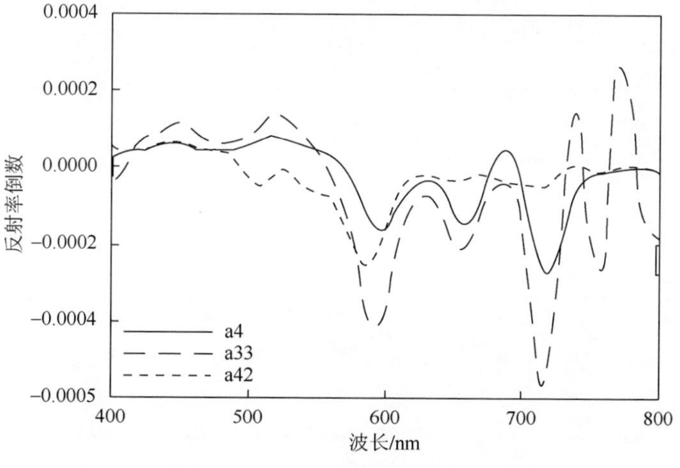

图 2-12　不同底质反射率导数光谱

a4 为海草；a33 为浅水区白沙碎珊瑚底质；a42 为深水区珊瑚底质

3. 不同底质反射率峰值分布特征

如图 2-13～图 2-15 所示，不同底质的反射率极值分布可以体现出不同底质的特点。浅水区白沙碎珊瑚底质特征峰从个数来说少于海草底质的特征峰，说明曲线较为平稳。从特征峰分布状况来看，550～600nm 的特征峰呈现出优势（图 2-13），而其他峰值分布较为零散。海草底质的特征峰明显分布在 550nm、700nm、750～780nm 左右（图 2-13）。深水区珊瑚底质的特征峰分布主要出现在 450～550nm 和 750～800nm，分布较为集中。

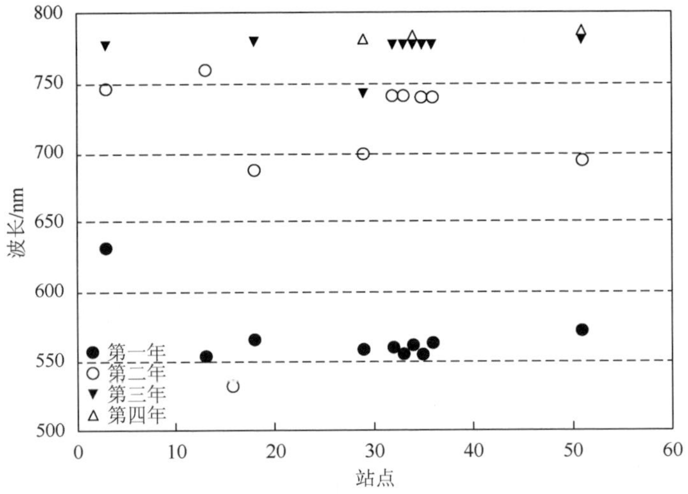

图 2-13　浅水区白沙碎珊瑚底质光谱峰值分布

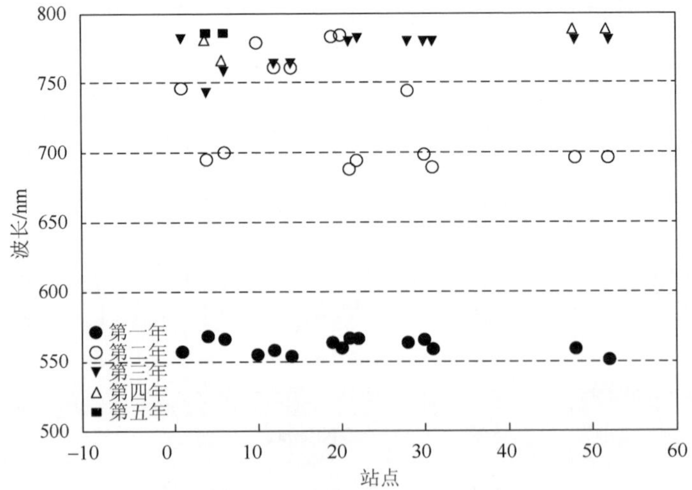

图 2-14　海草底质光谱峰值分布

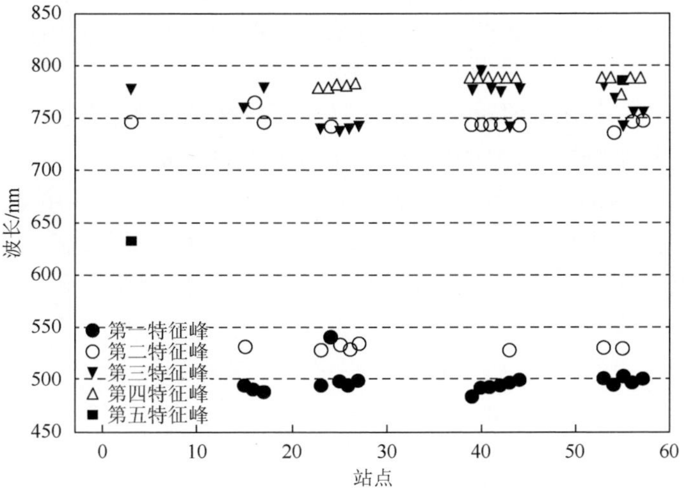

图 2-15　深水区珊瑚底质光谱峰值分布

4. 不同叶面指数的光谱特征

在自然光照条件下，海草反射的辐照度光谱既包括太阳光诱导荧光的发射光谱，又包括叶片对入射光的反射，是荧光发射光谱和海草反射光谱的线性耦合，从而使得海草的反射率光谱曲线具有可识别性。可以从海草叶片叶绿素的强吸收带450～550nm和与海草叶绿素荧光峰相对应的700～720nm反射峰来辨别海草的叶面面积大小序列。

随着海草覆盖率的增大，可见光部分冠层反射率降低，近红外部分冠层反射率增高，尤其在710nm处附近的海草特征的反射峰强度明显增强。此趋势与NDVI和叶面指数关系趋势相一致。这是因为当叶面积指数增大时，反射率越来越多地受海草光谱特性的影响，受其下垫面的影响越来越少。探头视场范围内白沙或珊瑚碎石底质所占比例增多，光谱中白沙信息所占比例相应增多。并且，随着叶面面积增加，海草在700nm处的特征峰有红移现象发生。随着叶面积指数增加和叶片重叠，近红外反射的散射和反射增加，导致红边向短波方向移动。在近红外波段影响海草光谱特征的主要因素是冠层的结构而不是生化特性，由于冠层结构不同，对光线的反射和吸收能力也不相同。

5. 海草种类的光谱识别

底质反射率随着海草种类而呈现出不同的趋势。不同种类海草的色素含量和叶片的组织结构等存在着明显的差异，因而其反射率光谱也相应呈现出较大的差异。可以利用不同种类海草反射率光谱的差异性对其相关信息进行提取。

从海草光谱来看，在 500～600nm 波段的第一反射特征峰，以及 650～750nm 波段间的第二反射特征峰的分布呈现出明显差异。另外，在不同种类海草内第一反射特征峰和第二反射特征峰的峰值呈现出了规律性分布。因而，提出了用第一特征峰与第二特征峰峰值之比作为识别海草种类的指标。

从目前的现场测量来看，主要种类有海菖蒲、泰来藻和喜盐草。泰来藻和海菖蒲可以较为容易地用 R_{675}/R_{710} 和 R_{550}/R_{675}（图 2-16）相关性的方法进行区分。泰来藻和喜盐草也可以用 R_{675}/R_{710} 和 R_{675} 很好地区分开来。

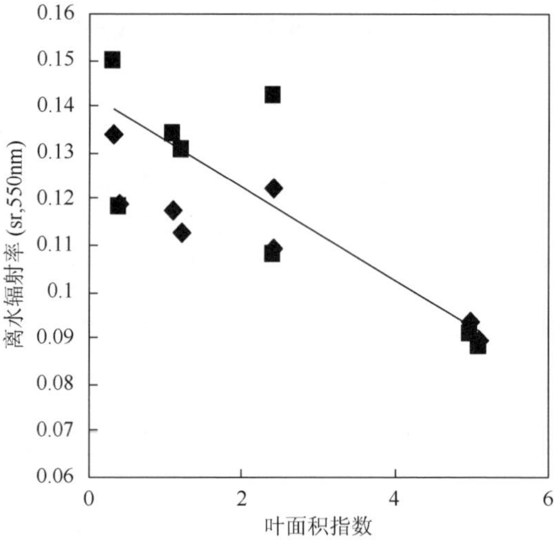

图 2-16　海草与光谱的相关性分析及光谱分类法

在此项研究实验中，得到了不同新村港海草底质反射率曲线。曲线在绿光波段和红光波段有明显的峰。710～720nm 处，反射率随海草所在深度增加向蓝段偏移；随着叶面积指数的增加而向红端移动。反射率与叶面指数有较好的相关性，尤其是在 550nm 处，反射率与叶面指数相关性达 0.90。在分析中，通过对海草高光谱反射率在 550nm 和 675nm 之比与在 675nm 和 710nm 之比的相关性对海草泰来藻和海菖蒲两个种类进行识别（图 2-17）。

从图 2-18 可以看出，在同一 LAI 水平的时候，海菖蒲的反射率的第一特征峰与第二特征峰的比值大于 0.8；而泰来藻反射率的第一特征峰与第二特征峰的比值在 0.7～0.8；喜盐草的特征峰比值则在 0.5～0.6。在对海草底质的遥感图像进行处理的时候，就可以利用海草的这一光谱特征对海草种类进行识别。对其反射率两特征峰做比值分析，并设定合适阈值，从而可对其相应范围内的海草区域进行识别。

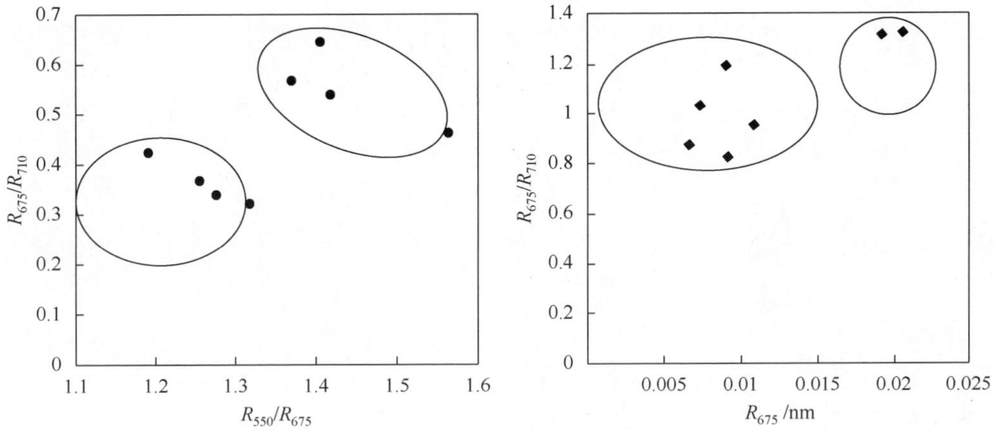

图 2-17　泰来藻和海菖蒲以及泰来藻和喜盐草藻的光谱分辨

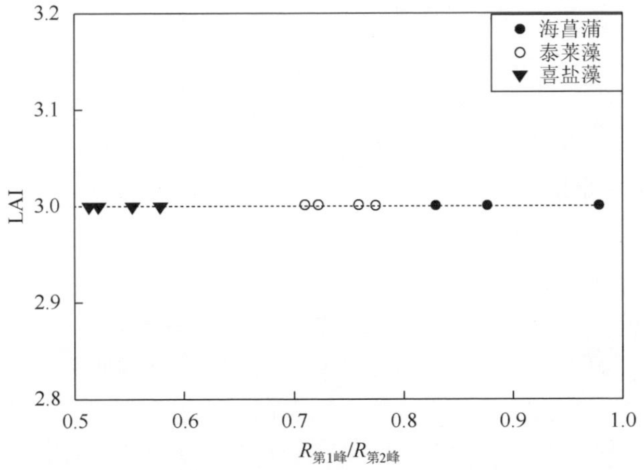

图 2-18　同一植被指数条件下不同植物第 1 峰与第 2 峰比值

6. 海草生存状态的光谱识别

海草生活在温带海域沿岸浅水中。由于人类活动非常频繁，近年来海草已经遭到了严重地破坏。为了更有效地监测、管理和保护海草，亟须对海草的健康状况和分布范围进行调查研究。为了满足大尺度，大范围内的调查研究，遥感技术已成为监测水下植物分布时空变化与生长状况的主要手段。

海草体内含有叶绿素 a、叶绿素 b 及花青素等色素。随着海草生存状态的变化，其体内色素含量也有较大的变化。这种变化可以用光谱的方法进行检测。图 2-19 是生长正常和已经枯萎的海草（泰来藻）。

(a)

(b)

图 2-19　生长正常（a）和枯萎（b）的海草

将海草进行采集、移植、培养。样品采集地点在三亚湾鹿回头半岛北部海岸，海草床的面积小于 $1hm^2$，主要种类有海菖蒲、泰来藻，优势种群是泰来藻。观测时间是 2009 年 7 月中下旬。试验中把从现场采集的海草进行养殖，并每天对海草叶片的反射率进行测量。

由于考虑到太阳光的影响，光谱测量放在暗室内，用灯光进行照明，这样可以避免不同太阳强度和角度对海草光谱测量的影响。为了能够区分不同生存状态的海草，采用随着时间而枯萎的实验方法对海草进行光谱检测。为了进一步识别海草不同生存状态的光谱，在同一时间同一片海域范围内收集了同种类海草叶片，然后再按照其健康状态进行分类，并在同一时间段内，在同一光照条件下采集其光谱数据。为了其反射率光谱能更准确，更好地反映其健康状况，将海草叶片放在一个透过率大于 99%的透明容器中，此容器外围紧密缠绕黑色帆布。每次对海草反射率光谱进行测量前，先将探头垂直悬于此容器上方，测其反射率，以备后期的数据校正。

图 2-20 是不同生存状态的泰来藻照片。从图像可以看出，其叶片中的色素变化较为明显。

由图 2-21 可见，黑色容器的反射率值趋于 0。然而，为了让反射率光谱能更精确地反映海草健康状态，进一步把海草反射率与容器的反射率相减使容器反射率影响可以得到进一步降低。

图 2-22（a）是海草随着时间推移而发生的变化。从光谱可以看出，其整体植株的反射率明显降低。其中 550nm 和近红外光谱峰值衰减相对较快，但峰值的位移发生不大。图 2-22（b）是不同生存状态的海草光谱。

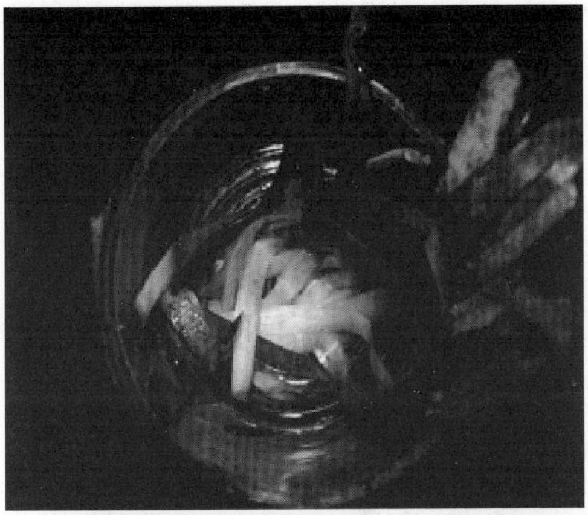

(a)

(b)

(c)

图 2-20　不同生存状态的泰来藻

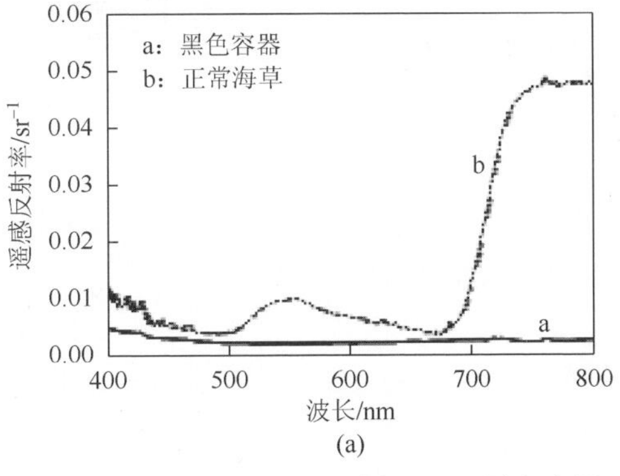

(a)

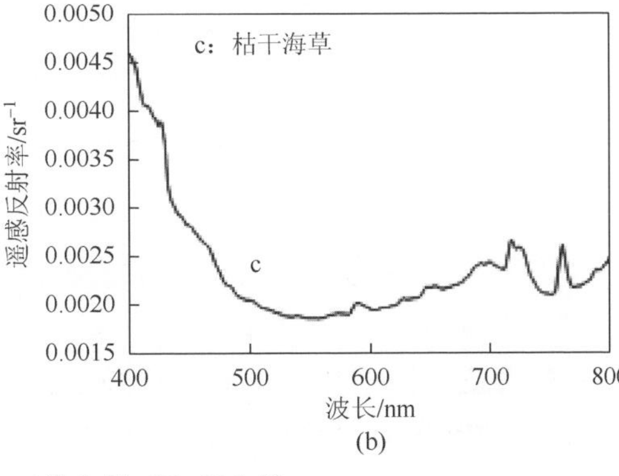

(b)

图 2-21　黑色容器、正常和枯干海草光谱

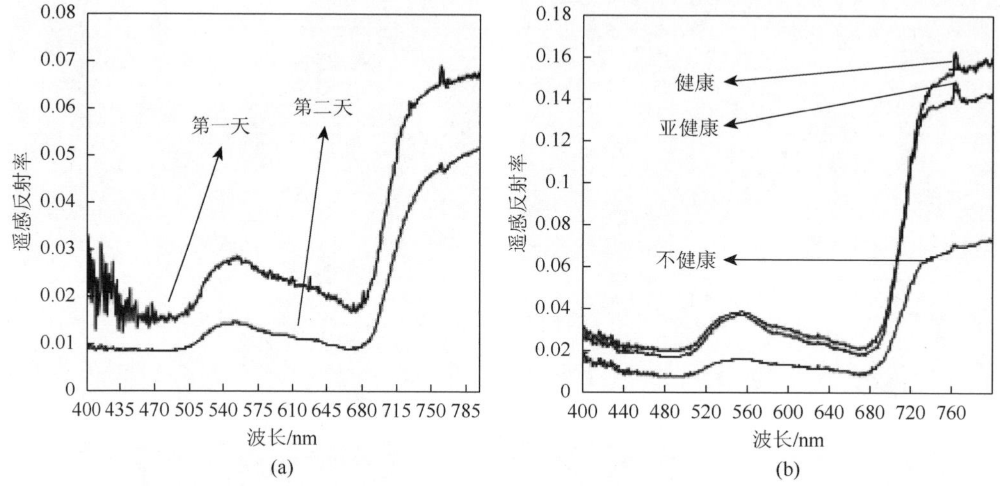

图 2-22　不同枯萎程度的海草光谱

从图 2-22（a）中可以看出海草叶片在早期的时候，其反射率值曲线在 700～800nm 相应较大，并且其反射率光谱曲线的特征峰也更为尖锐。随着时间推移，叶边开始变得枯黄，其反射率曲线也慢慢趋于平缓，其特征峰也相应淡化（图 2-23）。因此，采用 720nm 处的反射率值对海草生长状况进行识别。

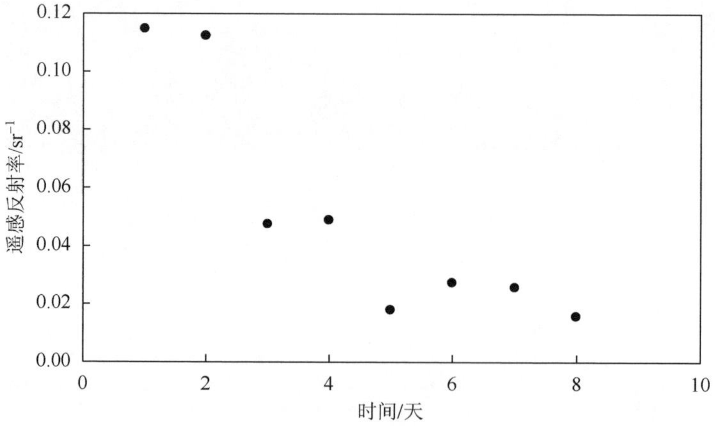

图 2-23　拔起的海草随时间推移遥感反射率第一峰值的变化

叶绿素是海草生长中的重要因素，是植物营养胁迫、光合作用能力和生长状况的良好指示剂。所以，为了说明其不同的健康状况，从每组海草中选取一定数量叶片，测量其叶绿素浓度，见表 2-2。

表 2-2　不同状态下海草中叶绿素含量

分类	海草 c1	海草 c2	海草 c3	海草 c4	海草 c5
叶绿素浓度/（mg/g）	1.2741	1.4346	2.3565	2.4692	2.9446

图 2-24 呈现出了海草的典型光谱特征：即在 400～500nm 与 600～700nm，蓝、红光波段的光辐射被叶片中的叶绿素全部吸收进行光合作用而形成两个低反射区，具有较低的反射比；从 500nm 起叶子的吸收减少，一般在 550nm 处，即绿色波段部分，形成一个小的反射峰，这是植物叶子呈绿色的原因；然后在 700nm 左右反射率突然上升，进入近红外区域后曲线平缓起来，成为高反射平台区。这里反射率从叶绿素的红色波段吸收区的低点变化到近红外由于叶片散射而反射率比较高的过渡地区即“红边区”，一般位于 700～720nm。

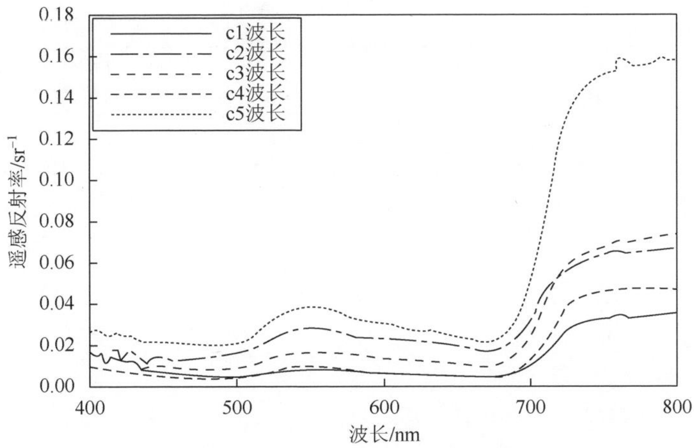

图 2-24　不同叶绿素浓度下海草的光谱

结合海草叶片现场图片，以及实测的海草叶片叶绿素浓度等情况来看，不难发现越是健康的海草叶片，海草的反射率光谱在 550nm 附近的波峰会越加明显。由于叶绿素含量受可见光的影响比较大，从图 2-24 可以看到由于植物叶子呈绿色的使得叶片在 550nm 左右形成一个小的反射峰。一般情况下，绿色程度高的叶片叶绿素含量高。因此本书将原始光谱中在 500～600nm 范围内出现的峰值所对应的波长定义为绿峰位置。由图 2-24 中结果可知，在相同植被指数的条件下，可以推断叶片越健康，550nm 处反射率峰值会越高。此外，光谱的红边位置也同样随着叶片的健康状况发生着明显的变化。由图 2-24 可以看出当海草叶绿素含量高、生长旺盛时，红边位置向长波方向移动（红移）；当海草因污染、物候变化等因素影响导致叶绿素含量减小时，红边位置向短波方向移动（蓝移）。由此可见，红边参数完全可以用来做反演海草参数，为红边区域的定量遥感分析提供技术支撑。红边位置和绿峰位置这两个参数可以预测叶片的叶绿素含量，从而识别出海草健康状况。

由以上分析可知，根据海草特有的光谱特征，采用逐步回归分析方法建立了海草叶片的叶绿素含量与红边位置和绿峰位置之间的定量分析模型。将红边位置和绿峰位置这两变量作为自变量，叶绿素含量作为因变量，采用 Matlab 软件进行了多元回归分析，建立叶片叶绿素含量的预测模型（图 2-25）。

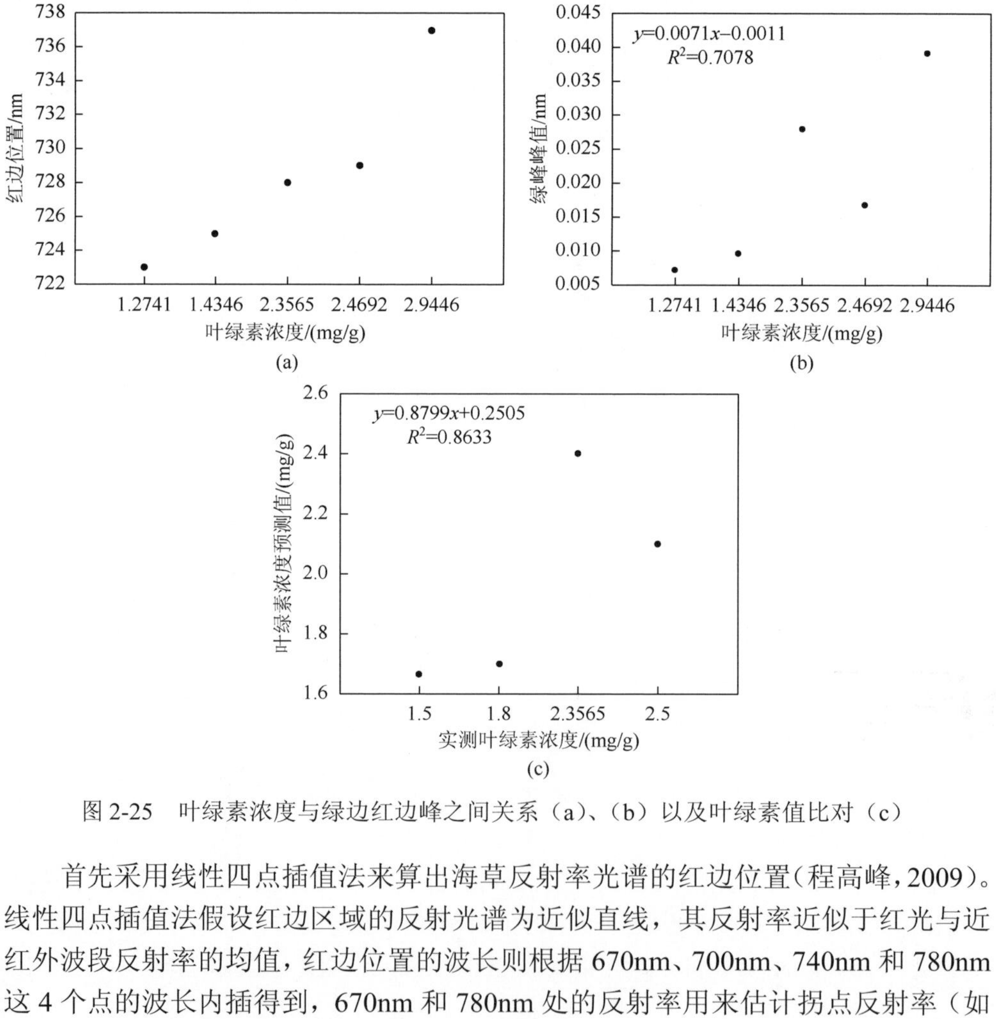

图 2-25　叶绿素浓度与绿边红边峰之间关系（a）、（b）以及叶绿素值比对（c）

首先采用线性四点插值法来算出海草反射率光谱的红边位置（程高峰，2009）。线性四点插值法假设红边区域的反射光谱为近似直线，其反射率近似于红光与近红外波段反射率的均值，红边位置的波长则根据 670nm、700nm、740nm 和 780nm 这 4 个点的波长内插得到，670nm 和 780nm 处的反射率用来估计拐点反射率（如（i）），在 700nm 和 740nm 之间应用线性插值来估计拐点波长（如（ii））。

（i）计算突变点的反射率（R_{rep}）

$$R_{\text{rep}} = (R_{670} + R_{780}) / 2 \tag{2-27}$$

其中，R 是反射率。

（ii）计算红边波长和红边位置 λ_{rep}

$$\lambda_{rep} = 700 + 40 \cdot \frac{R_{rep} - R_{700}}{R_{740} - R_{700}} \tag{2-28}$$

其中，700 和 40 是 700～740nm 内进行内插时产生的常数。

然后，采用红边位置（λ_{rep}），绿峰峰值（R_{green}）与叶绿素浓度(Chl)建立回归模型，其相关系数为 0.863

$$[\mathrm{Chl}] = 20.294\lambda_{rep} + 0.07624R_{green} - 53.85 \tag{2-29}$$

7. 海草体表附着物对光学浅水水体的光谱影响

水体中含有藻类和其他悬浮物质，这些物质不仅会增加对光的吸收，同时还会附着在叶片表面，改变植物的结构，从而改变海草在近红外区域的反射光谱特征。这可能是造成海草反射光谱中在近红外波段 740nm 和 770nm 附近形成两个波谷的主要原因（图 2-26）。此外，黄色物质（CDOM）在短波波段对光具有很强的吸收性，从而增加了海草在 520nm 以内的短波波段识别的难度。

从图 2-27 可以看出 700nm 后的反射率是持续上升的，但是在光学浅水水体的影响下，其反射率在 730nm 后呈明显下降趋势。对比此海水的衰减系数来分析，可知 730nm 后衰减程度明显大于其他波段。这表明，光谱仪传感器接收的反射光谱不仅是植物本身的光谱信息，同时也包括了部分水体和底质的反射光谱。随着海草覆盖率的降低，水域与基质的面积逐渐增多，因而在绿光波段和近红外波段的光谱反射率也随之下降。当海草覆盖率为零时，所测得的反射光谱主要来自基质和水体，其反射光谱虽然在可见光和近红外波段范围内仍有一定的吸收，但却不具有典型的植物光谱吸收特征。

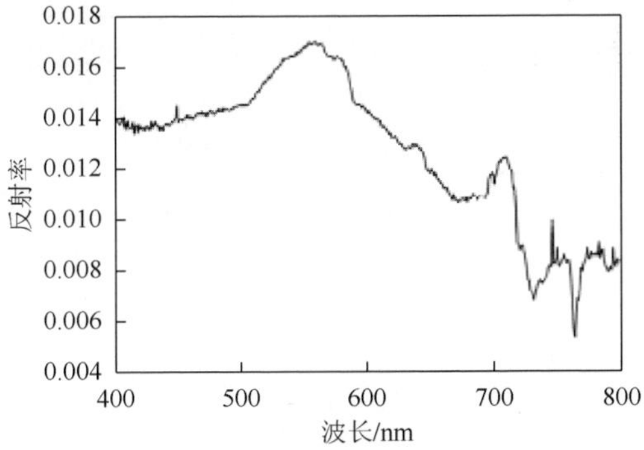

图 2-26　浅水区海草光谱特征

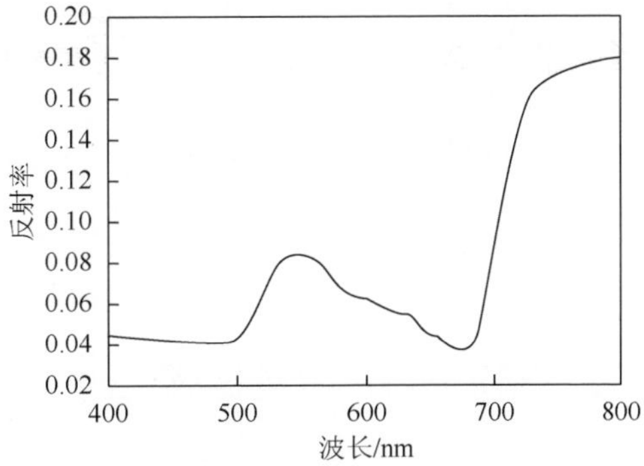

图 2-27　海草实验室实验光谱特征

海草的光谱特征往往还受到水体理化特性、环境条件和浮游生物的影响，因此水体环境对沉水植物光谱特征所产生的影响还有待进一步研究。

8. 高光谱海草遥感与遥感图像光谱波段的叠合性

本项研究应用光谱仪测定了不同覆盖率海草的反射光谱，通过分析比较，得出不同覆盖率海草与其反射光谱的特征和关系。由于 QuickBird 遥感影像的波段划分与 TM 和 SPOT 等遥感影像波段比较接近，具有一定的推广性和实用性，所以在对高光谱数据进行截取和 Lambda 积分时，选择了 QuickBird 多光谱遥感影像的 4 个波段（蓝光：450～520nm；绿光：520～600nm；红光：630～690nm；近红外：760～800nm）。在实际应用中，可利用地物光谱仪测定海草覆盖率或生物量与其光谱特征的关系，再结合遥感影像进行解译、分析和反演，从而进行大尺度遥感监测海草的分布和动态变化。

通过对不同叶面指数的海草反射率光谱的比对分析后，得出：由于海草在 650～680nm（红光波段）内有较强的吸收，反射率光谱曲线在此波段形成吸收谷，在可见光波长 560nm 处形成了反射“绿峰”（在 0.025～0.03 以下），同时在 710nm 附近也有较强的反射峰。反射峰峰值随叶面指数的降低而下降，尤其在近红外区域，反射率随海草覆盖率变化最为明显，从 0.012 下降到 0.008。在 710nm 处的反射率和 NDVI 与海草叶面积指数均有较好的相关性。

第五节 海草的卫星遥感检测

一、海草遥感监测的可行性分析

本项研究应用光谱仪测定了不同覆盖率海草的反射光谱，通过分析比较，得出不同覆盖率海草与其反射光谱的特征和关系。基于遥感技术应用的考虑，所以在对现场的高光谱数据分析，进行截取以及 Lambda 积分时，可选择 QuickBird 卫星遥感数据的 4 个波段（蓝光：450～520nm；绿光：520～600nm；红光：630～690nm；近红外：760～800nm）。在实际应用中，可利用地物光谱仪测定海草覆盖率或生物量与其光谱特征的关系，再结合遥感影像进行解译、分析和反演，从而进行大尺度遥感监测海草的分布和动态变化。

二、海草分布的卫星遥感监测

以英罗湾、清澜港和新村港等三个地点作为研究区域。英罗湾位于广西北海、2005 年被规划为儒艮、海草自然保护区，是一个潮汐落差较大的区域，虽然水质相对较为混浊，但海草分布较为丰富。清澜港位于琼州海峡以南，经常受到琼州海峡混浊水的影响，此湾海草分布面积相对集中于湾内。新村港和黎安港位于海南东南，是一个相对较为封闭的潟湖，2006 年被海南省划为海草自然保护区。

测定两个不同水深的向下辐照度和向上辐照度就可以确定水体反射率，可以避免较为烦琐地测定水体中不同种物质吸收。

(一) 海南清澜港和开阔海域的海草分布

从海南的东海岸来看，清澜港是一个相对开放的港湾，受到潮汐的影响较大。从卫星遥感图像上来看，湾内海草分布生长茂密，在珊瑚礁边缘也有零星的海草分布。在海南东海岸靠近海岸的区域，也有一定量的海草生长。

采用 TM 历史数据对海草的卫星遥感检测，如图 2-28 所示。

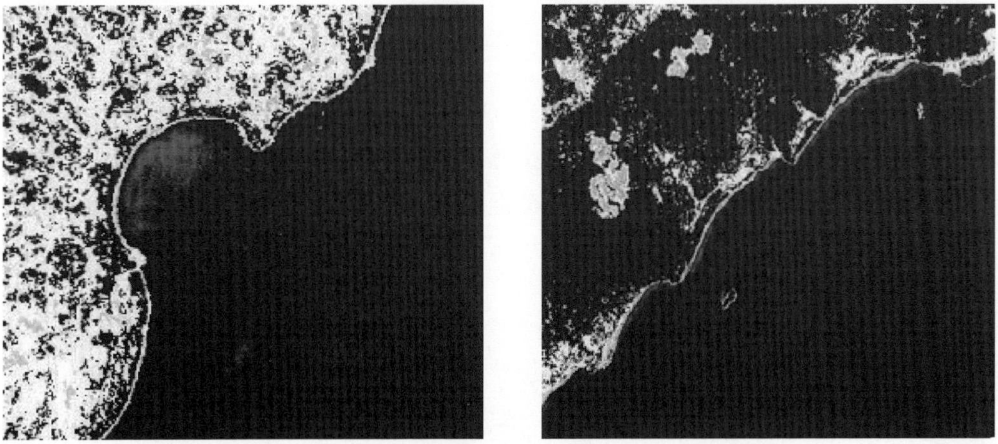

(a)　(b)

图 2-28　海南东海岸开放型海港以及海岸带海草的历史分布

1988 年 6 月 8 日卫星图片

(二) 北海南岸和英罗港海草的分布

从现场调查来看，合浦海草床主要分布于铁山港和英罗港的西南部，基本呈 8 块斑状分布（分别为淀洲沙、下龙尾、北暮盐场、英罗港、沙田淡水口、山寮九合井底、高沙头和榕根山榄脚下），各斑块的面积为 20～250hm^2 不等，总面积约为 540hm^2。喜盐草为该海草床的优势种。

从 1979 年的卫星遥感图上来看，海草分布呈现镶状分布，以北海南部海域面积最大。在铁山港喇叭口部位也有成片海草分布（图 2-29）。

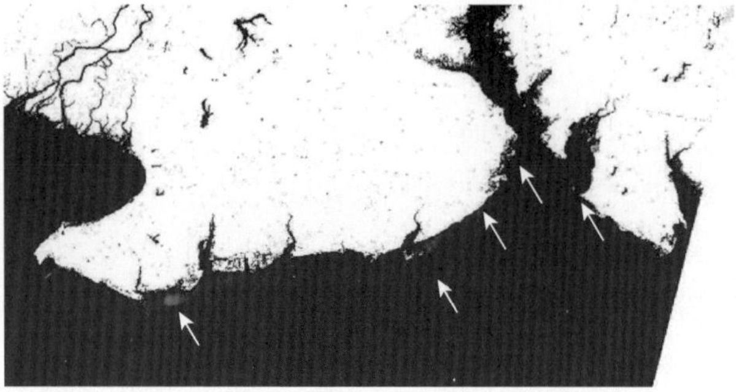

图 2-29　北海南岸和英罗港海草的分布

1979 年 10 月 24 日

从现场调查数据可以看出，在铁山港海岸带以及铁山港中间的沙脊上，可以较为清晰地显示海草的分布范围。

（三）海南新村港和黎安港海草分布

海南新村港和黎安港是海草生长较为茂盛的区域。由于受到水动力的影响较小，水的透明度相对较大，近年来海草面积变化不大。从卫星图像上来看，海草分布较为茂密，大部分海草呈现连续分布的状态。

1. 采用 TM 历史数据对海草的卫星遥感检测

海南新村港和黎安港是海草生长较为茂盛的区域。由于受到水动力的影响较小，水的透明度相对较大，近年来海草面积变化不大。从卫星图像上来看，海草分布较为茂密，大部分海草呈现连续分布的状态（图 2-30）。

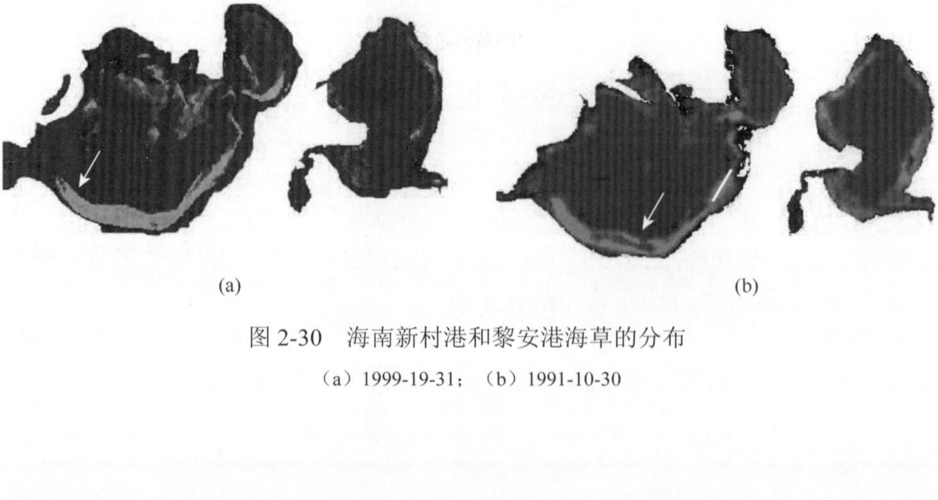

(a)　　(b)

图 2-30　海南新村港和黎安港海草的分布

（a）1999-19-31；（b）1991-10-30

2. 采用 Quickbirds 数据对新村港海草分布的检测

为了了解海南新村港的海草分布和对 Landsat TM 数据检测结果的验证，Quickbirds 数据被用来检测海草的分布。Quickbirds 数据的地面分辨率可达 3m 和 0.61m，可以较为清楚地了解新村港中海草的分布。本项目使用 Quickbirds 卫星遥感数据的视觉是 39°，云量低于 5%。包括全色和多光谱数据（图 2-31）。

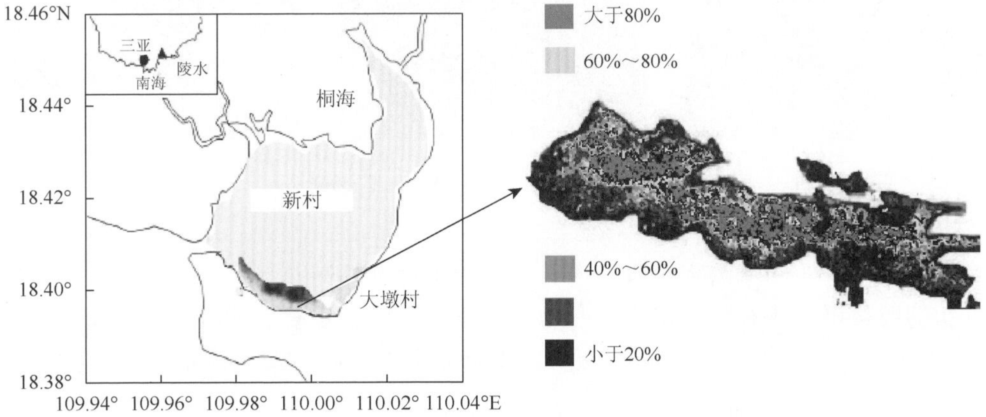

图 2-31　采用 Quickbirds 对海草分布信息（后附彩图）

对 Quickbirds 卫星遥感数据进行波段运算发现，海草在新村港南部海域的分布可以较为清晰地检测到。从 4m 分辨率的卫星遥感图片来看，海草在新村港南部呈现条带状分布（图 2-32）。海草分布区域与岸边之间是沙底质，上面有稀疏的海草分布。随着水深的增加，海草分布的密度呈现急剧的减少

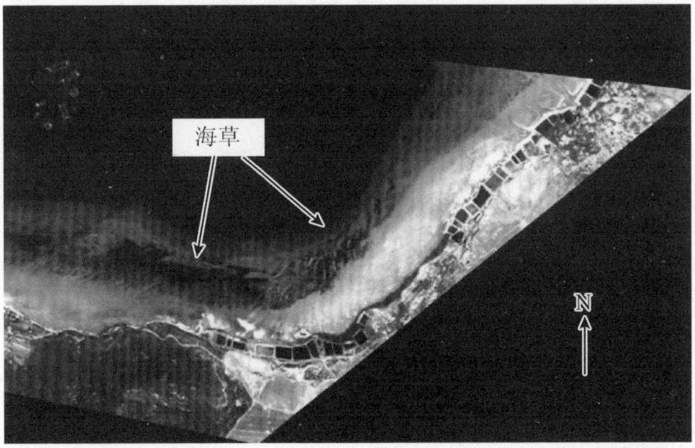

图 2-32　海草分布的 Quickbirds 数据 RGB 合成

并消失。从 0.61m 分辨率的遥感图像来看，海草的分布结构可以更加明显地显现出来（图 2-33）。

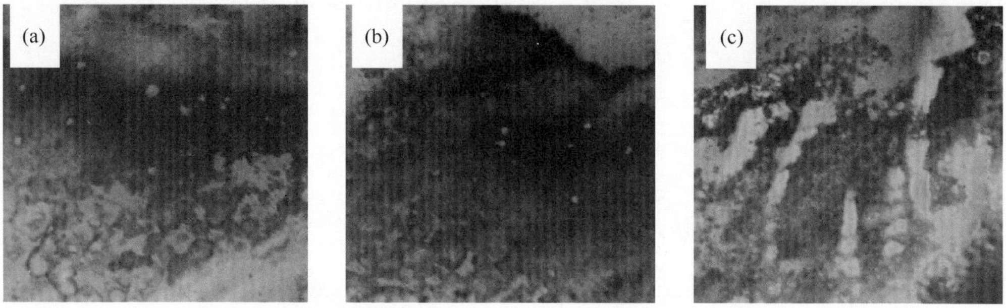

图 2-33　海草分布的微细结构遥感

从海草分布的覆盖率来看，连续分布和不连续的海草可以明显看出来。连续分布的海草可以达到整个覆盖率的 40%。不连续海草主要分布海草床的边缘。与 Landsat TM 数据相比，Quickbirds 数据对海草分布的检测更为清晰。

（四）湛江东海岛海草的分布

广东的海草床包括雷州半岛的湛江东海岛等区域。从卫星图像上来看，海草的分布很难被检测出来，主要与海草的分布面积过小，以及水体较为混浊有较大的关系。

第六节　海草分布变化分析

1. 新村港海草分布的变化

新村港海草主要分布在港的南端，采用 Landsat TM 数据和中巴卫星数据对新村港南端的海草分布变化进行了检测。结果发现，1991 年海草的分布密度较大，范围也较为广泛。相对于 1991 年，1999 年海草的分布范围变化不大，但海草的密度出现明显的减少。2001 年，东南块的海草宽度明显减少，而到了 2005 年，东南块的海草已经检测不到（图 2-34）。

2. 台风对新村港海草分布的影响

海南新村港是一个台风经常侵袭的区域，平均每年有两个台风经过该区域。

台风对海草生态系统的影响较大。2005 年 7 月和 9 月有两个台风经过海南新村港，台风达唯和天鹰（图 2-35）。虽然台风很强，但从 2006 年 3 月和 2005 年 3 月的遥感图片来看，新村港的海草分布变化不大（图 2-36）。但从现场测量结果来看，叶面积指数、叶长、地上生物量等指标在台风冲击下发生了一定的变化。说明新村港东面和南面的小山减弱了台风对新村港的影响。潟湖本身与海洋的通道相对较为狭窄，在很大程度上也减弱了台风风暴潮的影响。

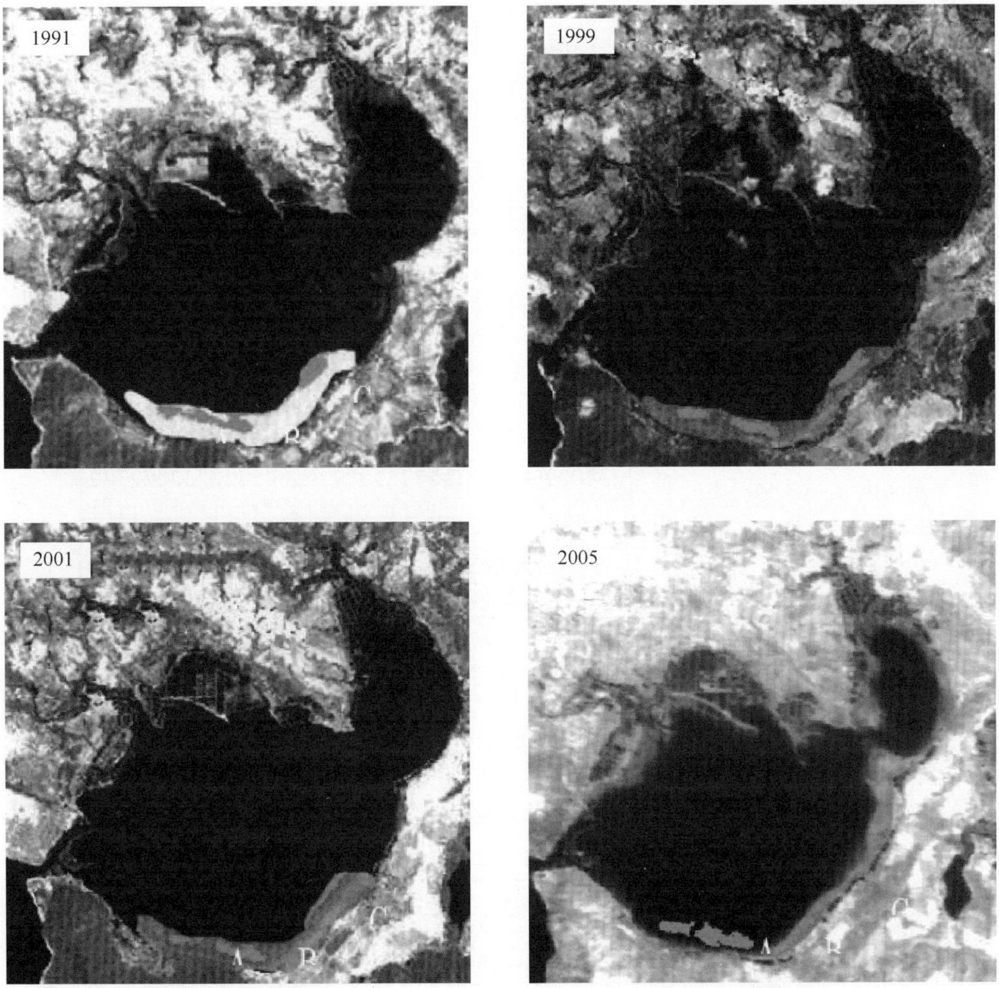

图 2-34　新村港海草的分布变化

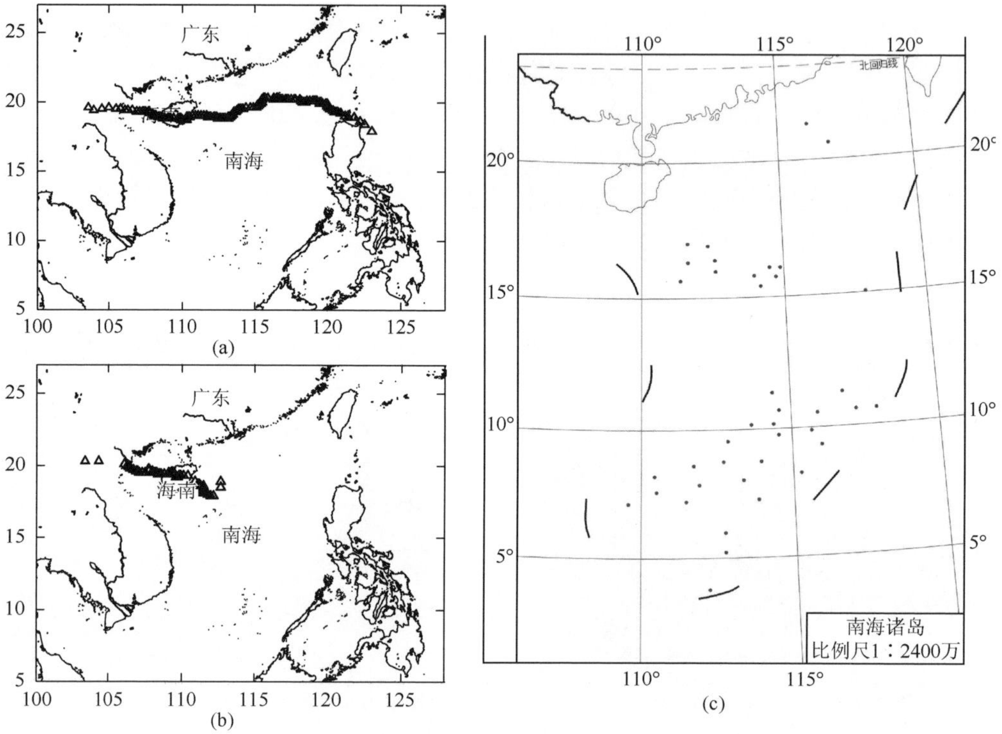

图 2-35　台风达唯（a）和天鹰（b）

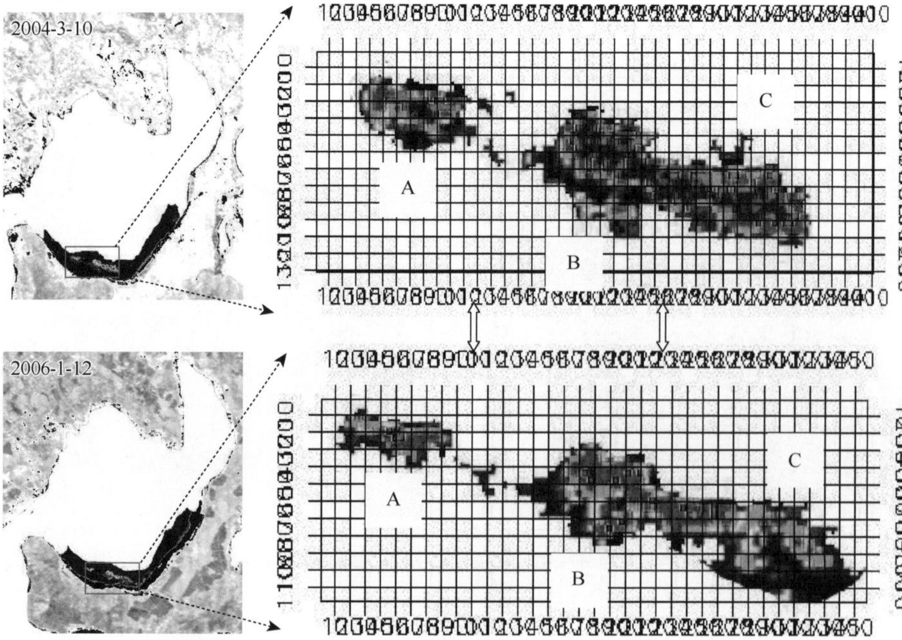

图 2-36　台风前后海草分布面积的变化（后附彩图）

第三章　海草碳汇现场调查研究方法

第一节　海草生态系统碳通量评估方法

海草生态系统碳汇是指海草生态系统中的海草以及藻类等吸收大气中的二氧化碳，并将其固化的过程和机制。在热带和亚热带，海草床与红树林、珊瑚礁同为典型的近岸海域生态系统（郑杏雯，2007）。海草生态系统（seagrass ecosystem）是遍布世界浅海水域的生态系统之一，其具有很高的生物量和生产力。海草生物量一般以单位面积内海草的干重来表示，其平均值达到 460g DW/m^2（一般以单位面积内海草的干重来表示），约占海洋植物总生物量的 1%（Hemminga，2000）。20 世纪末，人们曾经估算全球海草场面积约为 $0.6\times10^6 km^2$，约相当于海洋面积的 0.15%（Charpy-roubaud，1990），但其平均初级生产力的年净生产量可达 1012g DW/m^2（Duarte，1999）。

海草场具有非常高的初级生产力，在全球碳循环中发挥重要作用。虽然海草的初级生产力是海草生态系统初级生产力的一个主要组成部分，但是并不是唯一的组成部分。海草附生植物、浮游植物、底栖微藻以及大型底栖藻类也具有很高的初级生产力，附生植物的初级生产力能达到海草地上部分初级生产力的 20%～60%，在有些地区，海草生态系统中海草的初级生产力甚至被其他自养生物的初级生产力超越（Hemminga，2000）。

海草场生态系统碳汇通量评估方法有很多，常见的有测定初级生产力的传统方法和近年来发展起来的生物光学模式、荧光技术等。

一、海草覆盖度观测方法

海草植被覆盖率通常是指海草植被面积占土地总面积之比，一般用百分数表示。计算方式通常用植物茎叶对地面的投影面积计。在具体操作方面，随机选定多个一平方的被测点，测量其投影面积，求出平均值，然后乘以总的植被面积。将海草植被的总面积除以土地总面积，就可以获得海草植被的覆盖率。

为了能够比较直观地了解海草的覆盖率情况，Seagrass Watch 网站（http://www.seagrasswatch.org/）提供了海草覆盖率的图片（图 3-1），可以为读者提供一个比较直观的了解。

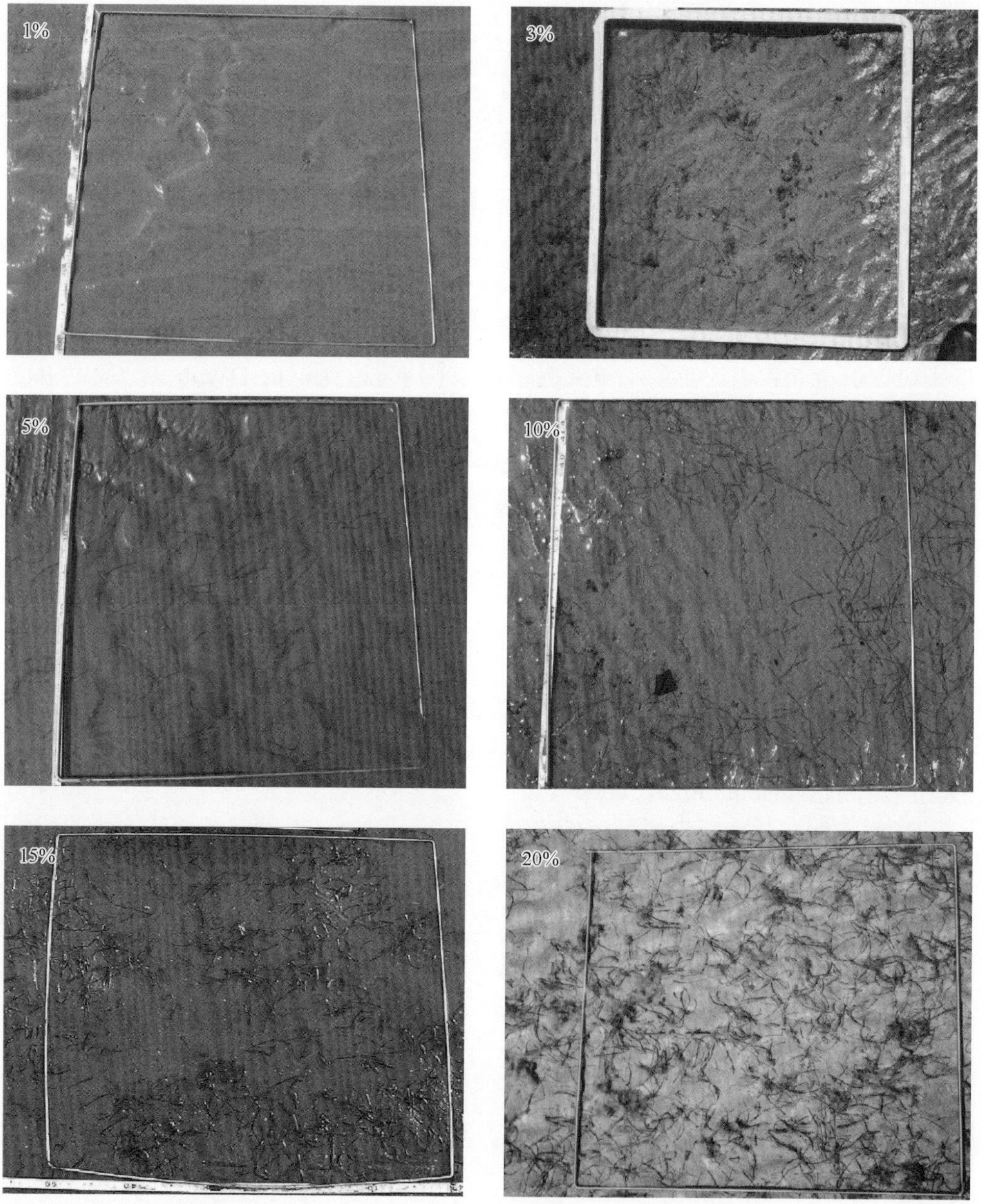
1%
3%
5%
10%
15%
20%

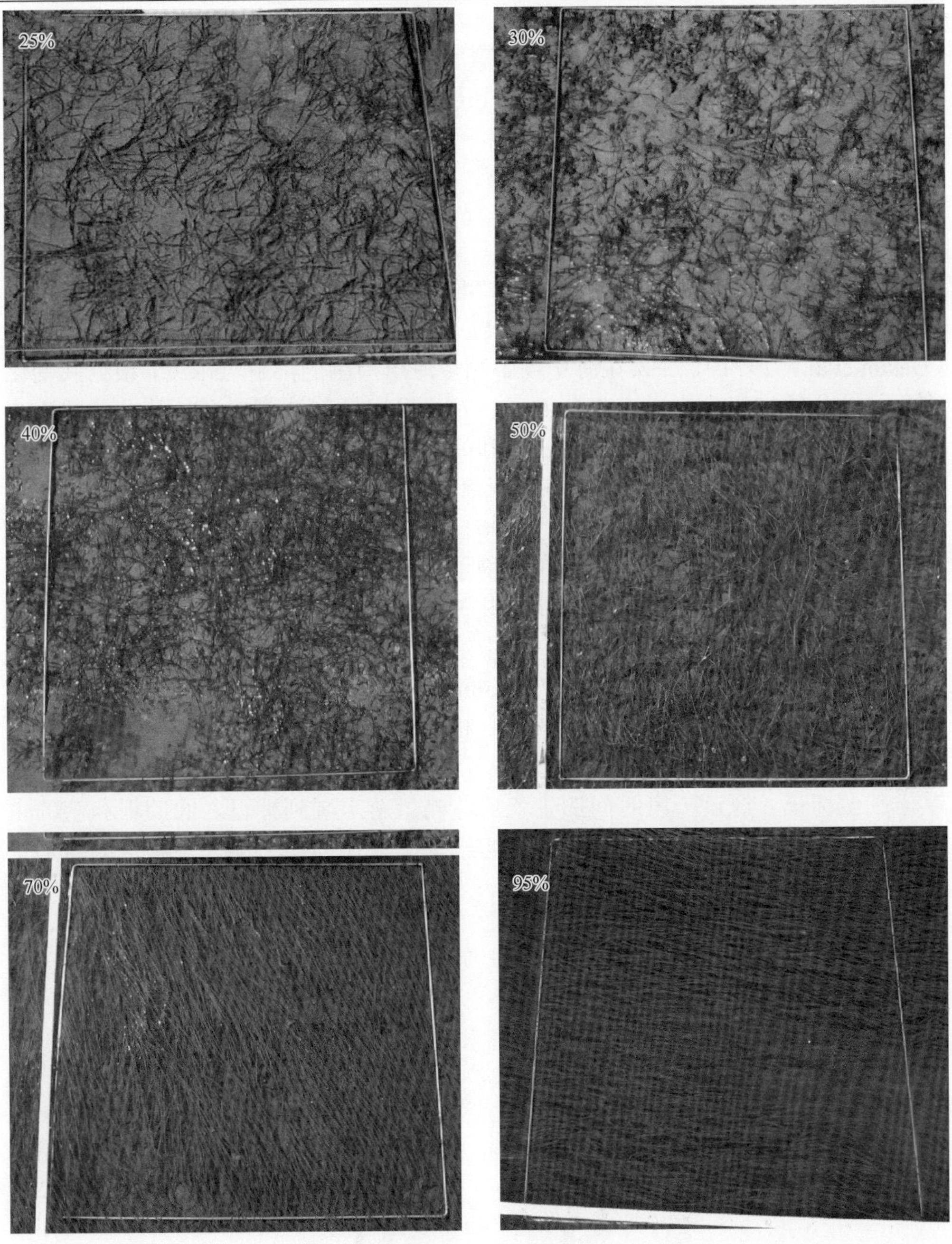

图 3-1　海草覆盖率百分比的直观图片

http：//www.seagrasswatch.org/home.html

在海草密度计算方面，主要采用以下的计算方法：

$$D=N/S \tag{3-1}$$

其中，D 是海草密度，N 是海草数量，S 是单位面积。

二、传统的初级生产力测量方法

海草初级生产力的测量方法较多。海草的初级生产力的研究是从研究海草地上部分生物量的增加开始的，最早开展这方面研究的是 Qasim 和 Bhattathiri（Qasim et al.，1971），二人在海草场中测量海草周围的溶解氧浓度，根据其变化来估算叶片的初级生产力。Zieman（1974）采用标记法测定海龟草叶片的生产力，根据标记前后海草叶片的生长量和间隔时间来计算叶片生物量的增加速度来估算海草的初级生产力。之后很多学者对 Zieman 的方法进一步改进，最常见的就是针孔标记法（Phillips et al.，1990），即用细针扎孔标记海草的叶片，经过一段时间的生长后，测量新生长的生物量，根据间隔时间即可算出海草初级生产力在地上部分的生物量的增加量（图 3-2）。海草地下部分生物量的增加量是海草初级生产力的重要组成部分，温带地区某些海草地下部分生物量的增加量占总生物量增加的 20%～40%（Wittmann，1984），相对地上部分，海草地下部分生物量的增加量往往被科研者忽视，相关研究和探讨较少，尚未形成完整系统的方法。常见的方法为采用根状茎末端标记（Phillips et al.，1990），即在根状茎末端做标记，经过一段时间的生长后，测量新末端到标记之间的根和茎的生物量，再根据间隔时间即可算出海草初级生产力在其地下部分生物量的增加量（图 3-3）。

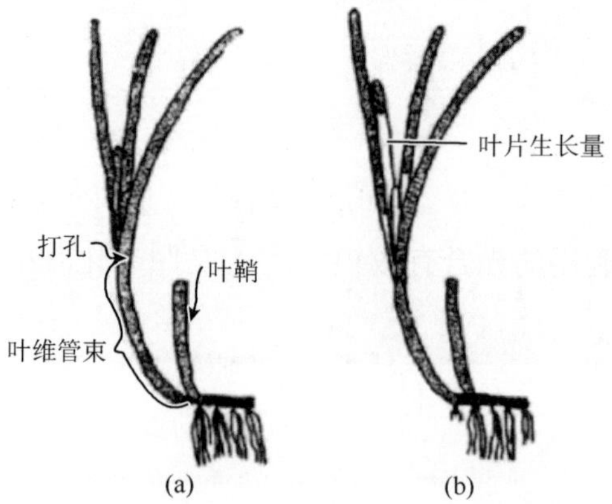

图 3-2　针孔法测定海草叶片生产力（以大叶藻为例）（李森等，2011）

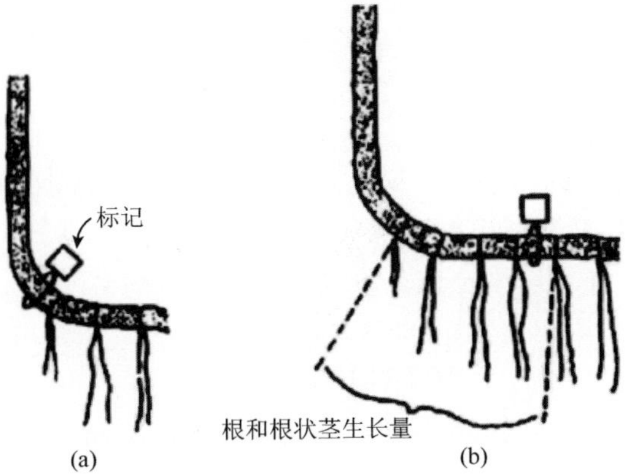

图 3-3　末端标记法测定海草地下部分生产力（李森等，2011）

三、生物光学模式（bio-optical model）

20 世纪 70 年代 Smith 等首次提出海洋生物-光学（bio-optics）一词，此后海洋生物-光学研究被广泛运用于全球海洋碳汇通量的估算（Baker et al.，1982；Smith et al.，1977）。

1. 海草床中有效光合辐射测量和计算

光合有效辐射在传输过程中部分被水体吸收、部分被植被冠层吸收，部分经过海草冠层后被反射，部分被底质反射，部分被底质吸收。在对海草生态系统有效光合辐射进行测量时，主要测量 5 个分量即水体表面、海草冠层入射、反射量、底质反射量和底质吸收量。因此，海草植被吸收的光合有效辐射=总入水光合有效辐射–水体吸收光合有效辐射–被海草反射的光合有效辐射–底质吸收的光合有效辐射，也可以采用向下、向上辐照度和反射率来进行计算（公式（3-2））

$$\mathrm{PUR}(z)=\sum_{\lambda}A_{\mathrm{p}}(\lambda)l_{\mathrm{P}}(z)\left[\frac{E_{\mathrm{d}}(\lambda,z-1)(1-R_{\mathrm{d}})}{\bar{\mu}_{\mathrm{d}}(z-1)}+\frac{E_{\mathrm{u}}(\lambda,z+1)(1-R_{\mathrm{u}})}{\bar{\mu}_{\mathrm{u}}(z+1)}\right] \tag{3-2}$$

式中，PUR 是海草可利用的光合有效辐射；A_{p} 是归一化海草有效光合吸收率；l_{P} 是海草叶的水平投影面积；E_{d} 是向下辐照度；E_{u} 是向上辐照度；R_{d} 是海草植被对向下辐照度的反射率；R_{u} 是海草植被对向上辐照度的反射率；$\bar{\mu}_{\mathrm{d}}$ 是向下辐照度的平均余弦；$\bar{\mu}_{\mathrm{u}}$ 是向上辐照度的平均余弦。

2. 海草生物量及叶片光吸收测定

海草生物量可以用植被基部离地高度和植被基部生物量的百分比进行计算

$$B(z)=\frac{\psi}{1+\left[\frac{h(z)}{I}\right]^{S}} \tag{3-3}$$

式中，$B(z)$是海草植被的生物量；ψ 是海草植被基部生物量的百分比；$h(z)$是植被基部离地的高度；I 是海草植被中点的高度；S 是塑形因子（一般看作是常数，4.75±0.2）。其中 ψ、I 可以用植被高度（h_c）来进行换算

$$\psi=2.51\cdot h_{\mathrm{c}}^{-0.79} \tag{3-4}$$

$$I=0.588[1-\exp(-1.12h_{\mathrm{c}})] \tag{3-5}$$

在计算海草叶面积的时候，由于传感器的局限，一般采用植被一侧的叶面积，对于单株植物的一侧叶面积（L_{s}）可以用植被高度来进行计算

$$L_{\mathrm{s}}=0.0063\cdot h_{\mathrm{c}}+0.019\cdot h_{\mathrm{c}}^{2} \tag{3-6}$$

考虑到海草植被会在水流作用下形成一定的倾角，叶面积指数（L_{p}）可以用公式（3-7）计算

$$L_{\mathrm{p}}(z)=L(z)\cdot\sin\beta \tag{3-7}$$

对于单位面积叶片的光吸收，可以采用公式（3-8）计算

$$A_{\mathrm{L}}(\lambda)=(1-10^{-D(\lambda)})-R_{\mathrm{L}}(\lambda) \tag{3-8}$$

式中，A_{L} 是海草叶片单位面积的光吸收量；$D(\lambda)$ 是单位叶面的光吸收率；$R_{\mathrm{L}}(\lambda)$ 是叶片的反射率。叶片的吸收系数可以用公式（3-9）进行计算

$$a_{\mathrm{L}}(\lambda)=\frac{-\ln[1-A_{\mathrm{L}}(\lambda)]}{t_{\mathrm{L}}} \tag{3-9}$$

式中，$a_{\mathrm{L}}(\lambda)$ 是海草叶片的吸收系数，t_{L} 是叶片的厚度。

3. 海草初级生产力计算方法

由于光在海草中的传输较为复杂，本部分主要采用海草吸收有效光合辐射的量来确定初级生产力。海草的初级生产力可以用如下的公式进行计算：

$$P(z)=l(z)P_{\max}\left\{1-\exp\left[-\frac{\varphi_{\mathrm{p}}\mathrm{PUR}(z)}{P_{\max}}\right]\right\} \tag{3-10}$$

式中，$P(z)$ 是在深度 z 处的初级生产力；$l(z)$ 是深度 z 处的叶面积；$P_{\max}$ 是单位面积最大初级生产力（通过测定不同光强产生的初级生产力曲线确定），φ_{p} 是光合作用量子产率。

对于整个海草植被来说，初级生产力（P_{c}）可以用公式（3-11）计算

$$P_{\mathrm{c}}=\sum_{z}P_{i}(z) \tag{3-11}$$

在计算全天海草植被初级生产力（P_{d}）时，可以用公式（3-12）计算

$$P_{\mathrm{d}} = \sum_{z} B(z)\{1 - \exp[-0.67\varphi_{\mathrm{p}} \cdot \mathrm{PUR}(z)]\} \cdot T \tag{3-12}$$

式中，T 是一天的时间积分。

采用荧光测量初级生产力时采用下面的公式计算：

$$\mathrm{ETR} = (F'_{\mathrm{m}} - F) / F'_{\mathrm{m}} \cdot \mathrm{PUR} \cdot 0.84 \times 0.5 \tag{3-13}$$

ETR 是光量子产率；F'_{m} 是光适应条件下的最大荧光产量；F 是达到饱和脉冲量之前受到光激发后产生的荧光产量。

当然，初级生产力也可以采用经验公式进行计算

$$P_z = \varphi_z \cdot 12000 \cdot Q_{\mathrm{phar}}(z) \tag{3-14}$$

式（3-14）中，φ_z 是量子产率；12000 是 mol 碳转变为 mg 碳的常数，Q_{phar} 为吸收的量子量。

海草地下初级生产力的计算，主要采用地下地上初级生产力之间关系的经验公式进行计算。

四、海草床中捕食通量的碳同位素法测量

海草中捕食通量是海草碳通量转移的重要指标。研究认为海胆、儒艮和海龟以及许多的鱼类和软体动物是以海草为食物。因此测量海草捕食通量也是建立海草碳通量模型的重要指标。采用 $\delta^{13}C$ 测量的方法，分析海草生态系统中食物链的结构，并进一步分析海草生态系统中各种动物的摄食通量和类型。

碳稳定同位素的测定通过同位素质谱仪（delta plus XP finnigan）完成。同位素丰度的计算方法为

$$\delta X = [(R_{\mathrm{sample}} / R_{\mathrm{standard}}) - 1] \times 10^3 \tag{3-15}$$

式中，X=^{13}C 的丰度，R=$^{13}C/^{12}C$，标准采用的是 PDB 国际通用标准。$\delta^{13}C$ 的分析精度为±0.1‰。通过测定海草、悬附植物、底栖藻类、浮游动物、浮游动物以及软体动物和大型动物胃容物等的 ^{13}C 丰度，确定食物链结构，并对海草生态系统中不同等级的碳通量进行研究和计算。

第二节　荧光技术在海草初级生产力监测方面的仪器和原理

1. 原理

作为光合固碳的主要指标——初级生产力，是初级生产者通过光合作用或化学合成的方法来制造有机物的速率，是海洋固碳的主要途径。简易的化学式可以

表示为

$$6CO_2 + 6H_2O = C_6H_{12}O_6(\text{碳固定}) + 6O_2\uparrow \quad (3\text{-}16)$$

这里需要详细说明的是，具有光合作用的植物细胞受到光激发后，一部分光能被电子传递链用来对水进行分解，产生氧，并将碳固定起来，形成有机物，而另外一部分光能被转变成热能释放，同时释放出比激发光波长更长的荧光。荧光在测定植物光合作用过程中光系统对光能的吸收、传递、耗散、分配等方面具有独特的作用。

2. 仪器发展

在很早以前，研究者就认为初级生产力的产生与叶绿素的浓度有着相当密切的关系，并建立了叶绿素荧光与初级生产力之间的关系，如 Weis 和 Berry 等（1987）建立了光合系统Ⅱ中叶绿素荧光淬灭的光量子模式；Genty 等（1989）研究了光合电子传递过程中量子产量与叶绿素荧光淬灭之间的关系，并建立了相应的模式；Kiefer 和 Reynolds 等（1992）综述了叶绿素荧光与初级生产力的关系，并对如何采用荧光方法对初级生产力进行检测给予了建设性的建议。

随着荧光技术，如“泵”和“探针”法（pump and probe）的发展，从单纯的实验室研究逐渐转向对现场初级生产力进行检测。“泵”和“探针”法就是采用主动光源对水样进行荧光激发，对检测到的荧光信息进行放大处理，并采取一系列算法对初级生产力进行计算。如 Kolber 等采用了“泵”和“探针”法对海水中初级生产力进行检测，取得了较好的效果，并对“泵”和“探针”法的原理进行了较为详细的阐述。Antal 等（2001）也采用“泵”和“探针”法对波罗的海水体中初级生产力进行检测，认为其在检测精度方面有较大的提高。

由于“泵”和“探针”法主要采用 1Hz 的主动光源进行激发，仅可以测量 MT 段的荧光产量。而且激发光采用 10^{15} 光量子 cm^{-1} 的氙灯作为光源，很难测得 ST 段的荧光，因而这种方法逐渐被连续激发式荧光测量法（fast repetition rate fluorometry）取代。有的研究者采用连续激发式荧光测量法对海洋中初级生产力进行了计算，并采用放射性碳的测量方法与连续激发式荧光测量法的准确性作了比较，相关系数达到 0.8 以上。Holeton 等（2005）采用连续激发式荧光测量法对南大西洋水体中浮游植物的生理状态进行了检测，认为在高营养低叶绿素水体中，藻类的荧光产生量明显增大。Kaiblinger 等（2007）采用连续激发式荧光测量法对淡水中浮游植物的初级生产力进行了研究，结果发现这种方法可以在淡水中获得很好的应用，但对于形成水华的水体效果并不理想，主要是由于高叶绿素浓度导致荧光出现饱和。Laney 等（2003）对连续激发式荧光测量法中误差产生的原因进行了分析，为进一步对连续激发式荧光测量法进行改进提供了思路。

在仪器方面，用得比较多的是英国产的连续激发式荧光测量仪（fast repetition rate fluorometry）（图 3-4）、美国 Turner Design 公司生产的 PhytoFlash（图 3-5），

德国的 Diving-PAM 水下荧光仪（图 3-6）。这三种仪器是适用于现场的水下活性荧光仪，可以用来测定营养化程度不同的水域中海洋植物的量子效率。

图 3-4　连续激发式荧光测量仪

图 3-5　PhytoFlash 荧光仪

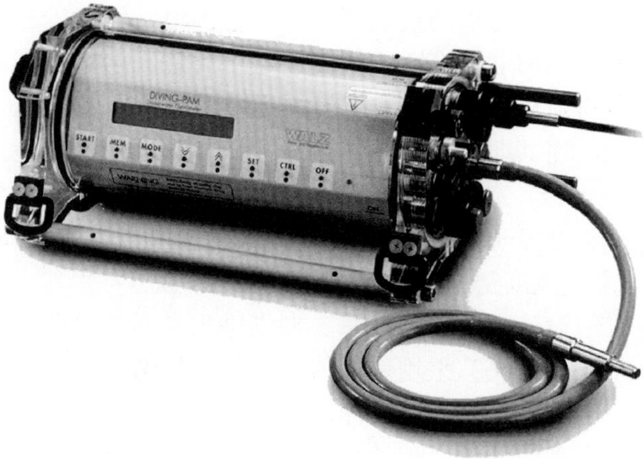

图 3-6　Diving-PAM 水下荧光仪

从技术参数的角度来讲，PhytoFlash 检测系统是一个短脉冲、多转换的可变荧光系统。此技术通过使用 3 个低光强 LED 照射来测定暗适应最小荧光值（F_0），而在使用 6 个高光强 LED 照射使样品室内的细胞达到光饱和后，测量最大荧光值（F_m）。LED 灯的排列可保证样品室中的光照均匀分布，而低光强的监控 LED 则能够抑制光合速率的升高。可确认高光强 LED 的光饱和时间（200～10000ms）。

在实验室模式（laboratory mode）下，用户可以查看光响应曲线。但 PhytoFlash 测量的荧光只是 MT 段的荧光，对 ST 段的荧光没有做相应的测量。而且当应用于海洋中时，由于其性能相对不稳定，对海流的抵抗力相对较小，很难达到实际的应用效果。

连续激发式荧光测量仪的核心技术是超过 100kHz 的荧光激发器。连续激发式荧光仪主要是通过短时间照光后荧光信号的瞬时变化反映暗反应活化前 PSⅡ的光化学变化，它具有相当高的分辨率（初始记录速度为每秒钟 10 万次，即 100kHz），所以能够从初始荧光被激发的上升过程中捕捉到更多的荧光变化信息，如 O-P 变化过程中的另外两个拐点。从照光后的 10μs 到 5min 内不同时间的荧光信号都能被荧光仪按时记录。与调制式荧光仪相比，连续激发式荧光仪有以下优点：获得信息量大、操作简便快捷、测定易于多次重复、仪器便于携带、存储量大等优势。但不能同时采用多波长激发来检测荧光产率。

德国 Walz 公司生产的叶绿素荧光测定系统（PAM 仪）便是以脉冲振幅调制荧光技术（pulse-amplitude modulated（PAM）fluorescence）为基础。PAM 荧光技术的出现使得叶绿素荧光技术第一次由室内走向室外。其被普遍用于野外检测海草光合特性。PAM 荧光技术不仅可以用于测量海草叶片的潜在光合能力（Fv/F_m），还可以用于估测光合作用中的电子传递。Diving-PAM 的核心技术是采用了调制技术和饱和脉冲技术，从而可以通过选择性的原位测量叶绿素荧光来检测植物光合作用的变化。Diving-PAM 的调制测量光足够低，可以只激发色素的本底荧光而不引起任何的光合作用，从而可以真实地记录最小荧光 F_0。Diving-PAM 具有很强的灵敏度和选择性，使其即使在很强的、未经滤光片处理的环境下（如全日照甚至是 10000μmol/（m^2·s）饱和光强下）也可测定荧光产量而不受到干扰。但此仪器只能测量 MT 段的荧光，因而很难反映初级生产力过程的动态变化，而且 Diving-PAM 只对大型或高密度植物有效。

在国外，也有的设计能够测量海草、珊瑚礁生态系统的荧光效率，但没有商业化。如 Wielgus 等（2006）采用基于 SCUBA 连续激发式荧光仪对海草以及珊瑚礁的荧光产量和初级生产力进行检测，取得了较好的效果。其基本结构主要是基于 PhytoFlash 的原理设计的。但这种设计方式只能测到 MT 段的荧光，且荧光信号受到反射光影响较大。

3. 计算方法

对于光合系统Ⅱ中光化学效率参数 σ_{PSII}，采用如下的方法进行计算：

$$(F - F_0)/(F_m - F_0) = 1 - \exp(-\sigma_{PSII} J) \tag{3-17}$$

$$\sigma_{PSII}=\left(-\ln\frac{F_m-F}{F_m-F_0}\right)/J \quad (3\text{-}18)$$

式中，J 是主动激发光的能量，F 是测到的荧光。

对于荧光的光化学淬灭系数 qP 主要采用下面的方法计算：

$$qP=(F_m-F)/(F_m-F_0) \quad (3\text{-}19)$$

在计算 qP 时，荧光测量要求在一个相对较短的暗适应，所有的反应中心都放开，可变荧光达到最大时进行测量，而且要求激发的荧光相对要弱。

在采用荧光测量法对初级生产力进行检测时主要测定两个量，即最大荧光效率（F_m）和最小荧光效率（F_0）。

利用荧光对初级生产力测定时，采用下列计算方法：

$$P^{RCII}(E)=E\sigma_{PSII}\varphi_P(E)\Phi_{RC}\cdot n_{PSII}\cdot f \quad (3\text{-}20)$$

式中，$P^{RCII}(E)$ 是氧的产生速率；E 是有效光合辐射；σ_{PSII} 是光化学效率的参照系数；$\varphi_P(E)$ 是光化学淬灭系数（qP）和通过光合系统 II 传递的电子量子效率（Φ_e）；Φ_{RC} 是光合系统 II 中光化学反应的量子产率；n_{PSII} 是光合系统 II 反应中心与[Chl a]的比率；f 是光合系统 II 中与产生荧光有关的活性中心的比例。

对于一个深度的初级生产力可以用下面的公式计算：

$$P_z=\{E_z\sigma_{PSII}qP\Phi_e fn_{PSII}[\text{Chl a}]2.43\times10^{15}\}/PQ \quad (3\text{-}21)$$

式中，P_z 是 z 深度的初级生产力，E_z 是 z 深度的辐照度，n_{PSII} 是光合系统 II 反应中心与[Chl a]的比率，PQ 是光合作用熵，即每消耗 1mol 的 CO_2 所产生 O_2 的摩尔数；2.43×10^{15} 是秒转化为小时、质子转化为反应中心摩尔数、摩尔 Chl a 转化为 mg Chl a、μmolO_2 转化为 mol O_2 的换算数。

第三节　海草的降解作用和测量方法

使用生态学方法研究生物圈物质循环的一个基本部分，研究有机物的最终去向和研究初级生产力一样重要。海草场具有很高的初级生产力，光合作用固定的有机物的去向主要为食草动物的摄食、输出和降解，其中降解是有机物的主要去向，对于海草地下部分来说更是如此。不同地区不同种类的海草的初级生产力最终流向降解的比例差别很大，从 15%～95%，流向分解者的有机物的绝对量从 55～1150g C/（m^2·a）（Mateo et al.，2006）。

海草降解最初采用的是降解袋法。降解袋法实验在自然环境中进行，首先在海草床采集海草、海草落叶及海草碎屑，放入降解袋中，然后将降解袋放入海水中。一段时间以后，将降解袋取上来，将样品洗干净，并将附着生物移除，然后将样品烘干至恒重。数据分析显示，海草降解符合指数衰减模型（Petersen et al.，

1974；Olson et al.，1963）。降解袋法有一些难以克服的缺点，采用降解袋法测量的海草降解其中只有 40%的质量减少归因于呼吸消耗，大量的海草碎屑通过降解袋浸出到海水中（Mateo et al.，1996），同时海草在降解的过程中也会有附着生物附着导致其质量自然增加。

Grubbs 和 Cummins 于 1994（1994）年提出叶韧性法，它是采集叶片后，用数码针穿硬度“穿”10 次，用针穿硬度计测量叶片的韧性进而评估叶片质量的减少。Sinsabaugh 等（1994）提出采用微生物酶活指数来测量海草降解，Fenchel（1970）和 Hargrave（1972）在 1970 年和 1972 年尝试采用估计整个动物和微生物群落对氧气的消耗量来估计降解速度，但是这种方法估算的结果差异巨大，未被广泛采用。

采用不同的方法测量海草降解会对结果产生影响，不同的海草种类、同种海草的不同组织以及同种海草所处的环境都会对结果造成影响。

海草生态系统碳循环过程复杂，研究方法很多，主要包括稳定同位素法、降解袋法、生物地球化学箱子模型法、微气象学法等。

1. 稳定同位素法

稳定同位素是一种内在的天然标记，广泛运用于海草生态系统碳循环的研究，它能够提供有效的生态信息的时空变化特征（Dawson et al.，2002），同时稳定同位素能够揭示生物地球化学的过程，因为它能够提供源-汇以及过程信息，在海草生态系统中稳定同位素的成分会在元素循环的过程中以可预测的方式发生变化，地球化学家利用这些变化来推断生态系统元素循环过程。同时稳定同位素还能推断碳在食物网中流动的方向。

2. 分解袋法

海草场生态系统海草碎屑的降解是海草生态系统碳循环的重要环节，分解袋法是研究海草生态系统海草碎屑降解的重要方法。进行实验时，用不同的海草样本（衰老叶、脱落叶、整片叶子、片段、新鲜的、冰冻的、有附着藻、没有附着藻）进行降解实验得到的实验结果会有所不同，因而用于估算海草生态系统碳循环时会影响结果的准确性（Harrison，1989）。尽管降解袋法不是估算海草生态系统碳预算最精确的方法，但由于其方法简单，而且能够对样本的降解过程进行连续监测，所以降解袋法作为一种常用的方法保留了下来（Short，2001）。

3. 微气象学法

微气象学法主要运用于估算海气界面二氧化碳的通量，基于大气热力学和动力学原理，通过对测得的有关参数进行分析，得出通量值。其观测值是较大范围内的平均值，故结果有较强的代表性，而且因为观测持续较长时间，所以能监测到微气象要素随着时间的变化（Gengchen，1997）。微气象学法中包括几种测量碳通量的方法，其中由于涡动法在原理上不基于任何假设，不需要经验参数，所需数据全部来源于实测（鲁中明等，2006），所以被认为是当前最合适的方法。

第四节　影响海草固碳的因素

海草生态系统碳循环影响因素众多。海草在环境适宜的浅海区生长和繁殖，环境因子直接影响海草的生长，影响海草场生态系统的群落结构，以及海草场生物的生理代谢，进而直接影响海草场生态系统碳循环。外部环境主要为自然环境因素和人类活动，自然环境包括温度、光照、营养盐等，而人类活动包括在海草场的渔业捕捞活动、向海草场排放污水、在海草场养殖等。目前自然环境对海草场生态系统碳循环的研究主要集中在以下几个方面：

（1）温度。海水温度直接影响海草的酶的活性，从而影响其光合作用以及呼吸作用，进而影响海草的生长。在韩国南部，大叶藻生长的最适温度为 15～20℃，夏天当温度超过 20℃时，大叶藻的生长受到抑制（Lee et al.，2005），Niu 等（2012）认为山东近海大叶藻幼苗最适生长温度为 16～17℃，30℃的高温限制大叶藻的生长，Marsh 等（1996）认为生活在 20～22℃水温中的大叶藻净光合作用在 25～30℃达到最大值。所以温度通过影响海草的生理代谢影响海草场碳循环。

（2）光照。光是海草及海草生态系统的浮游植物、藻类等进行光合作用的必要条件，而在自然环境中，光照往往成为限制海草生长的重要因素（Drew，1979），而且各种因素导致的到达海草冠层的光照减弱被认为是海草场衰退的重要原因（Cambridge et al.，1986）。此外，光照还会影响海草生态系统的群落结构（Short et al.，1995；Backman et al.，1976）。因此，光照主要是通过影响海草场生物的光合作用影响海草场碳循环的。

（3）营养元素。营养元素是影响海草场生物生长的重要因素，海草需要大约 15 种营养元素，其中 N、P、S、K、Ca、Mg 是大量元素，Fe、Mn、Zn、Cu 等是微量元素（Larcher，2003）。海草利用氨氮、硝酸盐和磷酸盐作为氮源和磷源，海草场中营养盐的浓度一般较低（Duarte，1999），实验证实海草根和叶都能吸收营养物质，底质施肥能够促进海草的生长，这表明自然环境中营养盐会限制海草生物量的形成。营养盐限制会影响海草植株的初级生产力，进而影响海草床的扩张。在底质中施肥能够提高光合能力（Agawin et al.，1996），表明营养盐限制会降低光合性能。同时 N、P、Si 等是海草必需的矿质元素。然而，当出现富营养化的情况时，海藻会暴发性繁殖，并形成与海草在光照上的竞争，从而会限制海草的生长（Moore et al.，2000），营养盐是通过影响海草场植物藻类的光合作用进而影响海草场生态系统碳循环的。

（4）季节变化的影响。光照、温度、盐度、水流都会随着季节的变化而变化，而这些都会影响海草以及藻类的光合作用和呼吸作用，同时也会影响细菌等生物对海草碎屑的分解，而水流会影响海草生态系统无机碳的迁移，也会影响海草生态系统和开放海洋之间的碎屑的交换。

环境因子众多而复杂，有些环境因子对海草生态系统碳循环的影响还是交互的，而且是长期作用的结果。而人类活动导致的水体透明度降低、环境污染等对海草的破坏是毁灭性的。

第五节　相关观测仪器的制作

1. 光学浅水底质类型探测器

采用主动光源进行探测和图像实时传输的方法以及加载在外围的水密系统，可以方便、快捷地对珊瑚礁、海草的分布及生存状况进行探测。

光学浅水底质类型探测器主要由图像传感系统和加载在外围的水密系统构成（图 3-7）。图像传感器由图像采集器和信号保真数据线通过连接而形成。水密系统

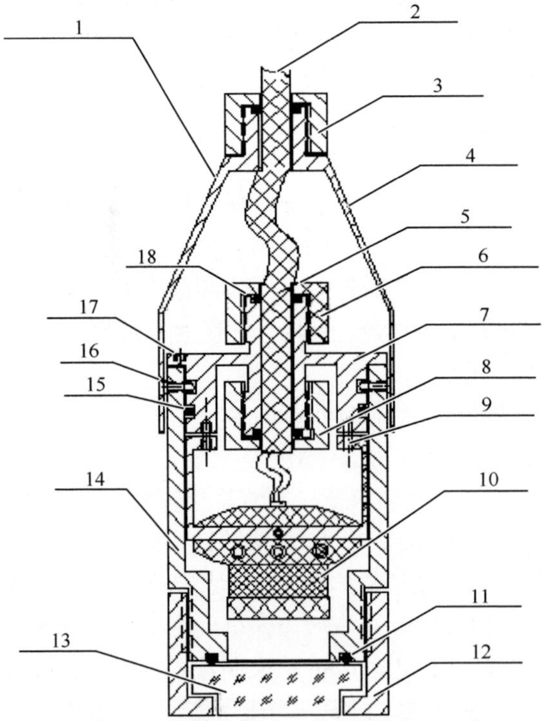

图 3-7　光学浅水底质类型探测器设计图

1. 吊架；2. 外部水密电缆；3. 电缆固定螺纹压盖；4. 吊架；5. 内部水密电缆；6. 电缆螺纹压盖；7. 水密盖；8. 电缆螺纹压盖；9. 固定螺钉；10. 摄影探头；11. 水密 O 圈；12. 玻璃螺纹压盖；13. 透光 K9 玻璃；14. 壳体；15. 水密 O 圈；16. M3 沉头螺钉；17. M3 螺钉；18. 水密 O 圈

是将透光 K9 玻璃加载在玻璃螺纹压盖中，然后将玻璃螺纹压盖与壳体以螺纹对接方式进行组合，接口之间加一个 O 形圈。壳体与吊架之间以固定螺钉连接，壳体与吊架的接口之间加一个 O 形圈，以防止漏水；考虑到图像采集系统由于调焦导致镜头长度变化而对空间需求的不同，将壳体与吊架之间的连接设置为可变连接。光学传输系统和水密系统之间以多重电缆螺纹结构连接。由于水下光线强度相对较弱，光学浅水底质类型探测器采用自动光调节器，可提高检测的清晰度。

在数据传输方面，克服了较长距离数据传输过程中信号的衰减问题，并采用实时传输的方式；在水下光强较弱的地方，采用光源自动增强补偿的方式，提高信号的识别效果；在水密性方面，主要采用套环结构加 O 形圈的方式，来提高仪器的水密性。

主要组织结构是，吊架 1、4，电缆螺纹压盖 6、8，水密盖 7，固定螺钉 9，水密 O 圈 11、15、18，玻璃螺纹压盖 12，壳体 14，M3 沉头螺钉 16，M3 螺钉 17，组成了光学浅水底质类型探测器的水密系统。摄影探头 10，透光 K9 玻璃 13，外部水密电缆 2，内部水密电缆 5，组成了影像传输系统。

光学浅水底质类型探测器（图 3-8），可以在现场快速、有效地对珊瑚礁、海草分布和生存状况进行检测，在很大程度上提高了珊瑚礁、海草分布和生存状况的检测效率，而且结构简单。

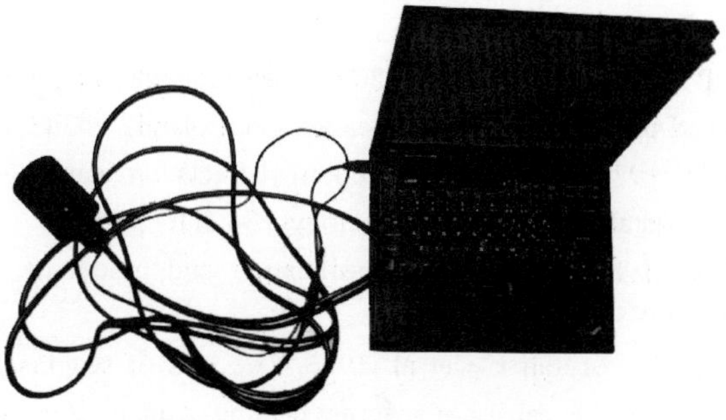

图 3-8　光学浅水底质类型探测器实物图

2. 底质反射率检测系统

采用透光玻璃和光纤以及加载在外围的水密系统，可以方便地对珊瑚礁、海草的底质反射率进行探测。

底质反射率检测系统主要由透光玻璃和光纤和加载在外围的水密系统构成（图 3-9）。水密系统是将透光 K9 玻璃加载在玻璃螺纹压盖中，然后将玻璃螺纹压盖与壳体以螺纹对接方式进行组合，接口之间加一个 O 形圈。壳体与吊架之间以固定螺钉连接，壳体与吊架的接口之间加一个 O 形圈，以防止漏水；光学传输系统和水密系统之间是以多重电缆螺纹结构连接。

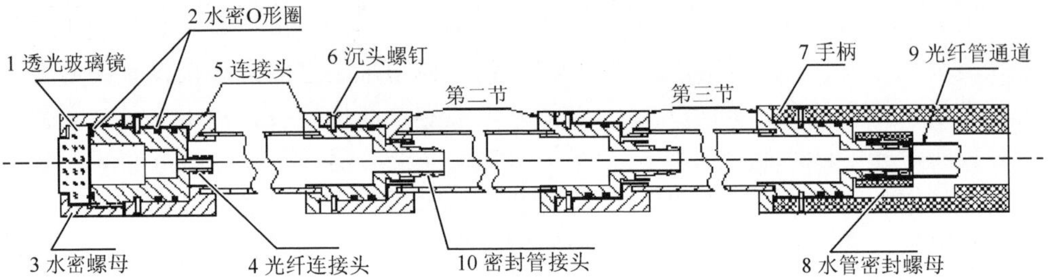

图 3-9　底质反射率检测系统原理图

参 考 文 献

李森，范航清，邱广龙，等. 2011. 海草生产力研究进展. 海洋环境科学，30 (1)：143-147.

鲁中明，戴民汉. 2006. 海气 CO_2 通量与涡动相关法应用研究进展. 地球科学进展，21 (10)：1046-1057.

郑杏雯. 2007. 广西防城海草光合作用研究. 广西大学硕士学位论文.

Agawin N，Duarte C，Fortes M. 1996. Nutrient limitation of Philippine seagrasses (Cape Bolinao，NW Philippines)：In situ experimental evidence. Marine Ecology Progress Series，138 (1)：233-243.

Antal T K，Venediktov P S，Matorin D N，et al. 2001. Measurement of phytoplankton photosynthesis rate using a pump-and-probe fluorometer. Oceanologia (Poland)，43 (3)：291-313.

Backman T，Barilotti D. 1976. Irradiance reduction：Effects on standing crops of the eelgrass Zostera marina in a coastal lagoon. Marine Biology，34 (1)：33-40.

Baker K S，Smith R C. 1982. Bio-optical classification and model of natural waters. Limnol Oceanogr，27 (3)：500-509.

Cambridge M，Chiffings A，Brittan C，et al. 1986. The loss of seagrass in Cockburn Sound，Western Australia. II. Possible causes of seagrass decline. Aquatic Botany，24 (3)：269-285.

Charpy-roubaud C，Sournia A. 1990. The comparative estimation of phytoplanktonic，microphytobenthic and macrophytobenthic primary production in the oceans. Marine Microbial Food Webs，4 (1)：31-57.

Dawson T E，Mambelli S，Plamboeck A H，et al. 2002. Stable isotopes in plant ecology. Annual Review of Ecology and Systematics，33：507-559.

Drew E A. 1979. Physiological aspects of primary production in seagrasses. Aquatic Botany，7：139-150.

Duarte C M，Chiscano C L. 1999. Seagrass biomass and production：A reassessment. Aquatic Botany，65 (1)：159-174.

Duarte C M. 1999. Seagrass ecology at the turn of the millennium：Challenges for the new century. Aquatic Botany，65 (1)：7-20.

Fenchel T. 1970. Studies on the decomposition of organic detritus derived from the turtle grass Thalassia testudinum. Limnol Oceanogr，15 (1)：14-20.

Gengchen W. 1997. A view on measurement methods for greenhouse gases emission from terrestrial ecosystem. Climatic and Environmental Research，2 (3)：2511-2263.

Genty B，Briantais J M，Baker N R. 1989. The relationship between the quantum yield of photosynthetic electron transport and quenching of chlorophyll fluorescence. Biochem Biophys Acta，990：87-92.

Grubbs S A，Cummins K W. 1994. A leaf-toughness method for directly measuring the processing of naturally entrained leaf detritus in streams. Journal of the North American Benthological Society，68-73.

Hargrad B T. 1972. Aerobic decomposition of sediment and detritus as a function of particle surface area and organic content. Limnol Oceanogr，17 (4)：583-597.

Harrison P G. 1989. Detrital processing in seagrass systems：A review of factors affecting decay rates，remineralization and detritivory. Aquatic Botany，35 (3)：263-288.

Hemminga M A，Duarte C M. 2000. Seagrass Ecology. London：Cambridge University Press.

Holeton C L，Nédélec F，Sanders R，et al. 2005. Physiological state of phytoplankton communities in the Southwest Atlantic sector of the Southern Ocean，as measured by fast repetition rate fluorometry. Polar Biol.，29 (1)：44-52.

Kaiblinger C，Greisberger S，Teubner K，et al. 2007. Photosynthetic efficiency as a function of thermal stratification and phytoplankton size structure in an oligotrophic alpine lake. Hydrobiologia，578：29-36.

Kiefer D，Reynolds R A. 1992. Advances in understanding phytoplankton fluorescence and photosynthesis//Falkowski P G，Woodhead A D. Primary productivity and biogeochemical cycles in the sea. Plenum，155-174.

Kolber Z，Falkowski P G. 1993. Use of active fluorescence to estimate phytoplankton photosynthesis in situ. Limnol Oceanogr，38 (8)：1646-1665.

Laney S R. 2003. Assessing the error in photosynthetic properties determined by fast repetition rate fluorometry. Limnol Oceanogr，48 (6)：2234-2242.

Larcher W. 2003. Physiological Plant Ecology：Ecophysiology and Stress Physiology of Functional Groups. Springer.

Lee K S，Park S R，Kim J B. 2005. Production dynamics of the eelgrass，Zostera marina in two bay systems on the south coast of the Korean peninsula. Marine Biology，147 (5)：1091-1108.

Marsh J A，Dennison W C，Alberte R S. 1986. Effects of temperature on photosynthesis and respiration in eelgrass (Zostera marina L.). Journal of Experimental Marine Biology and Ecology，101 (3)：257-267.

Mateo M A，Cebri N J，Dunton K，et al. 2006. Carbon flux in seagrass ecosystems//Larkum A W，Orth R J，Duarte C M. Seagrasses：biology，ecology，and conservation Springer. Netherlands：Springer.

Mateo M，Romero J. 1996. Evaluating seagrass leaf litter decomposition：an experimental comparison between litter-bag and oxygen-uptake methods. Journal of Experimental Marine Biology and Ecology，202 (2)：97-106.

Moore K A，Wetzel R L. 2000. Seasonal variations in eelgrass (Zostera marinaL.) responses to nutrient enrichment and reduced light availability in experimental ecosystems. Journal of Experimental Marine Biology and Ecology，244 (1)：1-28.

Niu S，Zhang P，Liu J，et al. 2012. The effect of temperature on the survival，growth，photosynthesis，and respiration of young seedlings of eelgrass Zostera marina L. Aquaculture，350-353 (2)：98-108.

Olson J S. 1963. Energy storage and the balance of producers and decomposers in ecological systems. Ecology，44 (2)：329-331.

Petersen R C，Cummins K W. 1974. Leaf processing in a woodland stream. Freshwater Biology，4 (4)：343-368.

Phillips R C，Mcroy C P. 1990. Seagrass research methods. Unesco.

Qasim S，Bhattathiri P. 1971. Primary production of a seagrass bed on Kavaratti Atoll (Laccadives). Hydrobiologia，38 (1)：29-38.

Short F T，Burdick D M，Kaldy J. 1995. Mesocosm experiments quantify the effects of eutrophication on eelgrass，Zostera marina. Limnol Oceanogr，40 (4)：740-749.

Short F T，Coles R G. 2001. Global Seagrass Research Methods. Amsterdam：Elsevier.

Sinsabau G H R，Osgood M，Findlay S. 1994. Enzymatic models for estimating decomposition rates of particulate detritus. Journal of the North American Benthological Society，13，160-169.

Smith R C，Baker K S. 1977. Bio-optical state of ocean waters and remote sensing. San Diego：University of California.

Weis E，Berry J A. 1987. Quantum efficiency of Photosystem II in relation to energy-dependent quenching of chlorophyll fluorescence. Biochem Biophys Acta，894：198-208.

Wielgus J，Levy O. 2006. Differences in photosynthetic activity between coral sections infested and not infested by boring spionid polychaetes. Journal of the Marine Biological Association of the United Kingdom，86 (4)：727-728.

Wittmann K J. 1984. Temporal and morphological variations of growth in a natural stand of posidonia oceanica (L.) Delile. Marine Ecology，5 (4)：301-316.

Zieman J C. 1974. Methods for the study of the growth and production of turtle grass，Thalassia testudinum König. Aquaculture，4：139-143.

第二篇　我国海草分布

第四章　我国海草的总体分布

《世界海草地图集》显示，全球海草分布面积大约是 17.7 万 km^2，分布在全球 120 个国家和地区。从海草的种类来看，亚太地区尤其是南海及西太平洋区域是海草种类最多的区域，平均每 $10km^2$ 面积可以达到 20 种左右的分布种类，我国南海区域平均每 $10km^2$ 面积有 8 种以上海草分布（图 4-1）。

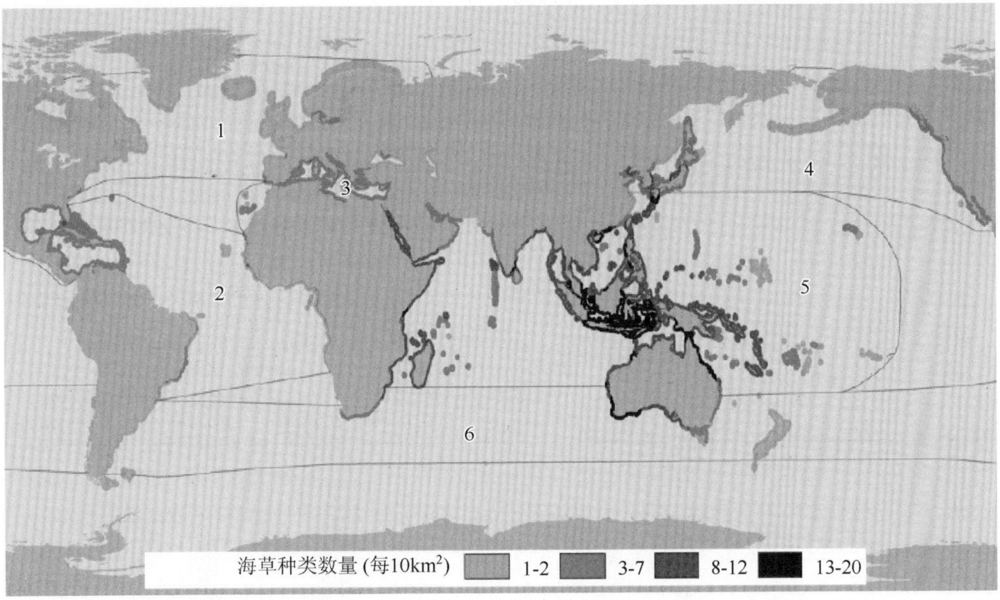

图 4-1　世界海草的分布（Short et al.，2007）（后附彩图）

海草资源生长环境日益恶化，有些地区海草已经绝迹，并危及到其他海洋生物生存。过去 10 年内，已经有 2.6 万 km^2 的海草生态区消失。

海草的分布区域可以分为温带北大西洋、热带大西洋、地中海、温带北太平洋、热带印度-太平洋、温带南大洋 6 个区域（表 4-1）。其中我国是处于温带北太平洋和热带印度-太平洋这两个区域，更详细一点是山东半岛以及渤海周边地区的海草属于温带太平洋区域，而福建、台湾、广州、海南和广西的海草属于印度-太平洋区域（图 4-2）。

表 4-1　世界六大分布区海草的特点描述和种类（Short et al.，2007）

区域分布	简单描述	主要种类
温带北大西洋	多样性程度低的温带海草，主要分布于海湾和海岛	*Ruppia maritima*，*Zostera marina*，*Zostera noltii*，*Cymodocea nodosa*，*Halodule wrightii*
热带大西洋	高多样性的热带海草，主要分布于礁前斜坡	*Halodule beaudettei*，*H. wrightii*（*H. bermudensis*，*H. emarginata*），*Halophila baillonii*，*Halophila decipiens*，*Halophila engelmanni*，*Halophila johnsonii*，*R. maritima*，*Syringodium filiforme*，*Thalassia testudinum*，*Halophila stipulacea*
地中海	多样性中等，分布相对较深，热带和温带种类混生，水体较清	*C. nodosa*，*Posidonia oceanica*，*Ruppia cirrhosa*，*R. maritima*，*Z. marina*，*Z. noltii*，*H. wrightii*，*H. decipiens*，*H. stipulacea*
温带北太平洋	高多样性温带海草，经常可以在海湾、潟湖和海滩冲浪区域	*Phyllospadix iwatensis*，*Phyllospadix japonicus*，*Phyllospadix scouleri*，*Phyllospadix serrulatus*，*Phyllospadix torreyi*，*R. maritima*，*Zostera asiatica*，*Zostera caespitosa*，*Zostera caulescens*，*Zostera japonica*，*Z. marina*，*H. wrightii*，*H. decipiens*，*Halophila euphlebia*，*Halophila ovalis*
热带印度太平洋	生物多样性高、面积较大，主要分布于礁坪上的深水区域	*Cymodocea angustata*，*Cymodocea rotundata*，*Cymodocea serrulata*，*Enhalus acoroides*，*Halodule pinifolia*，*Halodule uninervis*，*H. wrightii*，*Halophila beccarii*，*Halophila capricorni*，*H. decipiens*，*Halophila hawaiiana*，*Halophila minor*，*H. ovalis*，*Halophila ovata*，*Halophila spinulosa*，*H. stipulacea*，*Halophila tricostata*，*R. maritima*，*Syringodium isoetifolium*，*Thalassia hemprichii*，*Thalassodendron ciliatum*，*Zostera capensis*，*Z. japonica*，*Zostera muelleri*（*Zostera capricorni*）
温带南大洋	较为宽泛的从低多样性-高多样性，经常可以在非常极端的环境中发现	*Amphibolis antarctica*，*Amphibolis griffithii*，*Halophila australis*，*Posidonia angustifolia*，*Posidonia australis*，*Posidonia ostenfeldii complex*，*Posidonia sinuosa*，*R. maritima*，*Ruppia megacarpa*，*Ruppia tuberosa*，*Thalassodendron pachyrhizum*，*Z. capensis*，*Z. muelleri*（*Z. capricorni*），*Zostera tasmanica*（*Heterozostera tasmanica*），*H. decipiens*，*H. ovalis*，*S. isoetifolium*，*T. ciliatum*

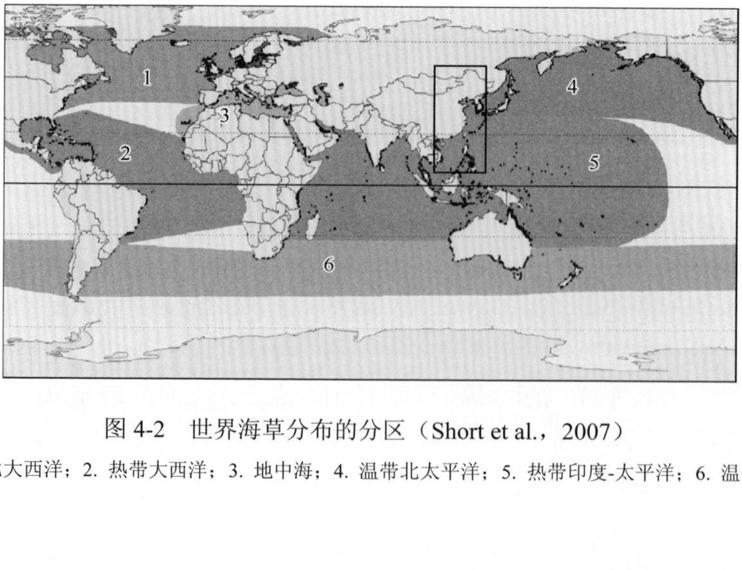

图 4-2　世界海草分布的分区（Short et al.，2007）

1. 温带北大西洋；2. 热带大西洋；3. 地中海；4. 温带北太平洋；5. 热带印度-太平洋；6. 温带南大洋

我国现有海草 22 种，隶属于 10 属 4 科，约占全球海草种类数的 40%。我国海草分布区可划分为两个大区：南海海草分布区和黄渤海海草分布区。前者包括海南、广西、广东、香港、台湾和福建沿海，共有海草 9 属 15 种，以喜盐草（*Halophila ovalis*）分布最广；后者包括山东、河北、天津和辽宁沿海，分布有 3 属 9 种，以大叶藻（*Zostera marina*）分布最广。

中国现有海草场的总面积约为 8765.1hm²，其中海南、广东和广西分别占 64%、11%和 10%，南海区海草场在数量和面积上明显大于黄渤海区。南海区海草场主要分布于海南东部、广东湛江市、广西北海市和台湾东沙岛沿海；黄渤海区海草场主要分布于山东荣成市和辽宁长海县沿海。广东、广西两省（自治区）的海草场主要以喜盐草为优势种，海南和台湾多以泰来藻为优势种，山东和辽宁多以大叶藻为优势种（表 4-2）。中国海草场退化严重，人为干扰是导致其退化的主要原因，突出表现为在海草床海域破坏性的挖捕和养殖活动，以及在海草生境和周边的围填海活动。中国海草资源的调查及保护研究整体落后，但南海区领先于黄渤海区（郑凤英，2013）。

表 4-2　中国主要海草场信息

序号	海草场	面积/hm²	主要种类	文献来源
海南		8413.6		
1	文昌市高隆湾	3057	泰来藻、海菖蒲、单脉二药藻、喜盐草	王道儒等，2012；吴钟解等，2014
2	文昌市港东村	面积不详	泰来藻、海菖蒲、喜盐草	王道儒等，2012
3	文昌市长圮港	3057	泰来藻、海菖蒲、单脉二药藻、喜盐草、小喜盐草	王道儒等，2012；吴钟解等，2014
4	文昌市宝峙村	面积不详	泰来藻、单脉二药藻、圆叶丝粉藻、喜盐草、针叶藻、齿叶丝粉藻	王道儒等，2012
5	文昌市冯家湾	面积不详	泰来藻、海菖蒲、喜盐草、单脉二药藻、齿叶丝粉藻	王道儒等，2012
6	文昌市椰林湾	101.2	泰来藻、圆叶丝粉藻、喜盐草	郭振仁等，2009
7	琼海市青葛	1596（琼海市）	泰来藻、海菖蒲、圆叶丝粉藻、喜盐草、单脉二药藻	王道儒等，2012
8	琼海市龙湾	865	海菖蒲、泰来藻、圆叶丝粉藻	王道儒等，2012；吴钟解等，2014
9	琼海市潭门	面积不详	泰来藻、喜盐草、圆叶丝粉藻、单脉二药藻、针叶藻	王道儒等，2012
10	三亚市后海湾	6	泰来藻、圆叶丝粉藻	陈石泉等，2015
11	三亚市铁炉港	4	喜盐草、海菖蒲	陈石泉等，2015

续表

序号	海草场	面积/hm^2	主要种类	文献来源
海南		8413.6		
12	三亚市鹿回头	38	泰来藻	陈石泉等，2015
13	三亚市西瑁洲岛	2	泰来藻、单脉二药藻	陈石泉等，2015
14	三亚市小东海	0.36	泰来藻	陈石泉等，2015
15	澄迈市花场湾	40	羽叶二药草、贝克喜盐草	王道儒等，2012
16	陵水县黎安港	207	海菖蒲、泰来藻，圆叶丝粉藻、喜盐草	王道儒等，2012；吴钟解等，2014
17	陵水县新村港	304	海菖蒲、泰来藻、圆叶丝粉藻、喜盐草、单脉二药藻、小喜盐草、矮大叶藻	王道儒等，2012；吴钟解等，2014；郑凤英等，2013
18	万宁市	1	单脉二药藻、喜盐草	王道儒等，2012；den Hartog & Yang，1990
19	东方市	面积不详	单脉二药藻	den Hartog & Yang，1990
20	海口市	面积不详	矮大叶藻、贝克喜盐草、单脉二药藻、喜盐草	den Hartog & Yang，1990
21	西沙群岛（晋卿岛）	面积不详	全楔草、泰来藻、喜盐草	den Hartog & Yang，1990
22	南沙群岛（太平岛等）	面积不详	种类不详	Dai & Fan，1996
广西		942.2		
23	北海市铁山港沙背	283.1	喜盐草、矮大叶藻、小喜盐草、贝克喜盐草	范航清等，2011
24	北海市铁山港北暮	170.1	喜盐草、矮大叶藻、小喜盐草、贝克喜盐草	范航清等，2011
25	北海市山口乌坭	94.1	喜盐草	范航清等，2011
26	北海市铁山港下龙尾	79.1	喜盐草、矮大叶藻、贝克喜盐草、小喜盐草	范航清等，2011
27	北海市铁山港川江	73.3	喜盐草、单脉二药藻	范航清等，2011
28	防城港市交东（珍珠湾）	41.6	矮大叶藻，贝克喜盐草	范航清等，2011
29	北海市沙田山寮	14.3	矮大叶藻	范航清等，2011
30	钦州市纸宝岭	10.7	贝克喜盐草	范航清等，2011
31	北海市山口丹兜	10.7	贝克喜盐草	范航清等，2011
32	其他零星分布点	165.2	喜盐草、矮大叶藻、贝克喜盐草等	范航清等，2011
广东		977		
33	湛江市流沙湾	900	喜盐草、单脉二药藻	黄小平等，2007

续表

序号	海草场	面积/hm²	主要种类	文献来源
海南		8413.6		
34	潮州市饶平柘林湾	40	喜盐草	黄小平等，2010
35	湛江市东海岛	9	贝克喜盐草	黄小平等，2007
36	珠海市唐家湾	7.6	贝克喜盐草	黄小平等，2010
37	台山市上川岛	7	矮大叶藻	黄小平等，2010
38	惠东县考洲洋	6.95	喜盐草	黄小平等，2010
39	湛江英罗湾	2	贝克喜盐草	熊卉等，2013
40	阳江市海陵岛	1	喜盐草	黄小平等，2007
41	台山市下川岛	1	矮大叶藻、贝克喜盐草	黄小平等，2010
42	汕尾市白沙湖	＜1	喜盐草	黄小平等，2010
43	深圳市大亚湾	＜1	喜盐草	黄小平等，2010
44	雷州市企水湾	＜1	喜盐草	黄小平等，2010
45	湛江市硇洲岛	面积不详	喜盐草	den Hartog & Yang，1990
46	汕尾市海丰县	面积不详	矮大叶藻	den Hartog & Yang，1990
香港		4		
47	元朗区下白泥	4	贝克喜盐草	Fong，2000
48	其他分布点（荔枝窝、印洲塘、三椏涌、大潭湾、散头等）	面积不详	矮大叶藻、喜盐草、小喜盐草、贝克喜盐草	Fong，2000；Yip & Lai，2006
福建				
49	晋江市	面积不详	矮大叶藻	den Hartog &Yang，1990
50	厦门市	面积不详	矮大叶藻、贝克喜盐草	den Hartog & Yang，1990，（余健平，2013）
51	漳州市东山岛	面积不详	矮大叶藻	den Hartog & Yang，1990
台湾		820.7		
52	东沙岛	820	泰来藻、单脉二药藻、圆叶丝粉藻、齿叶丝粉藻、针叶藻、喜盐草、全楔草	柯智仁，2004；Lin et al.，2005
53	屏东市恒春半岛南湾	0.4	泰来藻，单脉二药藻	Lin & Shao，1998；Kuo & Lin，2010
54	屏东市恒春半岛大光	0.3	泰来藻	Lin & Shao，1998；Kuo & Lin，2010
55	澎湖列岛（分布于岐头、镇海、沙港、讲美等地）	面积不详	喜盐草、矮大叶藻、单脉二药藻	Yang et al.，2002 柯智仁，2004

续表

序号	海草场	面积/hm²	主要种类	文献来源
海南		8413.6		
56	绿岛	面积不详	泰来藻	同上
57	小琉球岛	面积不详	泰来藻、单脉二药藻	同上
58	金门岛（分布于浯江口、慈湖—南山等地）	面积不详	矮大叶藻	柯智仁，2004
59	台湾本岛其他海域（位于屏东市海口、后湾、万里桐，新竹市香山，台中市高美，嘉义市白水湖，台南市七股，台东市小港等地）	面积不详	矮大叶藻、贝克喜盐草、喜盐草、泰来藻、羽叶二药藻、单脉二药藻、毛叶喜盐草	Yang et al.，2002 柯智仁，2004
山东		289		
60	荣成市或天鹅湖（月湖）	191	大叶藻、矮大叶藻	刘炳舰，2012
61	荣成市桑沟湾（东楮岛）	60	大叶藻、丛生大叶藻、矮大叶藻、红纤维虾形藻	高亚平等，2010；郭栋等，2010
62	荣成市俚岛湾	30	大叶藻、丛生大叶藻、红纤维虾形藻、红纤维虾形藻	郭栋等，2010；
63	威海市区双岛湾	5	大叶藻、红纤维虾形藻	郑凤英等，2013
64	烟台市区担子岛、玉岱山	＜1	大叶藻、丛生大叶藻	江鑫等，2012；郑凤英等，2013
65	莱州市莱州湾	＜1	大叶藻	徐宗军等，2010；郑凤英等，2013
66	东营市垦利县	＜1	大叶藻	郭栋等，2010
67	青岛市区（汇泉湾、青岛湾等）	面积不详	大叶藻，矮大叶藻，丛生大叶藻，红纤维虾形藻，红纤维虾形藻	郭栋等，2010；刘炳舰，2012
68	其他分布点（分布于潍坊市的寿光，烟台市的龙口和长岛县，威海市的石岛与乳山，青岛市的崂山与胶南岛，以及日照市的石臼所等）	面积不详	大叶藻、矮大叶藻、丛生大叶藻、红纤维虾形藻	den Hartog & Yang，1990，张晓梅，2013
河北				
69	秦皇岛市北戴河	面积不详	大叶藻、丛生大叶藻、矮大叶藻	den Hartog & Yang，1990
70	唐山	面积不详	大叶藻	张海鹏等，2015
辽宁		100		
71	大连市长海县樟子岛、海洋岛	100	大叶藻、丛生大叶藻	郑凤英等，2013，杨贵福，2014
72	葫芦岛市兴城市	面积不详	大叶藻	den Hartog & Yang，1990
	合计	11546.5		

从我国海草的分布来看，除川蔓藻外，其他种类的海草有明显的南北分割（图 4-3）。属于温带北太平洋区域的主要分布在山东半岛，大连的獐子岛及环渤海的其他区域有零星分布，而属于西太-印度洋区域的主要在福建以南区域。中间的江苏、上海及浙江等区域并没有除川蔓藻以外的其他海草分布。究竟是什么原因导致这些海草的分布隔离，是需要下一步深入研究的课题。

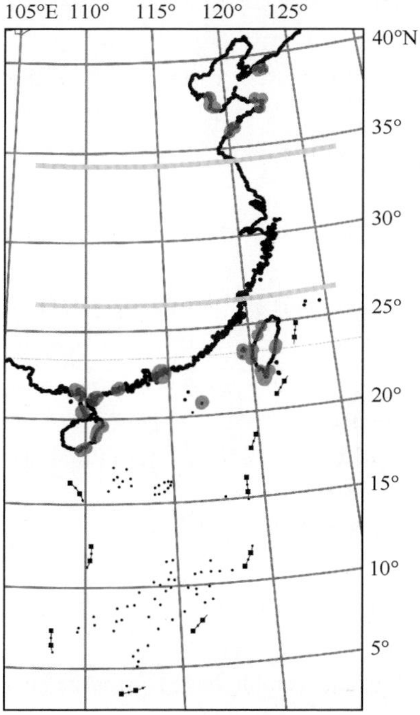

图 4-3　中国海草大致分布示意图

参 考 文 献

陈石泉，吴钟解，陈晓慧，等. 2015. 海南岛南部海草资源分布现状调查分析. 海洋学报，37(6)：106-113

范航清，邱广龙，石雅君，等. 2011. 中国亚热带海草生理生态学研究. 北京：科学出版社.

高亚平，方建光，张继红，等. 2010. 桑沟湾大叶藻有性繁殖特性的观察. 渔业科学进展，31(4)：53-58.

郭栋，张沛东，张秀梅，等. 2010. 山东近岸海域海草种类的初步调查研究. 海洋湖沼通报，(2)：17-21.

郭振仁，黄道建，黄正光，等. 2009. 海南椰林湾海草床调查及其演变研究. 海洋环境科学，28：706-709.

黄小平，黄良民，等. 2007. 中国南海海草研究. 广州：广东经济出版社.

黄小平，江志坚，张景平，等. 2010. 广东沿海新发现的海草床. 热带海洋学报，29（1），132-135.

江鑫，潘金华，韩厚伟，等. 2012. 底质与水深对大叶藻和丛生大叶藻分布的影响. 大连海洋大学学报，27（2）：101-104.

柯智仁. 2004. 台湾海草分类与分布之研究. 高雄：台湾中山大学硕士学位论文.

刘炳舰. 2012. 山东典型海湾大叶藻资源调查与生态恢复的基础研究. 青岛：中国科学院海洋研究所硕士学位论文.

王道儒，吴钟解，陈春华，等. 2012. 海南岛海草资源分布现状及存在威胁. 海洋环境科学，31：34-38.

吴钟解，陈石泉，王道儒，等. 2014. 海南岛东海岸海草床生态系统健康评价. 海洋科学，8：67-74.

熊卉，彭生，陈超，等. 2013. 湛江红树林国家级自然保护区海草床分布点新记录. 湿地科学与管理，9（2）：61-62

徐宗军，张绪良，张朝晖，等. 2010. 莱州湾南岸滨海湿地的生物多样性特征分析. 生态环境学报，19：367-372.

杨贵福. 2014. 獐子岛近海海草的群落特征和大叶藻营养动态分析. 大连：大连海洋大学硕士学位论文.

余健平. 2013. 濒临灭绝的海草——喜盐草惊现厦门大屿岛. http：//news.fjsen.com/2013-06/19/content_11689168.htm[2013-06-19].

张海鹏，许玉甫，高文彬，等. 2015. 大叶藻种子萌发与幼苗培育、种植方法的初步研究. 河北渔业，4：6-9.

张晓梅. 2013. 山东沿海矮大叶藻基础生物与生态恢复研究. 青岛：中国科学院海洋研究所硕士学位论文.

郑凤英，邱广龙，范航清，等. 2013. 中国海草的多样性、分布及保护. 生物多样性，21（5）：517-526.

Dai C F，Fan T Y. 1996. Coral fauna of Taiping Island（Itu Aba Island）in the Spratlys of the South China Sea. *Atoll Research Bulletin*，436：1-21.

den Hartog C，Yang Z D. 1990. A catalogue of the seagrasses of China. *Chinese Journal of Oceanology and Limnology*，8：74-91.

Fong T C W. 2000. Problems and prospects of seagrass conservation and management in Hong Kong and China// *Proceedings of the International Symposium on Protection and Management of Coastal Marine Ecosystems*，Bangkok，Thailand：250-254.

Kuo Y M，Lin H J. 2010. Dynamic factor analysis of long-term growth trends of the intertidal seagrass *Thalassia hemprichii* in southern Taiwan. *Estuarine，Coastal and Shelf Science*，86：225-236.

Lin H J，Hsieh L Y，Liu P J. 2005. Seagrasses of Tongsha Island，with descriptions of four new records to Taiwan. *Botanical Bulletin of Academia Sinica*，46：163-168.

Lin H J，Shao K T. 1998. Temporal changes in the abundance and growth of intertidal *Thalassia hemprichii* seagrass beds in southern Taiwan. *Botanical Bulletin of Academia Sinica*，39：191-198.

Short F，Carruthers T，Dennison W，Waycott M. 2007. Global seagrass distribution and diversity：A bioregional model. *Journal of Experimental Marine Biology and Ecology*，350：3-20.

Yang Y P，Fong S C，Liu H Y. 2002. Taxonomy and distribution of seagrasses in Taiwan. Taiwania，47：54-61.

Yip K L，Lai C C P. 2006. *Halophila minor*（Hydrocharitaceae）：A new record with taxonomic notes of the *Halophila* from the Hong Kong Special Administrative Region，China. *Acta Phytotaxonomica Sinica*（植物分类学报），44：457-463.

第五章　我国海草种类的区域分布

一、大叶藻

早期我国的大叶藻主要分布于辽宁的大连、兴城和绥中，河北的北戴河，山东的长岛、荣成、石岛、乳山、青岛等沿海水域。但近年来大叶藻分布区域急剧减少，目前分布见图 5-1 和表 5-1。

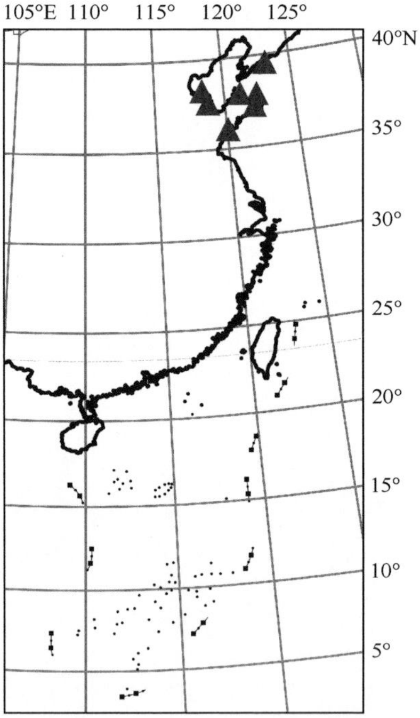

图 5-1　中国大叶藻海草大致分布示意图

表 5-1　中国大叶藻目前的分布区域

地区	具体分布区域	文献来源
山东	天鹅湖，青岛湾，汇泉湾，东营垦利县，东营广饶县，俚岛湾，东褚岛，双岛湾，小石岛，莱州湾，青岛石老人海水浴场	刘坤等，2012；郭栋等，2010；刘旭佳，2011
辽宁	獐子岛	杨贵福，2014

二、矮大叶藻

在我国矮大叶藻（日本大叶藻）分布在北方的山东、辽宁、河北和南方的福建、台湾、香港、广东和广西沿海（范航清等，2011）。同矮大叶藻在北美沿岸不断扩展生存领地相反，矮大叶藻在其根源地亚洲出现严重衰退。中国各省市矮大叶藻具体分布情况见图 5-2 和表 5-2，其中荣成市天鹅湖、广东上川岛、广西防城港珍珠湾以及香港荔枝窝矮大叶藻分布面积较大。

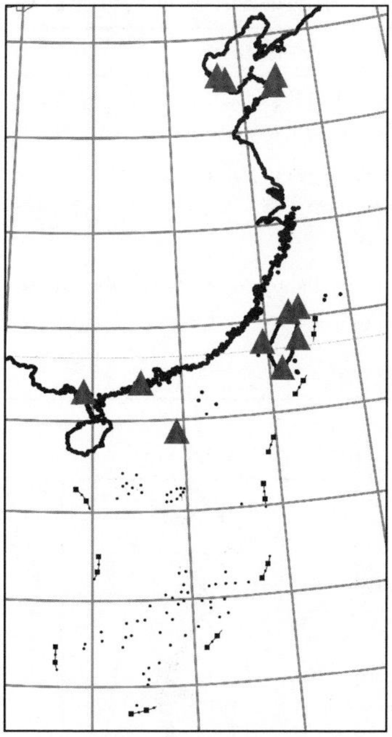

图 5-2　中国矮大叶藻海草大致分布示意图

表 5-2　矮大叶藻在我国的分布（张晓梅，2013）

地区	具体分布区域	文献来源
山东	荣成市天鹅湖，青岛汇泉湾等	张晓梅，2013
福建	晋江，厦门，东山岛	Hartog and Yang，1990
台湾	新竹香山，台中高美，屏东海口平台东侧，澎湖列岛（岐头，讲美，五德，清湾），金门（浯江口，慈湖-南山）	柯智仁，2004
香港	新界（荔枝窝，蛇口深圳湾，镇罗盘，北角湾，印洲塘三椏涌），大屿山（东涌）	Fong，2000
广东	汕头市，汕尾市海丰县，遮浪岛，江门台山市的上川岛和下川岛，阳江市海陵岛，湛江市硇洲岛、雷州半岛，徐闻县	Hartog and Yang，1990；黄小平等，2006；2010
广西	北海沙田沿海、市区附近；钦州湾，防城港珍珠湾	范航清等，2011

三、泰来藻

泰来藻属于多年生海水草本。主要产台湾、海南等省（表 5-3、图 5-3）。生于高潮带及中潮带的沙质海滩上（中国植物志）。幼嫩叶片及果实为海生动物喜食之物。

20 世纪 70 年代，泰来藻采集于南沙群岛和西沙群岛（马应良等，1979）。

表 5-3 中国泰来藻目前的分布区域

地区	具体分布区域	文献来源
海南	高隆湾，港东村，长圮港，宝峙村，冯家湾，青葛，龙湾，潭门，新村港，黎安港，后海湾，铁炉港，三亚湾	王道儒，2012
台湾本岛	屏东海口东侧，屏东海口西侧至岬角，屏东后湾，屏东万里桐，屏东后壁湖大光沙滩及平台，屏东南湾，屏东港口鼻，南寮渔港，杉福渔港旁平台，山猪沟	柯智仁，2004
东沙群岛	东沙岛东岸，东沙岛北岸，东沙岛南岸，东沙岛西岸，东沙岛潟湖	柯智仁，2004
西沙群岛	西沙群岛（未标明确切位置）	马应良等，1979；吴瑞，2013
南沙群岛	南沙群岛（未标明确切位置）	马应良等，1979；吴瑞，2013

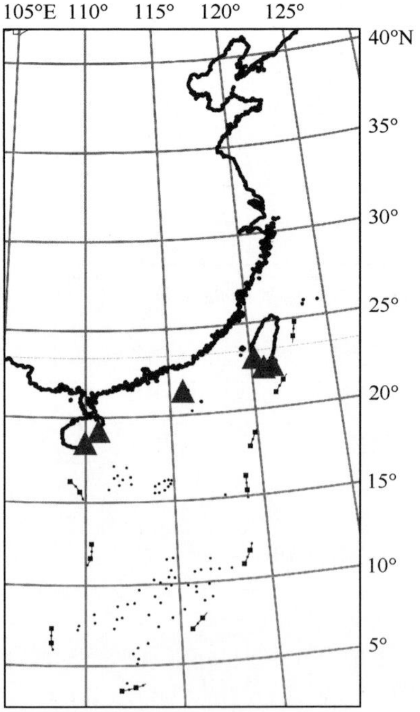

图 5-3 中国泰来藻大致分布示意图

四、海菖蒲

产海南。生于中潮线的沙滩上。广布西太平洋和印度洋沿海（表 5-4、图 5-4）。

表 5-4　中国海菖蒲目前的分布区域

地区	具体分布区域	文献来源
海南	高隆湾，港东村，长圮港，青葛，龙湾，新村港，黎安港，铁炉港	王道儒，2012

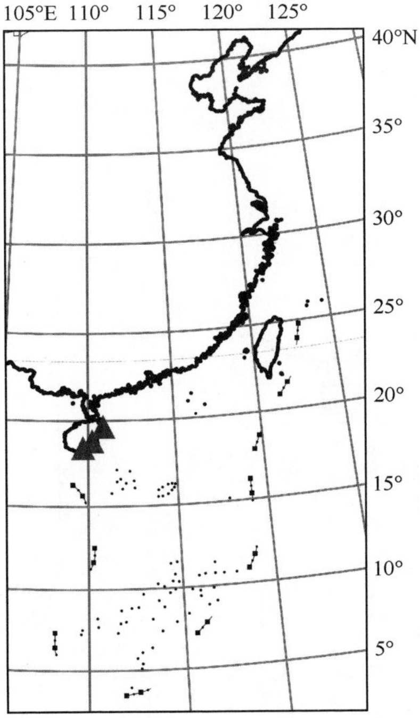

图 5-4　中国海菖蒲大致分布示意图

五、二药藻

本种系广生态幅的热带海滨种，为潮间带海生草甸的先锋植物，对基质及海水盐度的变化无严格选择，常见于河口湾和红树林下。国内产海南和台湾。生于浅海高潮与中潮带间的海滩。广布于热带浅海，从西太平洋到印度洋，沿东非延伸至红海的广阔水域（表 5-5、图 5-5）。

表 5-5　中国泰来藻目前的分布区域

地区	具体分布区域	文献来源
海南	高隆湾，长圮港，宝峙村，冯家湾，青葛，潭门，新村港	王道儒，2012
台湾本岛	屏东海口东侧，屏东海口西侧至岬角，屏东后湾，屏东后壁湖大光沙滩及平台，屏东南湾，屏东港口鼻，杉福渔港旁平台，山猪沟，镇海，沙港港东，北寮渔港，北寮奎壁山海岸，乌崁	柯智仁，2004
东沙群岛	东沙岛东岸，东沙岛北岸，东沙岛南岸，东沙岛西岸，东沙岛潟湖	柯智仁，2004
广东	流沙湾	黄小平，2010
广西	淡水口，榕根山榄脚下，英罗港口门外，山寮九合井底，北暮盐场五七工区-青龙沙	范航清，2007

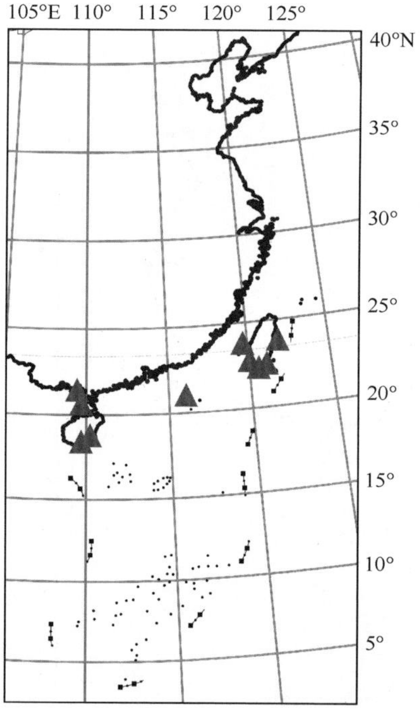

图 5-5　中国二药藻大致分布示意图

六、川蔓藻

川蔓藻（*Ruppia maritima* L.）是一种近乎全球分布的沉水植物，根据其生境、外部形态及作为重要水禽食物的功能。川蔓藻在我国的分布十分广泛（图 5-6、表 5-6），山东、河北、天津、辽宁沿海滩涂的水体中均可见到。我国南海的广东、广西、海南 3 省区，以及香港的主要海草场中也都分布有川蔓藻（颜素珠，1983）。当前全球报道的川蔓藻共有 6 个种类，在北美、欧洲、大洋洲等地都有分布（王卫红，2006）。

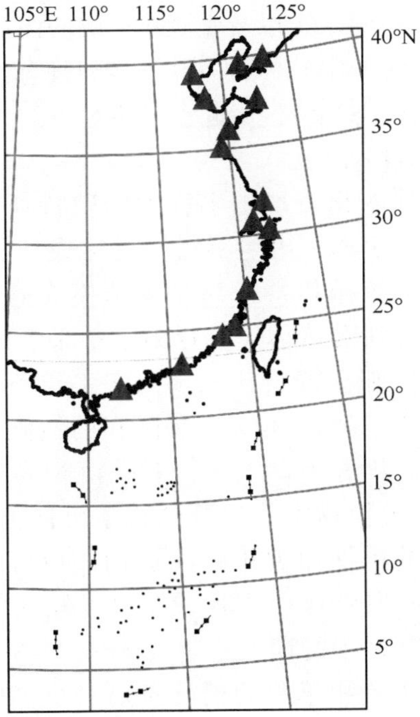

图 5-6　中国川蔓藻的分布示意图（资料来源：于硕，2010）

表 5-6　中国川蔓藻目前的分布区域

地区	具体分布区域	文献来源
辽宁	普兰店，旅顺	于硕，2010
天津	塘沽	于硕，2010
山东	东营，烟台，青岛	于硕，2010
江苏	连云港（板桥，台南，台北），盐城	于硕，2010
上海	崇明（A 湖，B 湖）	于硕，2010
浙江	慈溪，桃花岛，朱家尖，苍南	于硕，2010
福建	宁德，莆田，大嶝岛	于硕，2010
广东	汕头，茂名	于硕，2010
青海	青海湖	于硕，2010
宁夏	沙湖	于硕，2010
香港	西贡	香港渔农网

川蔓藻分布在北纬 69°至南纬 55°之间，海拔 3800m 以下的所有大陆和一些海岛，其生境主要是永久或临时被水淹没的中等盐度到高盐的海岸湿地，如河口，小海湾、潟湖、晒盐池、盐沼水沟以及受潮汐影响的河流；有的种类也生长在内陆淡水，高盐沼泽或湖泊湿地中。作为为数不多的具有世界分布的沉水植物，川蔓藻对维持河口海岸湿地生态系统健康起着举足轻重的作用（Kantrud，1991；王卫红，2006；邓培雁，2011）。

川蔓藻为适应环境的变化表现出多样的繁殖特征。为适应干旱及盐度的急剧增加以及其他的极端生境，川蔓藻往往进化成一年生，在短暂的生境中，其主要靠高的结实率增加繁殖机会，这种生殖模式的特征就是快速生长，提早成熟，分配较多的能量到繁殖体（或称为小核果、种子）上。湿地干旱时，几乎所有的川蔓藻生物量都在繁殖体上。而在生长条件良好的年份，通常繁殖体生物量占总生物量的 20%～30%。在温和的气候下，种子通常在水下或干燥的基底中休眠到下一年春天，大多分布在沉积物表层 5cm 内，有些甚至深达 25cm。研究表明在沉积物中，川蔓藻种子可保留 3 年以上仍具有活力。成熟的种子可通过漂浮的植株而被短距离运输，也可通过风浪作用进行较长距离运输，或通过水禽的取食作用进行长距离运输（Gerbeaux et al.，1986）。动物的取食会影响川蔓藻种子的萌发率。Agami 和 Waisel（1988）发现川蔓藻坚实的种子在通过罗非鱼和草鱼的消化管后有更高的萌发率。因此，川蔓藻的种子是易于存活和散布的，这为川蔓藻扩大分布范围提供了可能（邓培雁，2011）。

七、海神草

海神草（*Cymodocea rotundata*）属于海神草科（Cymodoceaceae）海神草属（*Cymodocea*），为典型的热带海草。在我国主要分布于台湾、广东徐闻以及海南的琼海、文昌、陵水和三亚（表 5-7、图 5-7）。从目前的调查资料分布来看，主要分布在海南省。

表 5-7　中国海神草目前的分布区域

地区	具体分布区域	文献来源
海南	宝峙村，青葛，龙湾，潭门，新村港，黎安港，后海湾，椰林湾	王道儒，2012；郭振仁，2009

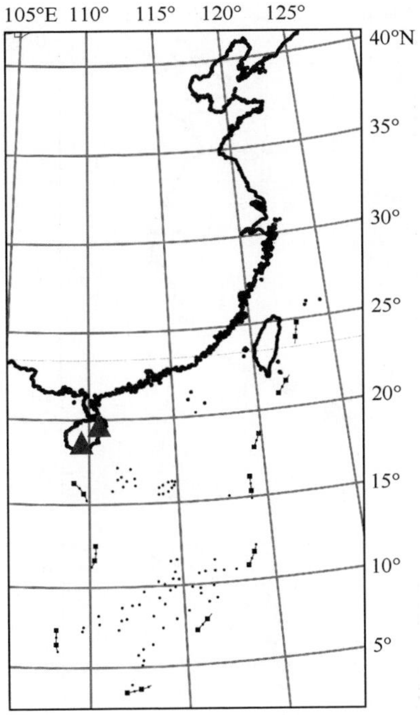

图 5-7　中国海神草的分布示意图

八、贝克喜盐草

贝克喜盐草属于喜盐草属，产台湾、海南以及广东的雷州半岛（表 5-8、图 5-8）。生于浅海中。分布于亚洲大陆东南沿海、东南亚、马来西亚、菲律宾等地区。

表 5-8　中国贝克喜盐草目前的分布区域

地区	具体分布区域	文献来源
海南	花场湾	王道儒，2012
台湾本岛	嘉义白水湖	柯智仁，2004
广东	湛江东海岛、珠海唐家湾、下川岛	黄小平，2010

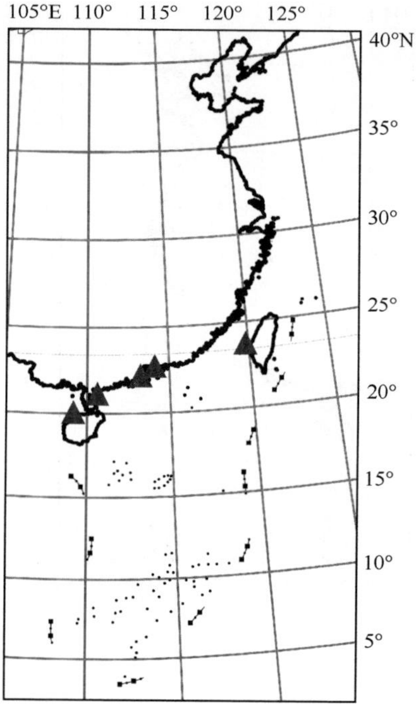

图 5-8　中国贝克喜盐草的分布示意图

九、齿叶海神草

齿叶海神草（*Cymodocea serrulata*）属于海神草科（Cymodoceaceae）海神草属（*Cymodocea*），为典型的热带性海草。早期在我国主要分布于台湾、海南的琼海和文昌（表 5-9、图 5-9）。目前的调查仅在海南的冯家湾和宝峙村有发现。

表 5-9　中国齿叶海神草目前的分布区域

地区	具体分布区域	文献来源
海南	冯家湾、宝峙村	王道儒，2012

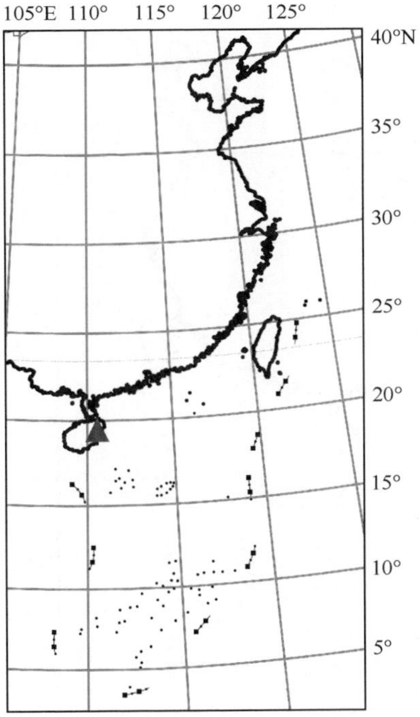

图 5-9　中国齿叶海神草的分布示意图

十、齿叶丝粉藻

没有找到与齿叶丝粉藻更多的相关内容，尤其是分布。据目前的资料显示，齿叶丝粉藻在东沙岛有分布（表 5-10、图 5-10）。

表 5-10　中国齿叶丝粉藻的目前分布区域

地区	具体分布区域	文献来源
东沙群岛	东沙岛东岸，东沙岛北岸，东沙岛南岸，东沙岛西岸	柯智仁，2004

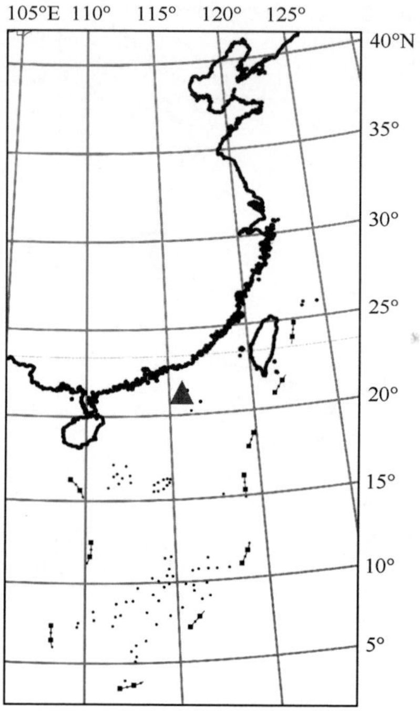

图 5-10　中国齿叶丝粉藻的分布示意图

十一、丛生大叶藻

丛生大叶藻主要分布于辽宁（大连）等地沿海（表 5-11、图 5-11）。国外分布于日本南海岸及朝鲜东海岸。

表 5-11　中国丛生大叶藻的目前分布区域

地区	具体分布区域	文献来源
辽宁	獐子岛	杨贵福，2014

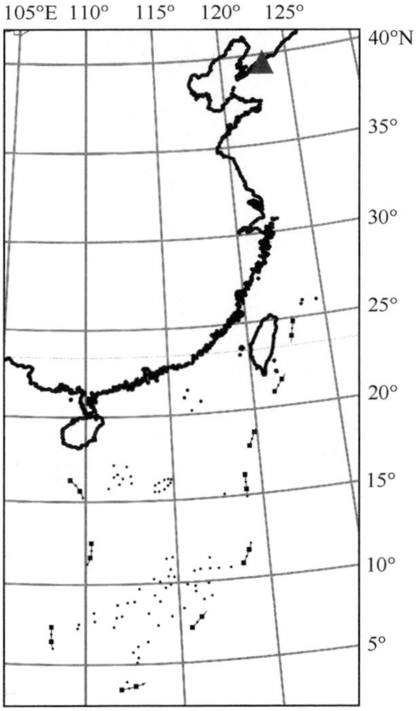

图 5-11　中国丛生大叶藻的分布示意图

十二、喜盐草

喜盐草属于喜盐草属，国内主要产自台湾、海南及广东雷州半岛（表 5-12a、图 5-12a）。亚洲地区分布于亚洲大陆东南沿海、马来西亚、菲律宾等地。世界范围内广布于红海至印度洋、西太平洋沿海。

表 5-12a　中国喜盐草目前的分布区域

地区	具体分布区域	文献来源
海南	宝峙村，冯家湾，新村港，黎安港，铁炉港，椰林湾	王道儒，2012
广西	定沙洲沙背，高沙头，淡水口，英罗港口门外，北暮盐场五七工区-青龙沙	范航清，2007
广东	阳江海陵岛，深圳湾，柘林湾，汕尾白沙湖，惠东考洲洋，大亚湾，雷州企水湾，流沙湾	黄小平，2010； 黄小平和黄良民，2007

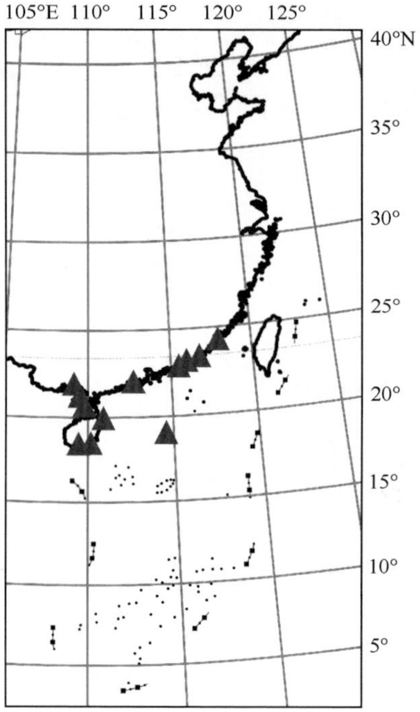

图 5-12a　中国喜盐草的分布示意图

因卵叶盐藻可能是喜盐草的不同称谓，本书将这两者放到一起。具体是否相同，还需考证（表 5-12b、图 5-12b）。

表 5-12b　中国卵叶盐藻目前的分布区域

地区	具体分布区域	文献来源
台湾本岛	嘉义布袋，台南七股，台东小港，屏东海口东侧，屏东后壁湖核电厂入水口，岐头，岐头水族馆，沙港庙前，讲美，雁晴屿，北寮渔港，乌崁，望安潭门渔港	柯智仁，2004
东沙岛	东沙岛东岸，东沙岛北岸，东沙岛南岸，东沙岛潟湖	柯智仁，2004

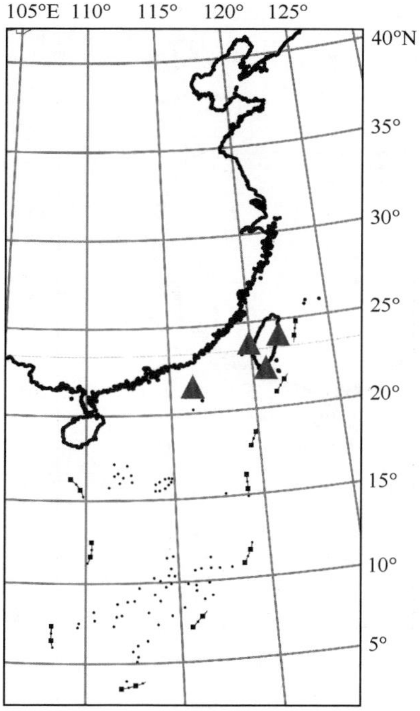

图 5-12b　中国卵叶盐藻的分布示意图

十三、黑纤维虾海藻

没有找到更多的与黑纤维虾海藻相关的内容。从目前的调查资料来看，主要分布于辽宁和山东（表 5-13、图 5-13）。

表 5-13　中国黑纤维虾海藻的目前分布区域

地区	具体分布区域	文献来源
辽宁	獐子岛	杨贵福，2014
山东	俚岛湾	郭栋等，2010

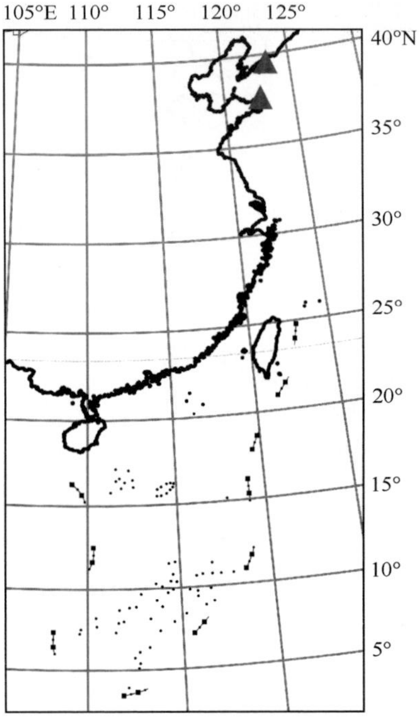

图 5-13　中国黑纤维虾海藻的分布示意图

十四、红纤维虾海藻

没有找到更多的与红纤维虾海藻相关的内容。从目前的调查资料来看，主要分布于辽宁和山东（表 5-14、图 5-14）。

表 5-14　中国红纤维虾海藻的目前分布区域

地区	具体分布区域	文献来源
山东	俚岛湾，青岛石老人海水浴场	郭栋等，2010；刘坤等，2012

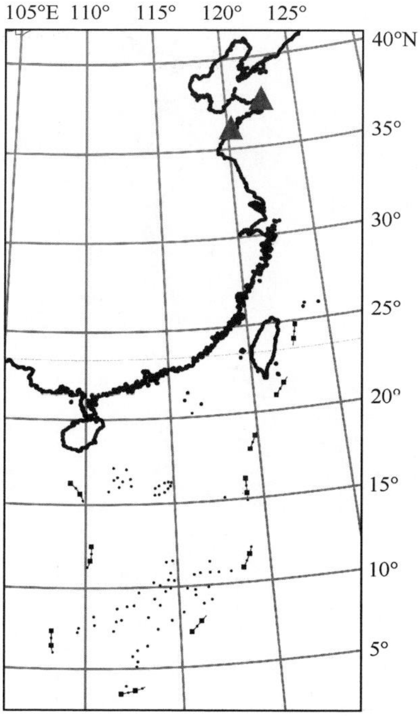

图 5-14　中国红纤维虾海藻的分布示意图

十五、具毛喜盐草

没有找到更多的与具毛喜盐草相关的内容。从目前的调查资料来看，主要分布于东沙岛（表 5-15、图 5-15）。

表 5-15　中国具毛喜盐草的目前分布区域

地区	具体分布区域	文献来源
台湾本岛	屏东后壁湖核电厂出水口，屏东后壁湖大光沙滩及平台	柯智仁，2004

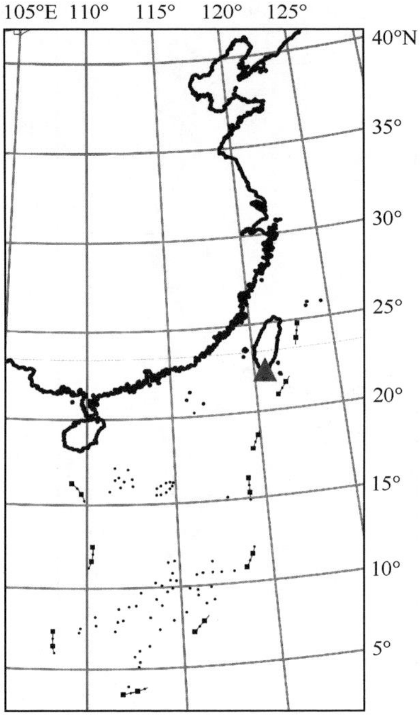

图 5-15　中国具毛喜盐草的分布示意图

十六、丝粉藻

丝粉藻（*Cymodocea rotundata* Aschers. et Schweinf.），产海南（三亚）。生于热带浅海低潮线，喜泥质海滩，多见于红树林下。主要分布于西太平洋热带海域、印度洋及红海各地。从目前调查数据来看，只在东沙岛有发现（表 5-16、图 5-16）。

表 5-16　中国丝粉藻的目前分布区域

地区	具体分布区域	文献来源
东沙岛	东沙岛东岸，东沙岛北岸，东沙岛南岸，东沙岛潟湖	柯智仁，2004

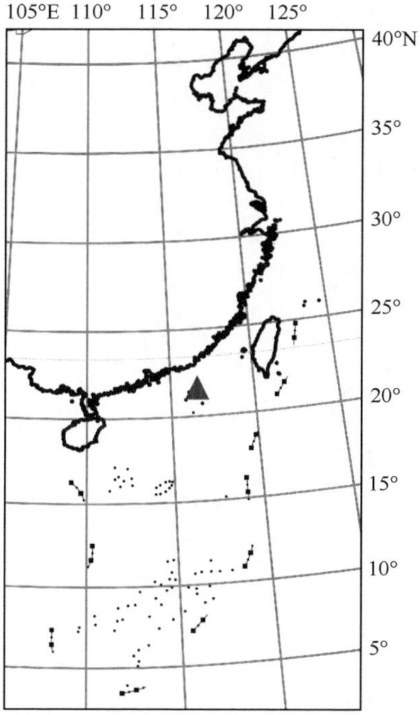

图 5-16　中国丝粉藻的分布示意图

十七、小喜盐草

本种与喜盐草[*Halophila ovalis*（R. Br.）Hook. f.]极为相似，且常混生于同一生境。区别在于二者植株大小相差明显；本种叶片小，横脉数目少，与中脉夹角通常在 70°～90°。产海南（表 5-17、图 5-17）。生于浅海滩上。亦见于西太平洋和印度洋。

表 5-17　中国小喜盐草目前的分布区域

地区	具体分布区域	文献来源
海南	长圮港，青葛，潭门	王道儒，2012

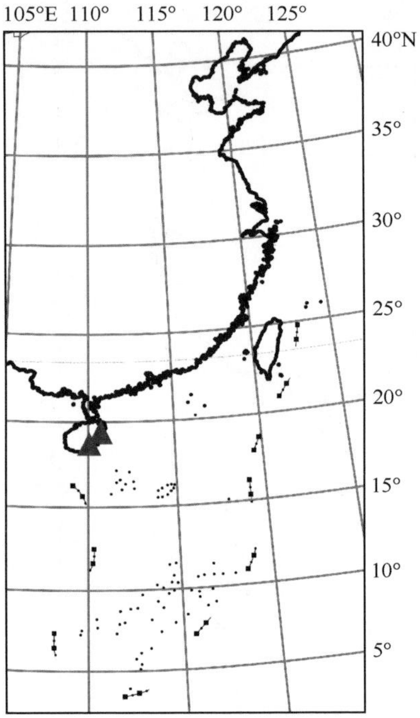

图 5-17　中国小喜盐草的分布示意图

十八、羽叶二药藻

羽叶二药藻产海南、台湾（表 5-18、图 5-18）。广布于西太平洋及其邻海，如琉球群岛、马来西亚、昆士兰、斐济、汤加及新喀里多尼亚等地。其生态学特点与二药藻（*Halodule uninervis*）相似，但该种与其他种相比竞争力较差。

表 5-18　中国羽叶二药藻目前的分布区域

地区	具体分布区域	文献来源
海南	花场湾	王道儒，2012
台湾	屏东海口东侧，屏东海口西侧至岬角	柯智仁，2004

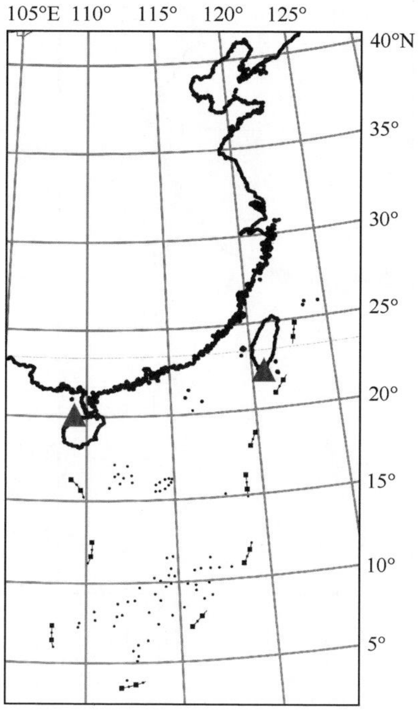

图 5-18　中国羽叶二药藻的分布示意图

十九、针叶藻

针叶藻产广东（硇洲岛），目前在海南和台湾均有发现（表 5-19、图 5-19）。喜生于低潮线以下的泥质海底，能耐短时间的出水。广布于西太平洋及印度洋的热带海域，从斯里兰卡、印度直至澳大利亚西部和斐济。

表 5-19　中国针叶藻目前的分布区域

地区	具体分布区域	文献来源
海南	宝峙村，潭门	王道儒，2012
台湾	东沙岛东岸，东沙岛北岸，东沙岛南岸	柯智仁，2004

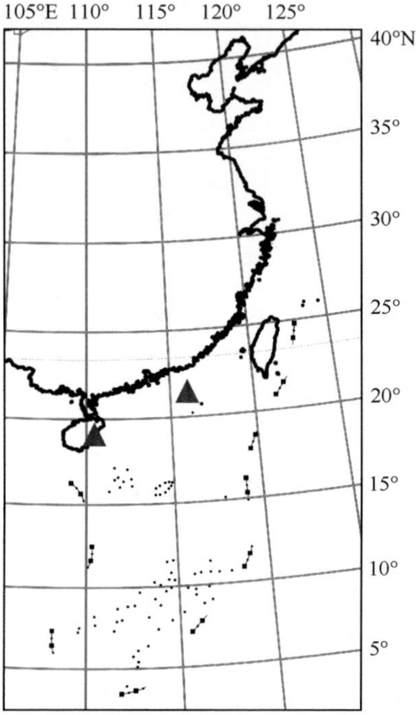

图 5-19　中国针叶藻的分布示意图

参 考 文 献

邓培雁，雷远达，曾宝强. 2011. 川蔓藻的重要生态服务功能评述. 生态经济，243 (9)：170-173.

范航清，邱广龙，石雅君，等. 2011. 中国亚热带海草生理生态学研究. 北京：科学出版社.

范航清，彭胜，石雅君，等. 2007. 广西北部湾沿海海草资源与研究状况. 广西科学，14 (3)：289-295.

郭栋，张沛东，张秀梅，等. 2010. 山东近岸海域海草种类的初步调查. 海洋湖沼通报，2：17-23.

郭振仁，黄道建，黄正光，等. 2009. 海南椰林湾海草床调查及其演变研究. 海洋环境科学，06：706-709.

黄小平，黄良民，李颖虹，等. 2006. 华南沿海主要海草床及其生境威胁. 科学通报，51 (II)：114-119.

黄小平，江志坚，张景平，等. 2010. 广东沿海新发现的海草床. 热带海洋学报，29 (1)：132-135.

黄小平，黄良民. 2007. 中国南海海草研究. 广州：广东经济出版社.

柯智仁. 2004. 台湾海草分类与分布之研究. 高雄：台湾中山大学硕士学位论文.

刘坤，刘福利，王飞久，等. 2012. 山东半岛大叶藻的抽样调查与鉴定. 渔业科学进展，33 (6)：99-105.

刘旭佳. 2011. 山东近岸海域大叶藻的生态学初步研究. 青岛：中国海洋大学硕士学位论文.

马应良. 1979. 珠江口海岸带及滩涂资源综合调查报告. 广州：广东省科学技术出版社.

王道儒，吴钟解，陈春华，等. 2012. 海南岛海草资源分布现状及存在威胁. 海洋环境科学，31 (1)：

35-38.
王卫红. 2006. 川蔓藻对滨海景观再生水河道水质富营养化的控制机制研究. 天津：天津大学硕士学位论文.
吴瑞，王道儒. 2013. 海南省海草床现状和生态系统修复与重建. 海洋开发与管理，6：69-73.
颜素珠. 1983. 中国水生植物图谱. 北京：科学出版社.
杨贵福. 2014. 獐子岛近海海草的群落特征和大叶藻营养动态分析. 大连：大连海洋大学硕士学位论文.
于硕. 2010. 中国川蔓藻 (Ruppia) 的分布及其影响因素. 上海：华东师范大学硕士学位论文.
张晓梅. 2013. 山东沿海矮大叶藻基础生物学与生态恢复研究. 青岛：中国科学院海洋研究所硕士学位论文.
Agami M，Waisel Y. 1988. The role of fish in distribution and germination of seeds of the Submerged macrophytes *Najas marina* L. and *Ruppia maritima* L. Oecologia，76：83-88.
Fong T C W，Lee S Y，Wu R S S. 1998. Seasonal cycle of growth and reproduction in the seagrass *Zostera japonica* in HongKong. *In*：Morton B (ed.). Proceedings of the Third International：118-137.
Gerbeaux P，Ward J. 1986. The disappearance of macrophytes and its importance in the management of shallow lakes in New Zealand. Proceedings of the 7th International Symposium on Aquatic Weeds，European Weed Research Society and Association of Applied Biologists：119-124.
Hartog D，Yang Z. 1990，A catalogue of the seagrasses of china. Chinese Journal of Oceanology and Limnology，8 (1)：74-91.
Kantrud H A. 1991. Wigeongrass (*Ruppia maritime* L.)：a literature review. US Fish and Wildlife Survey，Fish and Wildlife Research，(10)：58-59.

第三篇　海草场生态系统的结构与功能

第六章　海南省典型海草生态系统的结构

第一节　海南省海草床总体状况

海南省位于热带，光照充足、降雨充沛、生物多样性高。2005～2013 年的常规监测共发现 8 种海草，分别分布在高隆湾、龙湾港、新村港等 5 个海草床（表 6-1）。目前发现的海草床全部位于海南省东部沿海，分别属于文昌市、琼海市和陵水县（图 6-1）。

表 6-1　海南省海草种类分布

海草床位置	泰来藻	海菖蒲	海神草	喜盐草	小喜盐草	二药藻	羽叶二药藻	针叶藻
高隆湾	+	+	+	+		+	+	
龙湾港	+	+	+	+				
新村港	+	+	+	+	+	+	+	+
长玘港	+	+		+		+		+
黎安港	+	+	+	+				

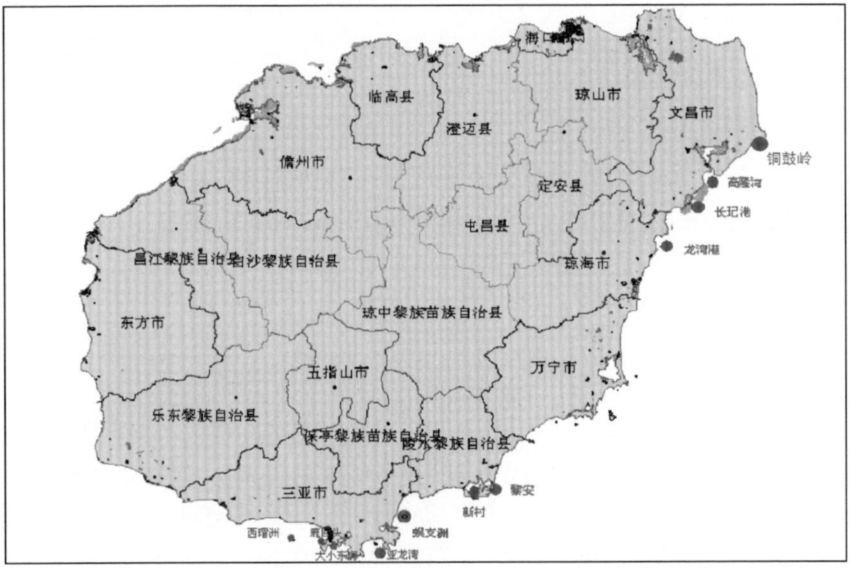

图 6-1　海南省东部海草床分布图

海南岛东海岸海草分布环境主要从海草分布的沿岸类型、海草分布的生态系统环境和海草分布的底质三大类型分析。其中沿岸类型有潟湖和海湾沿岸；生态系统环境类型主要有红树林和珊瑚礁；底质类型主要有 3 种，分别是淤泥、泥砂和珊瑚礁碎屑、贝壳屑、泥砂，见表 6-2。

表 6-2　海南岛东海岸不同环境调查到的海草种类

海草种类	沿岸类型		生态系统		底质类型		
	潟湖	海湾	红树林	珊瑚礁	淤泥	泥砂	珊瑚礁碎屑、贝壳屑、泥砂
针叶藻	+					+	
海菖蒲	+	+	+	+		+	+
泰来藻	+	+	+	+		+	+
喜盐草		+	+		+		
二药藻	+					+	

“+”代表各环境中海草种类

在沿岸类型中，潟湖中调查到的海草种类有针叶藻、二药藻、海菖蒲、泰来藻 4 种海草，而在海湾环境调查到的海草有海菖蒲、泰来藻、喜盐草（根）3 种海草。

生态系统环境中，红树林海岸本次调查到的种类有泰来藻、海菖蒲和喜盐草 3 种海草；珊瑚礁海岸调查到的海草种类有泰来藻和海菖蒲 2 种海草。

底质类型中，淤泥质底质类型中调查到海草种类为喜盐草（根）；泥砂质底质类型中调查到 4 种海草，分别是针叶藻、海菖蒲、泰来藻及二药藻；珊瑚礁碎屑、贝壳屑和泥砂底质类型中共调查到海菖蒲、泰来藻 2 种海草，见表 16-2。

长玘港位于海南省文昌市会文镇宝峙村，自然环境特殊、生物物种丰富、湾内有红树林、海藻、海草和珊瑚等并存。居民主要以捕鱼为业。

龙湾港位于琼海市长坡镇，是海南岛东部唯一的天然深水良港，陆域平坦、海面开阔、天然港池面积 387hm^2，港口自然水深 12～18m。

高隆湾位于文昌市清澜开发区境内，距文城镇约 15km，是清澜开发区的旅游胜地，先后建起高隆湾度假村、金融度假中心等多家宾馆。

新村港位于陵水县东南部，其东面与黎安港背腹相依，口门北起新村角、南石头村沙嘴，是一个完全被潮汐控制的天然潟湖湾，有四条主要的地表径流，海湾周围为海积阶地、残丘和沙堤所环绕，仅海湾西部有一窄口与新村港相连。全湾总面积 22.6km^2，其中海滩面积 10.1km^2，海湾东西长 5.5km、南北宽 4.5km，全湾海岸线总长 28.5km。湾口朝向西南，口门约 250m，南部有南湾半岛作天然屏障。新村港是国家及省重点渔港之一，港内海水养殖业发达，是海南省最早大规模开展海水养殖生产活动的海域之一，养殖的经济品种主要有异枝麒麟菜、石斑鱼、卵形鲳鲹、军曹鱼、马氏珠母贝等20多种。新村港还是海南省东南部海洋捕捞基地，港外为良好的底拖网、围网、灯光作业、钓业和流刺网作业渔场，一年四季均可作业，冬讯为旺讯。港内有渔船近500艘，因缺少统一规划，港内船舶停靠、养殖、占挤水面的密度、生活垃圾等污水污物排放比较混乱，致使海水对流不畅，水质下降，港内回填淤积严重，港内水面面积缩小，水深变浅。1994年、1998年该港港内曾发生过严重的赤潮。

黎安港是陵水县重要海水养殖基地。黎安港面积963hm^2，可利用面积558hm^2，长宽约3km，浮游生物丰富。多年来，港内进行麒麟菜养殖、珍珠养殖和网箱养鱼。其中麒麟菜养殖面积1000亩，珍珠养殖面积约2000亩，渔排（260个网箱）占用面积约10亩。周边虾塘约800亩。养殖废水及大量生活污水直接排入港内，是该港的营养盐来源。

第二节　泰来藻海草床

泰来藻 *Thalassia hemprichii* 在分类低位上属于水鳖科（Hydrocharitaceae）水鳖亚科泰来藻属。海南东岸泰来藻地面部分株高变化范围是4.02～16.16cm，平均株高9.78cm，在已发现的海草中属于中等个体大小。

从表10-1可以看出，泰来藻在五个海草床均有分布，并且根据2005～2010年的调查结果，泰来藻在高隆湾、新村港、黎安港这三处一直都是优势种。龙湾港和长玘港海草床发生了优势种的演替。2005～2007年，龙湾港孟菜园海域沿岸，以海昌蒲为优势种，间生泰来藻；2008年至今，泰来藻成为优势种。2005～2009年，长玘港海草床的优势种是泰来藻，其次是海菖蒲和海神草，2010年后，海菖蒲成为优势种，泰来藻只有零星分布，原因是2010年10月暴雨带来大量淡水汇入，泰来藻大面积死亡。因此，以高隆湾、新村港、黎安港海草床为重点介绍泰来藻海草床生态系统结构。

1. 泰来藻种群特征变化

从生物地理学角度，海南东部的泰来藻种群属于西太平洋区系和印度洋-太平洋区系的交界区域。从图6-2可以看出，泰来藻平均密度年际波动明显，泰来藻平均密度在2005～2010年缓慢下降，2011年起逐渐上升；平均盖度和平均株高呈现下降趋势。

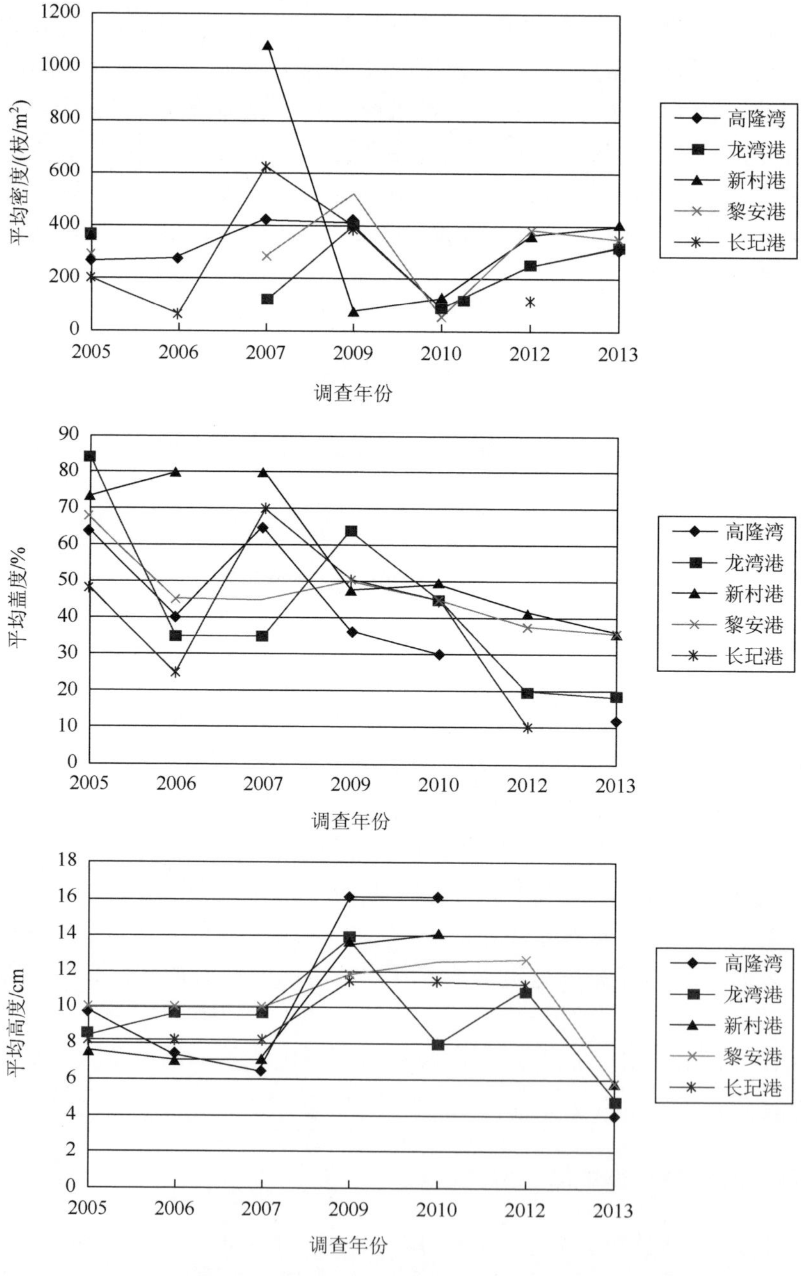

图 6-2　泰来藻平均密度、平均盖度和平均高度年际变化

根据 2005 年 4 月至 2006 年 1 月四个季节的调查结果（每个季节采样一次），新村港泰来藻平均密度为 884 株/m^2，最大和最小密度分别出现在秋季和春季（1456 株/m^2 和 480 株/m^2）。2007 年后，新村港泰来藻密度急剧下降，说明其受到了严重的干扰，到 2009 年密度达到最低值（76 株/m^2），之后缓慢恢复，但是直到 2013 年，泰来藻的密度也还未达到 2007 年时（1094 株/m^2）的一半水平。平均盖度和平均高度的变化情况和平均密度相似。图 6-2 再一次证明了海草一旦遭受破坏，其恢复将是一个长期过程。

2. 泰来藻生物量、生产力和固碳效率估算

根据许占洲等 2005 年 4 月至 2006 年 1 月四个季节的调查结果，新村港泰来藻生物量的变化范围是 284.3～409.6g DW/m^2，变化幅度达 125g DW/m^2。从春季到秋季，生物量逐渐增加。进入冬季后迅速下降，峰值出现在秋季，最低值出现在春季。根冠比是指海草的地下部分（根和地下茎）和地上部分（叶片、花和果实）的质量之比，根冠比主要受到三个因素影响：光照强度、沉积物中营养盐含量、沉积物厚度。新村港泰来藻冠比变化范围是 1.6～4.8，平均值为 2.9。根冠比在夏季最大、冬季最小，主要原因是当年夏季鱼类大量繁殖（以蓝子鱼为主），摄食了大部分的叶片生物量，其次是退潮露出水面的叶片往往被暴晒致枯死。

利用叶片标记法测定新村港泰来藻生产力为夏季 1.74gDW/（m^2·d）和冬季 2.30gDW/（m^2·d），按照泰来藻叶片含碳量（360mg/g）计算，泰来藻以初级生产力的方式对固碳效率的贡献是每年 265g C/m^2，远远高于每年 83g C/m^2 的全球海草平均固碳效率。

第三节　海菖蒲海草床

海菖蒲（*Enhalus acoroides*）属于水鳖科（Hydrocharitaceae）水鳖亚科海菖蒲属。海南东岸海菖蒲地面部分株高变化范围是 8.07～64.3cm，平均株高 33.64cm，在已发现的海草中属于最大个体。

海菖蒲种群特征变化：2005～2010 年，海菖蒲密度缓慢下降，2011 起逐渐上升；平均盖度和平均高度在 2005～2013 年总体下降。海菖蒲种群变化特征和泰来藻相吻合，说明在 2010 年采取保护海草床措施（如设立海草床特别保护区、禁止炸鱼毒鱼等）后，海草种群逐渐恢复，但是恢复前期主要是由地下部分长出新的茎枝（shoot）、海草个体的恢复还是缓慢的，这也部分解释了尽管海草平均密度明显回升，但是平均盖度和平均高度还在下降（图 6-3）。

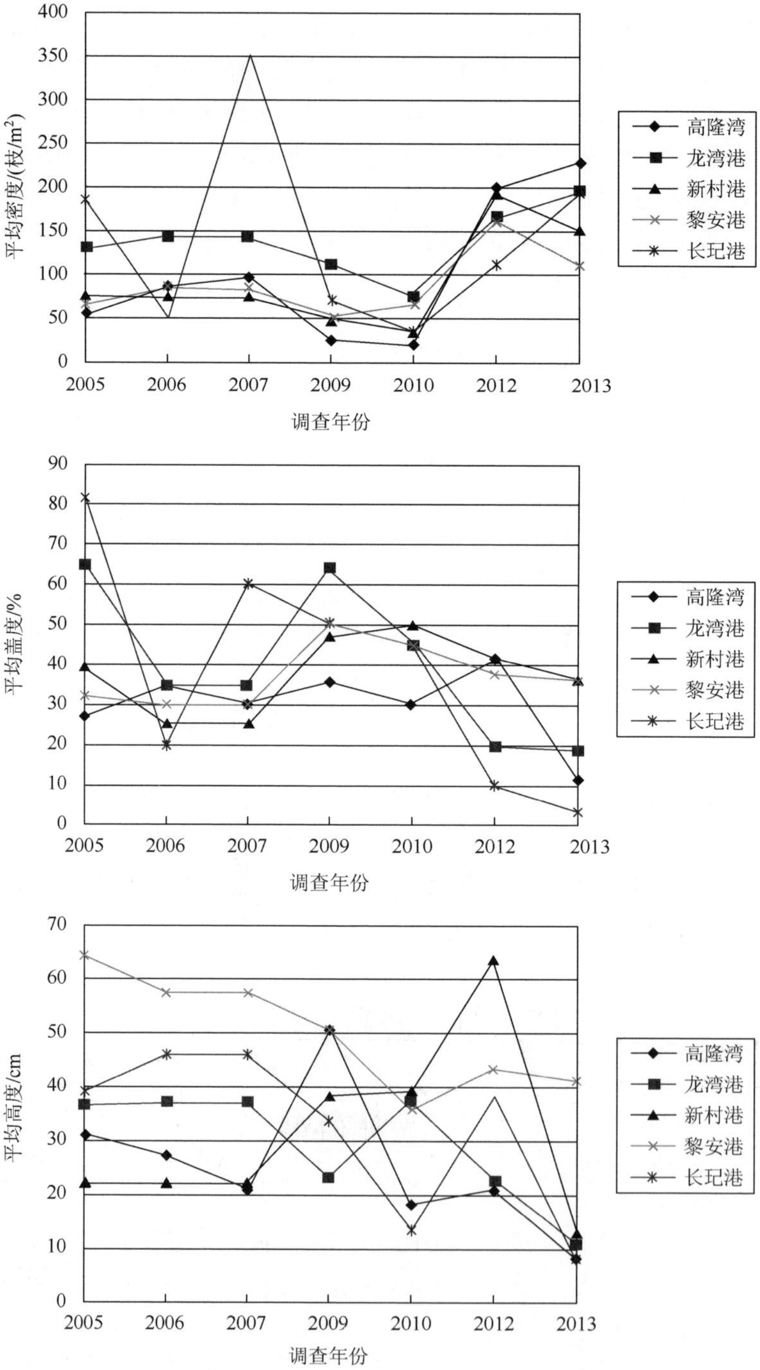

图 6-3　海菖蒲平均密度、平均盖度和平均高度年际变化

第四节 海草床大型底栖生物群落

1. 种类数量和组成

根据2013年调查结果，海南东海岸海草床共采获到大型底栖生物16科25种，其中新村海草床出现的大型底栖生物种类最多，有8科12种；其次为龙湾海草床，有5科10种；高隆湾海草床出现的大型底栖生物有3科6种；黎安海草床有4科4种；长圮港出现的大型底栖生物种类最少，只有2科2种。大型底栖生物种类组成如图6-4所示，其中多毛类3科3种，占总种类数的12%；软体动物9科19种，占总种类数的76%；甲壳类2科2种，占总种类数的8%；棘皮动物1科1种，占总种类数的4%（图6-4和表6-3）。

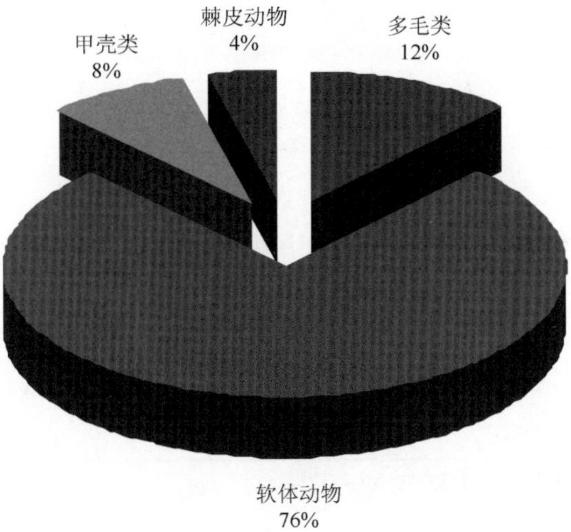

图6-4 2013年海南岛东海岸海草床大型底栖生物种类组成

表6-3 2013年海南省海草床生态监控区大型底栖生物

类群	科	种名	拉丁学名	高隆湾	龙湾港	长圮港	新村港	黎安港
多毛纲	海蛹科	角海蛹	*Ophelina acuminata*				+	
多毛纲	矶沙蚕科	岩虫	*Marphysa sanguinea*				+	
多毛纲	沙蚕科	周氏突齿沙蚕	*Leonnates jousseaumei*				+	
腹足纲	核螺科	杂色核螺	*Pyrene versicolor*					+
腹足纲	汇螺科	纵带滩栖螺	*Batillaria zonalis*	+				
腹足纲	蟹守螺科	特氏盾桑椹螺	*Clypeomorus trailli*	+	+	+		

续表

类群	科	种名	拉丁学名	高隆湾	龙湾港	长圮港	新村港	黎安港
腹足纲	蝾螺科	节蝾螺	*Turbo articulatus*		+			
双壳纲	蛤蜊科	西施舌	*Mactra antigulata*					+
双壳纲	蚶科	古蚶	*Anadara antiquata*		+			
双壳纲	帘蛤科	等边浅蛤	*Gomphina aequilatera*		+			
双壳纲	帘蛤科	菲律宾蛤仔	*Ruditapes philippinarum*				+	
双壳纲	帘蛤科	华丽美女蛤	*Circe tumefacta*	+			+	
双壳纲	帘蛤科	鳞杓拿蛤	*Anomalocardia squamosa*	+				
双壳纲	帘蛤科	歧脊加夫蛤	*Gafrarium divaricatum*		+			
双壳纲	帘蛤科	日本镜蛤	*Dosinorbis japonica*				+	
双壳纲	帘蛤科	梳纹加夫蛤	*Gafrarium pectinatum*	+	+		+	
双壳纲	帘蛤科	凸加夫蛤	*Gafrarium tumidum*	+	+			
双壳纲	帘蛤科	棕带仙女蛤	*Callista erycina*				+	
双壳纲	满月蛤科	密纹满月蛤	*Lucina dalli*		+			
双壳纲	贻贝科	凸壳肌蛤	*Musculus senhousia*				+	
双壳纲	樱蛤科	粗纹樱蛤	*Quidnipagus palatam*		+			
双壳纲	樱蛤科	环肋樱蛤	*Arcopagia remies*		+			
甲壳纲	梭子蟹科	底栖短桨蟹	*Thalamita prymna*				+	+
甲壳纲	藤壶科	纹藤壶	*Balanus amphitrite*			+	+	+
海星纲	砂海星科	砂海星	*Luidia quinaria*				+	

“+”代表各海草床生态监控区出现的底栖生物种类

2. 生物量和栖息密度

海草床大型底栖生物的生物量和栖息密度的调查结果见表 6-4。大型底栖生物的生物量幅度为 1.44～812.3g/m^2，平均生物量为 253.89g/m^2。其中龙湾港的生物量最高，为 812.3g/m^2；其次为高隆湾、新村港和黎安港，生物量分别为 159.93g/m^2、162.59g/m^2 和 133.2g/m^2；长圮港的大型底栖生物生物量最低，为 1.44g/m^2。

大型底栖生物的栖息密度幅度为 16～57ind/m^2，平均栖息密度为 45.57ind/m^2。其中龙湾港的栖息密度最高，为 57ind/m^2；其次为高隆湾、新村港和黎安港，栖息密度分别为 51ind/m^2、56ind/m^2 和 48ind/m^2；长圮港的底栖生物栖息密度较低，为 16ind/m^2。

表 6-4　海草床大型底栖生物的生物量及栖息密度

项目	高隆湾	龙湾港	长圮港	新村港	黎安港	平均值
生物量/（g/m^2）	159.93	812.3	1.44	162.59	133.2	253.89
密度/（ind/m^2）	51	57	16	56	48	45.57

3. 大型底栖生物的主要优势种

通过种类优势度的计算，各海草床生态监控区大型底栖生物优势度＞0.02 的见表 6-5。

表 6-5　海草床生态监控区大型底栖生物优势种

海草床名称	优势种
高隆湾	凸加夫蛤（*Gafrarium tumidum*）、梳纹加夫蛤（*Gafrarium pectinatum*）、特氏盾桑椹螺（*Clypeomorus trailli*）
龙湾港	梳纹加夫蛤（*Gafrarium pectinatum*）、凸加夫蛤（*Gafrarium tumidum*）、粗纹樱蛤（*Quidnipagus palatam*）、环肋弧樱蛤（*Arcopagia remies*）
长圮港	纹藤壶（*Balanus amphitrite*）、特氏盾桑椹螺（*Clypeomorus trailli*）
新村港	周氏凸齿沙蚕（*Leonnates jousseaumei*）、凸壳肌蛤（*Musculus senhousia*）、纹藤壶（*Balanus amphitrite*）
黎安港	杂色核螺（*Pyrene versicolor*）

4. 大型底栖生物的多样性指数和均匀度

海草床大型底栖生物的生物多样性指数如表 6-6 所示，除长圮港只采集到一种大型底栖生物外，其他监控区海草床大型底栖生物多样性指数幅度为 0.96～1.86，平均为 1.37。其中新村海草床大型底栖生物的生物多样性指数最高，为 1.86，其次为高隆湾和龙湾港，生物多样性指数均为 1.32，黎安港生物多样性指数最低，为 0.96。

表 6-6　各海草床大型底栖生物的多样性指数和均匀度

项目	高隆湾	龙湾港	长圮港	新村港	黎安港	平均值
物种多样性	1.32	1.32	—	1.86	0.96	1.37
均匀度	0.84	0.88	—	0.93	0.96	0.90

海草床大型底栖生物的均匀度指数如表 6-6 所示，除长圮港只采集到一种大型底栖生物外，其他监控区海草床大型底栖生物均匀度幅度为 0.84～0.96，平均为 0.90。其中黎安港的均匀度最高，为 0.96；其次为新村港，均匀度为 0.93；高隆湾和龙湾港均匀度指数分别为 0.84 和 0.88。

第七章　海草床中的附生生物及影响因素

海草叶片上可以为很多生物提供附着而生存下来。这些附着在海草叶片上的生物包括：藻类、细菌、真菌、海绵、苔藓虫、海鞘、原生动物、水螅、头足类和双壳类等（图 7-1），其中海草叶片表面的附生藻类（Epiphytes）主要由一些微型藻类组成，占优势的种类有硅藻、红藻、褐藻、绿藻及蓝藻（Ballantine and Humm，1975；Sullivan，1979；Thursby and Davis，1984）等组成。

图 7-1　海南新村港海草上的附生生物

附生藻类群聚为水域重要基础生产者之一，且其单位面积年初级生产量占浅水水域初级量的 80%以上（Hansson，1992）。已有研究结果显示，附生藻类对海草生态系统可贡献 30%以上的生产力。在美国佛罗里达地区，附生藻类群聚能分别提供针叶藻、龟裂泰来藻与二药藻初级生产量的 62%、50%和 44%。新几内亚地区，生长在泰来藻上的附生藻类也能贡献总初级生产量的 19%～37%（Hei，1984；郑惠元，2012）。

Moncreiff 和 Sullivan（2001）在墨西哥湾北部海草床的研究证实，消费者的主要有机碳源为海草附生藻类，而海草对次级生产的贡献十分有限。Yamamuro

（1999）的研究表明，海草床中异养生物的主要食物源是附生蓝藻。Klumpp 等（1989）估算附生藻类为海草床中牧食消费者提供的有机碳比海草至少多 10 倍。

值得注意的是，附生藻类及海草的生产力水平分别占海草生态系统初级生产力水平的比例一般具有季节变化。例如，在日本 Akkeshiko 河口，春季和春夏之交，大叶藻 *Zostera marina* 最大的初级生产力为每天 2.89g C/m^2，此时附生藻类的生物量和初级生产力较低，8 月附生藻类最大的初级生产力可达每天 5.21g C/m^2，大叶藻的生物量和初级生产力均下降，主要初级生产者在一年之间有从春季和早夏的大叶藻到夏季和秋季的附生藻类的变化过程（Hasegawa et al.，2007；张景平，2011）。

附生藻类的生长对海草有利有弊。有利的一面：深水区能减缓水流速度，潮间带能防止暴露时的干燥；死亡后腐化分解可为大叶藻提供部分营养来源；阻挡紫外线；作为食草动物的直接食物来源，从而保护大叶藻叶片。不利的一面：主要体现在生长限制因子的竞争关系上，如在光照强度上藻类的需求量低于海草（藻类的补偿光照强度比海草低），无机碳源上藻类的有效利用率更好，这都使得海藻具有较高的竞争优势。因此，在研究大叶藻的退化和修复时，附生藻类的影响不容忽视（张景平，2011）。

附生藻类也是海草生态系统中碳流动的主要载体。在海草生态系统中，很多动物以海草上面的附生藻类为食物，附生藻类中的碳随着这些动物的捕食、消化、分解、沉降等过程而进行流动。附生藻类纤维性碳含量要比海草低，由于其“松嫩、可口”，深受很多食草动物的喜爱，避免了海草叶片直接被食用。Jernakoff 等（1997）对食草动物-附生藻类的相互作用进行了详细的调查发现，海草生态系统中有较多的无脊椎和脊椎食草动物以附生藻类为食。据估计，高达 40%附生藻类被食草动物摄食。因此，附生藻类也对碎屑食物网和碳循环做出重要贡献。

下面就国内典型海草分布区海草附生生物进行摘录。

（一）山东海草中的附生生物

1. 山东姜戈庄附生藻类（杨宗岱，1984）

1984 年，杨宗岱对姜戈庄的海草进行研究，发现出现在姜戈庄虾海藻场的附生藻类有 70 种，其中红藻 45 种，占种类总数的 64%；绿藻 7 种，占种类总数的 10%；褐藻 18 种，占种类总数的 26%。典型的附生藻类是一些壳状的石灰藻，如海韭异皮藻、间胞片壳藻、端胞片壳藻、中间石枝藻、太平洋石枝藻等。另一类附生藻类是一些较小型的褐藻、红藻和绿藻，除海草外它们也能附生在一些大型藻体上，甚至无生命基质上。这类藻类有水云、仙菜、黑顶藻、多管藻、聚果藻、褐毛藻、菜花藻、日本仙菜等。

大叶藻场的附生藻类较少，因为在泥、沙底质的大叶藻场里，除去海草叶片之外别无其他适于藻类固着的基层。典型的附着藻类是壳状的间胞片壳藻，以及一些小型的藻类，如黑顶藻、聚果藻、褐毛藻、仙菜、多管藻、浒苔、刚毛藻等。张哥庄大叶藻场的底质情况较为复杂，在泥沙滩上有许多碎石块，因此，藻类的种数有所增加，常见的有龙须菜、江蓠、红翎菜、鸭毛藻、扁浒苔和孔石药等。

2. 青岛栈桥、威海双岛湾及荣成月湖的附生生物

聂猛等（2014）在 2012 年 3 月、6 月、9 月、12 月对青岛栈桥、威海双岛湾及荣成月湖三个典型海域大叶藻草场的附生大型藻类和微型藻类进行调查。其中大型藻类共鉴定 17 种，隶属 3 门 14 属，其中红藻门 4 属 5 种、褐藻门 4 属 4 种和绿藻门 6 属 8 种；微型硅藻类共鉴定硅藻 7 属，其中优势度较高的有卵形藻属 *Cocconeis* sp.、舟形藻属 *Navicula* sp.、楔形藻属 *Licmophora* sp.、拟菱形藻属 *Nitzschiella* sp.。

在附生藻类的季节变化方面，三海域附生藻类种数最大值出现在春季的栈桥和月湖（均为 7 种），最小值出现在秋季和冬季的月湖（均为 1 种）；三海域附生藻类生物量最高值均出现在春季。而附生微藻三海域季节和地区间附生硅藻种类数差异均不显著。

在附生硅藻的分布部位差异性方面，大叶藻不同类型叶片上附生硅藻数量大多差异显著，硅藻数量分布趋势为老叶＞成熟叶＞嫩叶。不同类型叶片上附生硅藻数量时空差异不显著。其中最高值出现在春季月湖老叶上的硅藻。舟形藻和卵形藻是三地、四季共有优势种（栈桥冬季除外）；海草叶片萌出的早晚对附生硅藻的群落结构特征有着重要影响。

3. 桑沟湾海草附生生物

高亚平等（2010）对山东桑沟湾楮岛大叶藻附生生物进行了研究，共记录大叶藻附着生物 29 种。附着的主要种类有盾卵形藻（*Cocconeis scutellum*）及其小型变种（*Cscutellum* var. *pava*）、褐毛藻（*Halothrix lumbricalis*）、点叶藻（*Punctaria latifolia*）、锈凹螺（*Chlorostoma rustica*）、*Australaba* sp.、脆螺（*Stenotis* sp.）。在硅藻方面，发现硅藻有 10 种，主要是卵形藻、舟形藻和楔形藻。在春季，大叶藻上的附着硅藻类有 9 种，大型海藻类 7 种，动物类 8 种。其中，褐藻类为主要附着生物，附着高峰出现在 4 月份。夏季，附着的大型海藻种类明显减少，仅出现 4 种，而动物类有 6 种，硅藻类 8 种。其中，腹足类为夏季附着优势种。硅藻附着高峰出现在秋季，此时的附着动物类减少至 4 种。大型藻类种数与夏季持平，但附着的生物量较小。冬季未发现附着的大型海藻及动物，仅有微藻类的硅藻附着。

（二）台湾海草生态系统中的附生生物

1. 东沙海草叶片附生藻类

郑惠元等（2012）对东沙岛海草进行调查时发现，在东沙岛海域，5 种不同海草种类上呈现明显差异。生长在泰来藻 *Thalassia hemprichii*、锯齿叶水丝草（*Cymodocea serrulata*）及针叶藻（*Syringodium isoetifolium*）海草叶片上的附生藻类明显不同。相关分析结果显示，附生藻类生物量与 pH、温度等环境因子呈现明显的负相关，此外不同海草种类也会影响附生藻类的生物量，推测可能为叶面特性不同所致。2009 年 12 月至 2010 年 10 月调查结果显示，附生生物呈现冬高夏低的趋势；在区域分布方面，在东沙岛水浅的西岸与小潟湖内部和外部的生物量相对较低；而在水深相对较深的区域，附生生物生物量相对稳定。北岸的锯齿水丝草的附生生物量明显高于圆叶水丝草的附生生物量，西岸的明显低于圆叶水丝草，各个样区的泰来藻上的附生生物明显的少，可能是泰来藻的叶子比较光滑的原因。附生藻类的物种数在北岸、南岸与西岸也有明显的差别。经过归一化处理后发现，在南岸和北岸的针叶藻上的附生生物明显高于其他海草；南岸和小潟湖内外部的单脉二药草上的附生藻类也显著高于其他海域。这些差异可能与海草叶片的年龄、基质表面积以及边缘效应等有关（郑惠元，2012）（图 7-2 和图 7-3）。

图 7-2　东沙海草

(a)

(b)

图 7-3　东沙海草床中的螺（a）及海绵（b）等生物

2. 垦丁海域泰来藻叶片上附生藻类

在垦丁海域，海草有较大区域的分布，有些区域受到人类活动的影响较大，有些区域受到人类活动相对较小。在研究垦丁海口、大光、南湾和万里桐等区域海草叶片上的附生藻类发现，各点的海草生物量大于附生藻类的生物量，其中以南湾污水排放点和万里桐的附生藻类产量最高。从季节变化来看，冬季相对较低。从附生藻类的初级生产力贡献来看，垦丁区域的泰来藻上的附生藻类贡献约 6%的初级生产力。从附生藻类的组成来看，有明显的季节性差异，各个季节的附生藻类的优势种分别为：冬季栖状褐茸藻（*Hincksia mitchelliae*），春季为纵胞藻（*Centroceras clavulatum*），夏季为钙化藻（*Coralline algae*）和软丝藻（*Ulothrix flaccida*），秋季其则为软丝藻（*Ulothrix flaccida*）和肠浒苔（*Enteromorpha intestinalis*）为优势物种（苏姵瑜，2012）。

近年来，认为污水排放使垦丁沿岸海草床生长过多的附生藻，呈现沿岸水体富营养化的情形。在夏天采用微溶氧电极检测海草光合作用时发现，添加营养盐中的氮元素后，海草光合作用增加 39%；而添加磷后光合作用增加不明显。结果说明，虽然海岸水体富营养化，但还处于营养化的初期阶段。垦丁游客最多时间是夏天，同时也是营养盐输入最多的时间。由于附生藻类对营养盐较为敏感，可以作为营养盐输入的指标之一（苏姵瑜，2012）。

（三）海南新村港海草生态系统中的附着藻类

海菖蒲叶单位面积附着藻类生物量为 0.14～6.67mg/cm^2，全年的平均值为 1.06mg/cm^2。在冬季，海菖蒲叶单位面积附着藻类生物量出现了大幅增长的现象，其均值达到了 3.07mg/cm^2，分别是春、夏、秋 3 个季度均值的 9.59、8.08 和 6.40

倍（黄道建，2007）。

叶单位面积附着藻类生物量，在 4 个季度中均显示出了显著的空间差异性（$P<0.001$）。本次研究发现，海菖蒲叶附着藻类生物量的变化趋势，与前面分析的茎枝生物量、茎枝叶数及叶特征的分布趋势相反，在春、夏、秋 3 个季节，海菖蒲叶单位面积附着藻类的生物量，有由网箱养殖区向对照区显著减少的趋势（$P<0.001$）（图 7-4）。

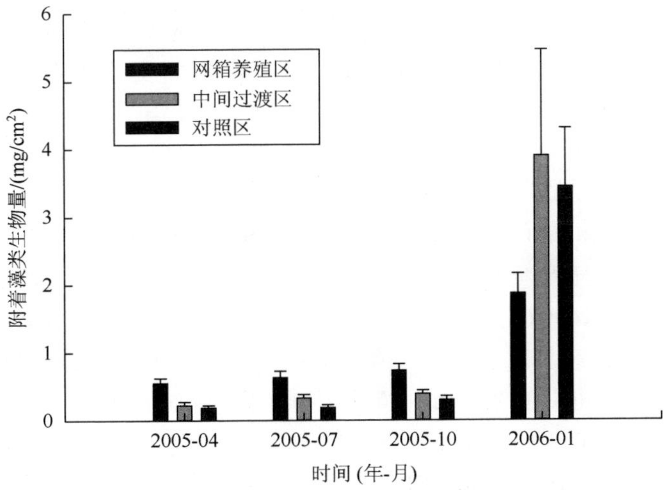

图 7-4 不同样区 4 个季度海菖蒲叶单位面积附着藻类

网箱养殖区海菖蒲叶单位面积附着藻类生物量，明显比中间过渡区和对照区小。冬季海菖蒲叶单位面积附着藻类生物量大幅增长的原因，主要与该时段水温较适中，且中间过渡区和对照区水流较为缓和，水深明显较网箱养殖区要浅有关，这些因素均有利于诸如石莼、石花菜和颤藻等大型藻类的繁殖，大型藻类的大量繁殖，直接导致了部分大型藻类附着于海菖蒲叶子上生长，致使了海菖蒲叶单位面积附着藻类生物量的直接增加。

（四）海草床附生藻类的影响因素

1. 海草更替

海草新生叶片与不同年龄的叶片相比，随叶片经历时间的长短，在新生叶可见初期拓殖者如细菌与矽藻，经过交互作用形成的生物膜能改变微地形与叶表微区域的化学性质，可能有利于其他生物的固着，随着叶片成熟则渐渐可见演替后期出现的物种。通常细菌与矽藻拓殖后，接下来为其他藻类、水螅与苔藓虫等。因水体搅动较大，叶缘与叶片末梢为藻类的繁殖体较易接触的位置，因此附生藻类的新拓殖大多从叶缘且靠近叶末梢开始。由于带状海草单一叶片即可区分为新生与老熟部位，在叶片上的不同物种组成，也可视为不同演替时期。此变化并非是季节波动造成的，而是族群建构经历的不同时期（郑惠元，2011）。

2. 季节更替影响

海草上的附生生物呈现明显的季节变化。光是影响附生藻类分布和数量的一个重要因子。从纵向分布上看，海草叶片上的附生藻类普遍为由顶向底减少的分布模式与可利用光能有着密切关系，由于海草篷盖（canopy）的遮挡和水深的增加，叶片底端的可利用光强度小于叶尖处，因此叶片顶端往往有更密集的藻类分布。从叶片两面的光强分析，*Posidonia sinuosa* 向光的一面附生藻类比背光的一面密集（Trautman and Borowitzka，1999）。从较大尺度层面分析，海草植株的海草床中的位置差异，其表面可利用光数量不同，从而附生藻类的数量亦显示出向光性（Johnson et al.，2005）。Carruthers 和 Walker（1997）发现根枝草属（*Amphibolis*）海草床中附生藻类生物量在海草篷盖较稀疏处明显大于海草篷盖密集处。上述研究结果表明，可利用光的数量对附生藻类生物量有很大的制约性（张景平，2011）。

温度特别是与可利用光能的相互结合很大程度上影响着附生藻类的生长。目前并未发现有专门针对温度如何影响海草附生藻类的报道，但根据已有的研究（主要是季节性调查）间接表明，随着可利用光和温度上升，附生藻类生物量有所增加（Alcoverro et al.，1997；Lepoint et al.，1999；张景平，2011）。

3. 流场影响

水流是影响附生生物固着在海草上的重要因素之一。一般认为低流速下有利于海草捕获藻类的繁殖体；而从小尺度的湍流看，较为强烈的水体湍流，藻类的繁殖体有更多的机会接触叶片表面，从而实现成功附着，这可能是海草叶片边缘往往有更多的数量分布的原因之一（Trautman and Borowitzka，1999）。水流较小的区域，软体动物数量也相对较多，因为捕食关系而导致附着生物数量较小（Pollard，1993）。如 Schanz 等（2002）原位观测到附生藻类的生物量与水流速度有显著的相关关系，他发现暴露在水流下，附生藻类的主要摄食者 *Hydrobia ulvae*（钉螺科的一种）数量明显下降，附生藻类生物量达到最高。

水流速度可能直接影响附生藻类对营养盐的吸收率，Cornelisen 等（2004）在原位观测中发现，龟裂泰来藻的附生藻类对氨氮的摄取效率随着流速的增加而上升，这可能是水流增加加快了沉积物中营养物质的释放，从而使水体中可利用营养物质的量有所增加。流速增加可能加速水体中气体的交换，CO_2 的供给受限的情况有所缓和（张景平，2011）。

参 考 文 献

高亚平，方建光，张继红，等. 2010. 桑沟湾大叶藻附着生物的季节变化. 渔业科学进展，31 (4)：59-64.

黄道建. 2007. 海南新村湾海菖蒲生态特征及其对营养负荷的响应. 广州：中国科学院南海海洋研究所硕士学位论文.

聂猛. 2014. 山东半岛典型海域大叶藻 (*Zostera marina*) 草场藻类群落结构的初步研究. 青岛：中国海洋大学硕士学位论文.

苏姵瑜. 2012. 垦丁泰来海草叶片上附生藻类生产力及营养限制. 台中：中兴大学硕士学位论文.

杨宗岱，吴宝铃. 1984. 青岛近海的海草场及其附生生物. 黄渤海海洋，2 (2)：56-67.

张景平. 2011. 海南岛典型海草床泰来藻的营养动力及其对营养负荷的响应. 广州：中国科学院南海海洋研究所博士学位论文.

郑惠元. 2012. 东沙岛海草叶片附生藻类群聚的时空变化. 高雄：台湾中山大学硕士学位论文.

Alcoverro T，Duarte C M，Romero J. 1997. The influence of herbivores on *Posidonia oceanica* epiphytes. Aquatic Botany，56 (2)：93-104.

Ballantine D，Humm H J. 1975. Benthic algae of the Anclote estuary I. Epiphytes of seagrass leaves. Flor Sci. (Quart. J. Fla. Acad. Sci.)，38：150-162.

Carruthers T，Walker D. 1997. Light climate and energy flow in the seagrass canopy of *Amphibolis griffithii* (JM Black) den Hartog. Oecologia，109 (3)：335-341.

Cornelisen C D，Thomas F I M. 2004. Ammonium and nitrate uptake by leaves of the seagrass *Thalassia testudinum*：impact of hydrodynamic regime and epiphyte cover on uptake rates. Journal of Marine Systems，49 (1-4)：177-194.

Hansson L A. 1992. Factors regulating periphytic algal biomass. Limnol. Oceanogr，37：322-328.

Heijs F M L. 1984. Annual biomass and production of epiphytes in three monospecific seagrass communities of *Thalassia hemprichii* (Ehrenb.) Aschers. Aquat. Bot，23：225-247.

Jernakoff P，Nielsen J. 1997. The relative importance of amphipod and gastropod grazers in Posidonia sinuosa meadows. Aquatic Botany，56 (3-4)：183-202.

Johnson M P，Edwards M，Bunker F，et al. 2005. Algal epiphytes of Zostera marina：variation in assemblage structure from individual leaves to regional scale. Aquatic Botany，82 (1)：12-26.

Klumpp D W，Howard R K，Pollard D A. 1989. Trophodynamics and nutritional ecology of seagrass cornrnunities. *In*：Larkurn A W D，McComb A J，Shepherd S A (eds.) Biology of seagrasses. Amsterdam：Elsevier：394-457.

Lepoint G，Havelange S，Gobert S，et al. 1999. Fauna vs flora contribution to the leaf epiphytes biomass in a *Posidonia oceanica* seagrass bed (Revellata Bay，Corsica). Hydrobiologia，394：63-67.

Moncreiff C A，Sullivan M J. 2001. Trophic importance of epiphytic algae in subtropical seagrass beds：evidence from multiple stable isotope analyses. Mar Ecol Prog Ser，215：93-106.

Pollard P C，Kogure K. 1993. The role of epiphytic and epibenthic algal productivity in a tropical seagrass，*Syringodium isoetifolium* (Aschers.) Dandy，community. Australian Journal of Marine and Freshwater Research，44 (1993)：141-154.

Schanz A，Polte P，Asmus H. 2002. Cascading effects of hydrodynamics on an epiphyte-grazer system in intertidal seagrass beds of the Wadden Sea. Marine Biology，141 (2)：287-297.

Sullivan M J. 1979. Epiphytic diatoms of three seagrass species in Mississippi Sound. Bull Mar Sci，29：459-464.

Thursby G B，Davis J S. 1984. Species composition and relative abundance of attached diatoms and other algae in the coastal waters adjacent to Seahorse Key. Florida. FL Sci，47：130-140.

Trautman D A，Borowitzka M A. 1999. Distribution of the epiphytic organisms on *Posidonia australis* and *P. sinuosa*，two seagrasses with differing leaf morphology. Marine Ecology Progress Series，179：215-229.

Yamamuro M. 1999. Importance of epiphytic cyanobacteria as food sources for heterotrophs in a tropical seagrass bed. Coral Reefs，18 (3)：263-271.

第八章　海草生态系统中微生物群落

第一节　新村港和三亚湾细菌、聚球藻数量及碳含量

新村港：新村港的海草分布密集，该海域海草床的总面积大约有 200hm^2。它处于海南省的陵水县东的南部，在东面与黎安湾以腹背而相依（18°24′42″N，109°57′58″E），且以口门北起始至新村角，南至石头村沙嘴（18°24′34″N，109°57′42″E）。潮汐基本上控制了这个天然的潟湖湾，研究海区且接近封闭状。近几年以来，新村港海域随着该海区捕捞业、渔业养殖、海塘养殖的新兴，海塘的分布密度以及总面积大量且快速增加。因此在一定程度上，对新村港的生态环境造成了很大的压力。海草在新村港海域分布较为密集、繁茂。该海域的海草主要分布在新村港的南部和东部。

2012 年 9 月新村港的采样点的经纬度（图 8-1）：XC5（109.9803，18.40611）；

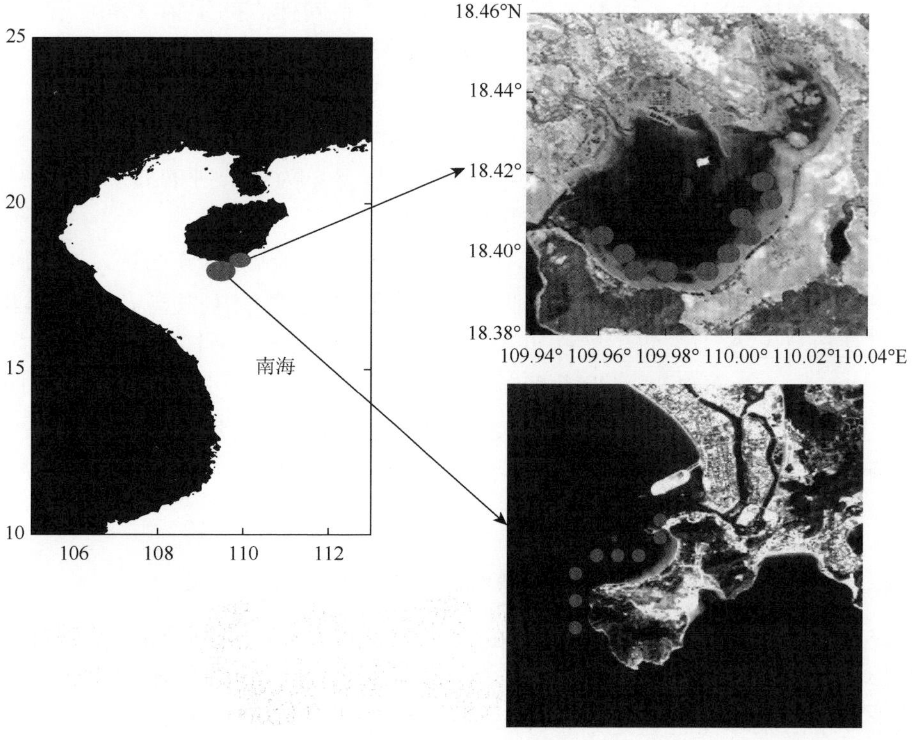

图 8-1　三亚湾和新村港的采样点

XC6（109.985，18.40222）；XC7（109.9881，18.40167）；XC8（109.995，18.40139）；XC9（109.9994，18.40028）；XC10（110.0111，18.41083）。

三亚湾：研究海区是海南岛的（18°11′N～18°18′N，109°20′E～109°30′E）三亚湾。三亚湾位居于我国海南岛的最南端，它是我国非常典型的热带浅水海湾，属于开阔类型的海湾，其地理地位非常重要。三亚湾湾口内的海域面积大约 $120km^2$。其中，三亚河作为三亚湾海域非常主要入海的河流，对三亚湾海水特性有非常重要的影响。陆地的径流流过流域面积是 $337km^2$。三亚湾海域的海岸线相对比较长，该地区海岸线的系数是 0.1089。

三亚湾海岸的弯曲度是很高的，此处的港湾比较多。同时，它海岸的类型也多种多样。该处生态系统也较为复杂，尤其是拥有热带的海洋环境标志类型的真光层的光学浅水水域生态系统，该处生态系统又包含了海藻垫或者海草床的生态系统。三亚湾拥在三亚湾海域，海草的主要分布类型包括了泰来藻和海菖蒲。海域海岸带近岸下垫面底质类型主要为细砂，面积约小于 $1hm^2$。

2012 年 9 月三亚湾的采样点经纬度（图 8-1）：SY1（109.4761，18.21306）；SY2（109.4733，18.2125）；SY3（109.4719，18.21167）；SY4（109.4711，18.20528）；SY5（109.4833，18.21639）；SY6（109.4844，18.21722）；SY7（109.4872，18.22056）。

采用荧光峰和浓度之间的关系作图，分析了不同样点的细菌含量。发现海草床中的细菌含量明显高于其他海域。

1. 新村港和三亚湾中细菌的对比

从三亚湾以珊瑚为优势种的海湾和新村港以海草为优势种的海水环境中可以看出，海草中的细菌含量明显高于珊瑚的细菌。

由于新村港主要有海草分布，而三亚湾主要是珊瑚的分布区。细菌是海草生态系统中的主要组成。研究细菌在这两种生态系统中发现，在新村港细菌数量达到 1.82×10^6 个（采样点 5）至 1.82×10^7 个（采样点 8），平均达到 5.90×10^6 个。而在以珊瑚为主要优势种的三亚湾细菌数量达到 2.49×10^5～1.36×10^6 个，平均达到 5.85×10^5 个。新村港的细菌数量比珊瑚生态系统中的细菌数量要大一个数量级（图 8-2）。从细菌含碳量来看，也与细菌数量呈现明显的正相关。

2. 新村港与三亚湾水体中聚球藻和微小型真核藻类的含量

聚球藻是海洋微型浮游生物中的一个重要组成部分，从现有的研究来看，新村港聚球藻数量为 3.52×10^3～2.34×10^4，平均含量为 8.77×10^3 个/cm^3；而三亚湾水体中的聚球藻含量是 2.46×10^4～5.77×10^4，平均含量为 4.19×10^4 个/cm^3。从新村港聚球藻含量来看要小于新村港的一个数量级（图 8-3）。

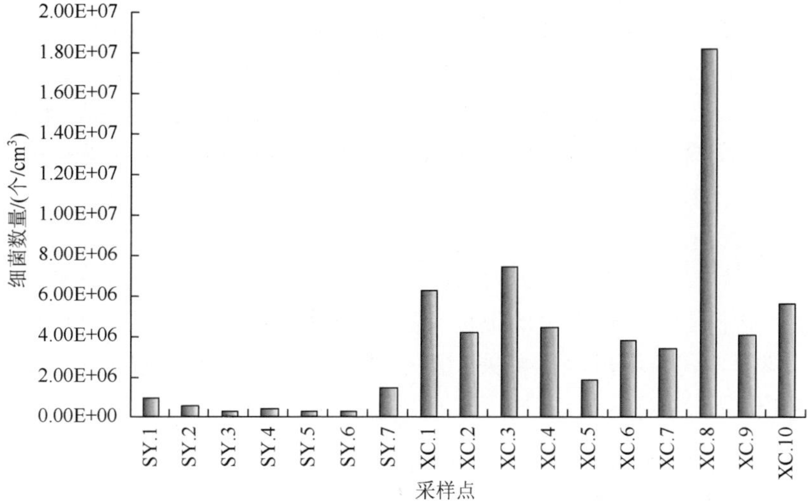

图 8-2　三亚湾（珊瑚）和新村港（海草）中的细菌含量对比

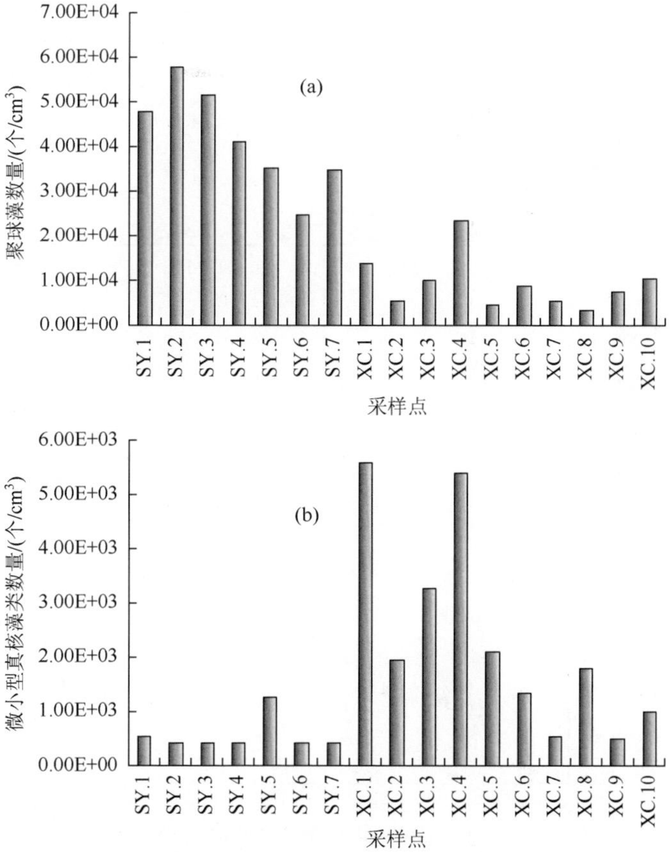

图 8-3　聚球藻（a）和微小型真核藻类（b）的数量

微小型真核藻类也是是海洋微型浮游生物中的一个重要组成部分，从现有的研究来看，新村港微小型真核藻类数量为 $5.08\times10^2\sim5.06\times10^3$，平均含量为 2.35×10^3 个/cm^3；而三亚湾水体中的微小型真核藻类含量是 $4.08\times10^2\sim1.24\times10^3$，平均含量为 5.57×10^2 个/cm^3。从新村港微小型真核藻类含量来看要大于新村港的一个数量级（图 8-3）。

3. 细菌含量和聚球藻及微小型真核藻类之间的相关性

在对比新村港和三亚湾中的细菌、聚球藻和微小型真核藻类之间的关系发现：聚球藻和细菌之间呈现指数负相关，微小型真核藻类与细菌之间呈现线性的正相关（图 8-4）。

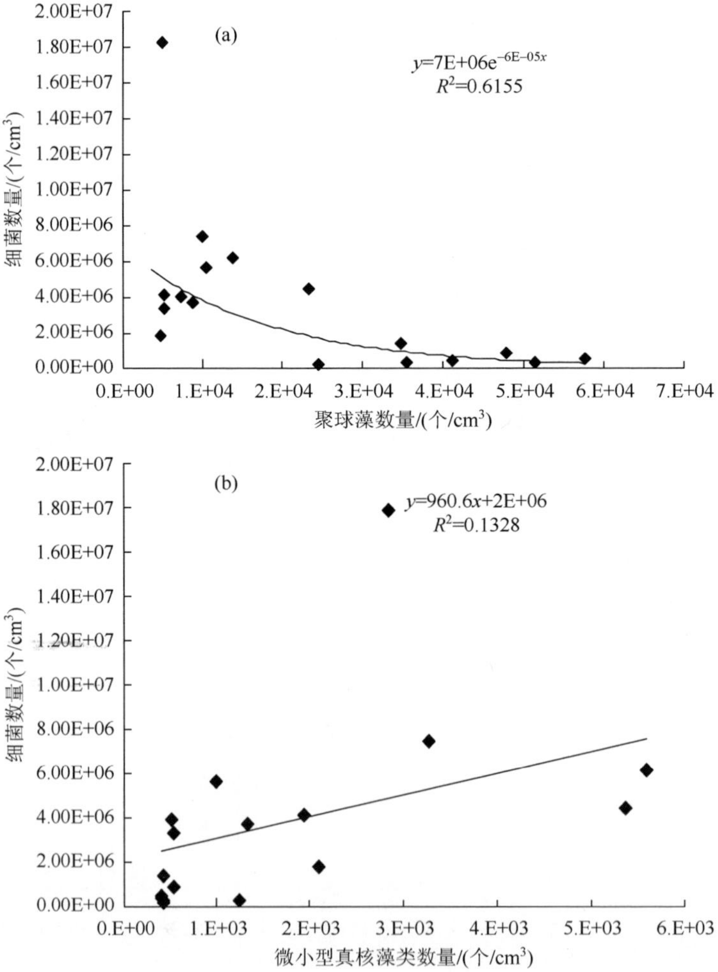

图 8-4 细菌和聚球藻（a）及微小型真核藻类（b）的相关性

4. 对比新村港、三亚湾、南海北部、印度洋和大亚湾水体中的细菌、聚球藻和微小型真核藻类的含量

从细菌含量来看，新村港水体中的细菌远远大于三亚湾、南海北部、印度洋水体中的细菌含量，要大于1～2个数量级。三亚湾水体中和南海北部、印度洋水体中含量相差不大（图8-5（a））。

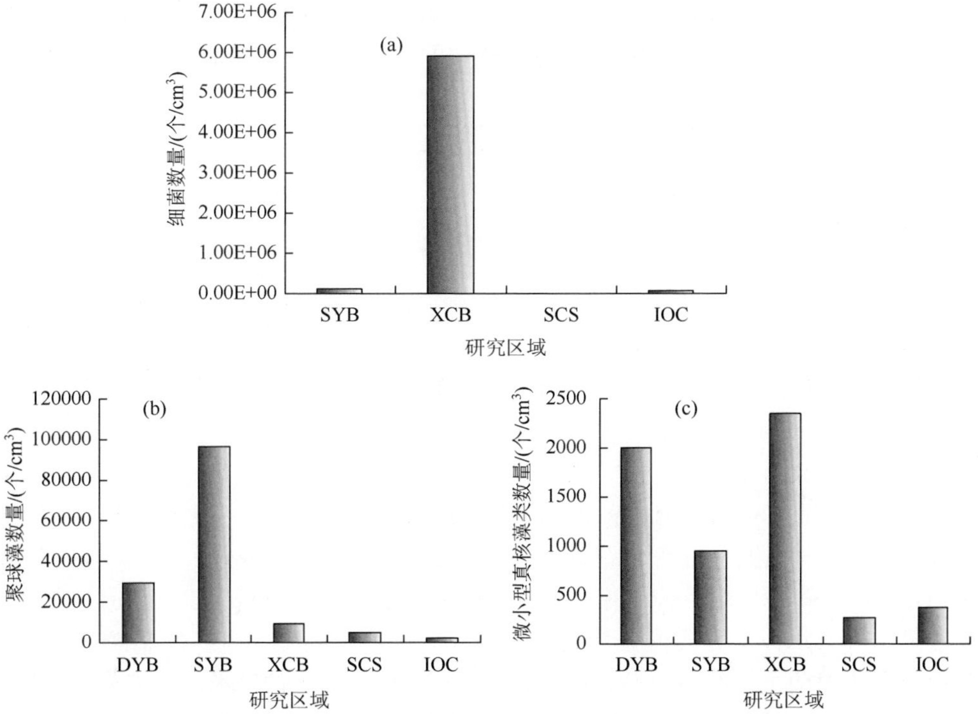

图8-5　大亚湾、三亚湾、新村港、南海北部以及印度洋中细菌（a）、聚球藻（b）和微小型真核藻类（c）对比

从聚球藻的含量来看，以三亚湾水体中的聚球藻含量最大。大亚湾水体中聚球藻的含量相对较大，新村港次之，南海北部和印度洋水体中相对较小（图8-5（b））。

从微小型真核藻类来看，新村港水体中含量最大，大亚湾水体次之，三亚湾水体中相对较小，而南海北部和印度洋水体中相对最小（图8-5（c））。

通过海草、珊瑚礁、大洋水体等不同生态类型、营养盐浓度变化耦合作用条件下对浮游细菌增长的影响的现场实验研究发现：在海草床中的细菌含量最高，可能与海草的光合作用能够产生大量的有机物质，可以作为细菌的底物，促进细菌的生长。而在以珊瑚礁为主的水体中透明度较高，能够适合聚球藻的生长。

在海草中，细菌的数量最大，其中含有固氮菌，可以为海洋固氮提供较好的基础。Riederer-Henderson 等（1970）发现，海草叶面上的红螺菌科（Rhodospirillaceae）的厌氧光合细菌具有固氮作用，还有很多硫酸盐还原菌在还原硫酸盐的同时还具备固氮的能力。附着在海草叶片表面的蓝藻对整个系统的固氮也起着不容忽视的作用，且在通常情况下认为海草叶面的主要固氮生物就是蓝藻，据估算在泰来藻生态系统中初级生产力所需的氮素有 4%～38%是固氮蓝藻提供的（Capone，1980）。海草附着物实质上是一个巨大的营养吸收库，研究结果表明，泰来藻海草床中约有 17%的 NH_4^+ 是由其表面的附着微型生物从水体中吸收后通过生物固氮的方式转运到海草生态系统中的（Cornelisen，2002；凌娟等，2012）。

第二节　海草附着的放线菌

一、海草中的放线菌资源

海草作为共附生微生物群落的附着基，不仅为共附生微生物提供了生存及生长繁殖的空间，还同时为其提供了相关的营养物质。现代分子生物学技术的飞速发展，使得科研人员对海草共附生微生物的研究取得了相当大的进展，他们发现海草中存在着丰富的微生物。1996 年，Weidner 等对海草共附生的未可培养的微生物的 16S rDNA 扩增产物进行限制性片段长度多态性分析（terminal restriction fragment length polymorphism analysis）（Weidner，1996），该方法的提出为后续研究微生物的多样性提供了新的思路和方法。2000 年，Cifuentes 及其团队通过构建 16S rDNA 文库分别对海草共附生的细菌和古生菌进行了分析（Cifuentes，2000）。对细菌 16S rDNA 克隆文库分析显示，海草沉积物中细菌的多样性非常高，其中含量较高的细菌主要是 α-、β-、δ-、ε-、γ-变形菌，噬细胞菌属，螺旋菌和高 GC 含量的革兰氏阳性菌等，与已经分离出的可培养细菌的 16S rDNA 序列相比，其研究得到的克隆有显著的差异性。对古生菌的 16S rDNA 克隆文库显示，泉古生菌和广古生菌为主要菌群。2004 年，肖义平等（2004）从海草互花米草（*Spartina alterniflora*）中分离到真菌 *Fusarium* sp.并对其代谢产物进行分析。2007 年，Jensen 等（2007）通过末端限制性片段长度多态性分析对海草根部及其沉积物中的微生物多样性进行比较，结果显示，硫酸盐还原 δ-变形菌在沉积物中的分布大于根部的分布，ε-变形菌、γ-变形菌和放线菌则在海草根部的分布较多。研究并未显示两者之间细菌种类有何差异。Yoon 等（2007）于 2007 年在海草叶中分离到菌株 *Pelagicoccus croceus* sp. nov.经相关特性分析该菌株属于 *Pelagicoccus* 的一个新种。2010 年，Espinosa 等（2010）从海草中分离到属于海洋单胞菌属的菌株 IVIA-Po-186，这是第一次从海洋植物种分离到此类微生物。同时实验还分离到海洋单胞菌属的两株新菌株并分别命名为 *Marinomonas balearica* sp. nov. 和 *Marinomonas pollencensis* sp. nov.。这些菌株的发现对已知菌种进行了很好的补充，但是由于实验技术方面的限制，海草共附生微生物的多样性还有着很大的研究空间，并亟待研究者的进一步研究。

中国科学院南海海洋研究所首次对海草可培养共附生放线菌进行了分离（陈文，2012；Wu et al.，2012），从三种海草（海菖蒲、泰来藻、海神草）中总共分离得到放线菌 293 株，15 个属，包括链霉菌属（*Streptomyces*）、微杆菌属（*Microbacterium*）、分支杆菌属（*Mycobacterium*）、小单胞菌属（*Micromonospora*）、*Actinomycetospora*、野野村胞菌属（*Nonomuraea*）、疣孢菌属（*Verrucosispora*）、拟诺卡氏菌属（*Nocardiopsis*）、糖霉菌属（*Glycomyces*）、白蚁菌属 *Isoptericola*、布劳氏菌属 *Prauserella*、克氏库克菌属（*Kocuria*）、糖单胞菌属（*Saccharomonospora*）、纤维素菌属（*Cellulomonas*）以及纤维单胞菌属（*Cellulosimicrobium*）等。其中，海菖蒲 6 属，泰来藻 10 个属，海神草 13 属。以上数据说明海草是可培养放线菌的优质种子库。Maldonado（2005）的研究表明，在海洋环境中分离到的可培养放线菌普遍存在"小单胞菌-红球菌-链霉菌"群体，但从三种海草中均只分离得到链霉菌和小单孢菌，并未分离得到红球菌，其中链霉菌的比例最高，为三种海草中的优势类群。越来越多的稀有放线菌从海草中发现表明，海草是潜在的新放线菌的一个独特来源，而这些放线菌同时又具有产生高活性代谢产物的潜力。

从三种海草中分离得到的可培养放线菌属有着明显的差异（图 8-6）。从海神草中分离得到 13 个属，其次从泰来藻中分离得到 10 个属，最后从海菖蒲中分离得到 6 个属。Sakayaroj 等（2010）对海草可培养真菌进行分离时从海菖蒲中分离得到的真菌数量也是最少，他们认为海草叶片的宽窄与海草共附生微生物多样性的丰度成反比，海神草叶片在三种海草中为最窄，但分离得到的不同放线菌属却

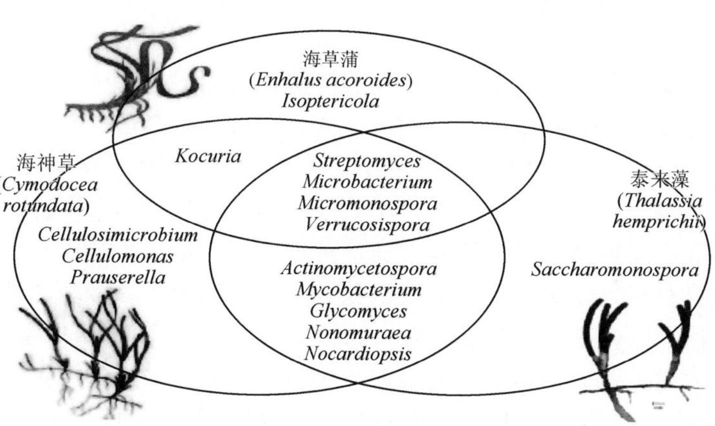

图 8-6 三种海草中可培养放线菌种属比较图

最多，泰来藻叶片大小居中，得到的放线菌菌属数量小于海神草但大于海菖蒲。这一研究结果很好地印证了海草叶片的宽窄与海草共附生微生物多样性的丰度成反比这一结论，Sakayaroj 分析这一现象认为其可能的原因是：植物内生环境的低氧状态、内生微生物的拮抗作用以及环境动力学等因素的影响。

对比三种海草中分离得到的不同放线菌属，可以发现链霉菌属（*Streptomyces*）、小单胞菌属（*Micromonospora*）、微杆菌属（*Microbacterium*）和疣孢菌属（*Verrucosispora*）在三种海草中都能被分离培养。*Isoptericola* 属菌株只在海菖蒲中分离得到，糖单胞菌属（*Saccharomonospora*）只在泰来藻中分离到，纤维单胞菌属（*Cellulosimicrobium*）、纤维素菌属（*Cellulomonas*）和 *Prauserella* 属仅在海神草中分离到。同时还有部分不同种属的菌株在两种海草中都能分离得到。这表明不同的海草样品其共附生放线菌有其共同性但也有其差异性，不同的海草内生环境为微生物提供了不同的生存坏境，这也证明了不同的生存环境对微生物多样性有一定的影响。

二、海草中细菌和放线菌种类和丰度的影响因素

目前还没有专门针对影响海草共附生微生物多样性因素的研究，但有相关研究对影响海草根际微生物多样性的因素进行了研究分析，为以后的研究提供了很好的技术指导。2006 年，James 等（2006）通过双梯度变性梯度凝胶电泳（double-gradient denaturing gradient gel electrophoresis）对影响海草沉积物中细菌多样性的因素进行分析，结果显示，季节变化和是否有海草生长与细菌的多样性有紧密联系。

（一）季节变化的影响

为了研究季节对海草共附生微生物的影响，James 等（2006）分别在 2 月、6 月和 10 月对海草沉积物进行取样分析。研究之所以分别在这三个季节取样是因为 2 月份的样品代表海草开始生长的前期，6 月份代表海草生长的中期，而 10 月份则是海草衰亡期。结果显示，在海草生长旺盛期其微生物的多样性比其他两个时间段都要高。有无海草生长的影响：通过分别对有海草生长和附近无海草生长沉积物进行取样分析，结果显示，海草沉积物中微生物的多样性和活性显著的高于非海草生长区，这也说明海草能为微生物的生长提供充足的营养（James，2006）。相关研究还对深度和海草根的年龄对微生物多样性的影响进行分析，结果显示仅在其所用实验方法的前提下，这两种因素对微生物的多样性并无多大的影响（James，2006）。同时，海草生长的区域，所在区域的水质等因素是否对微生物的

多样性有影响还有待进一步的研究。

（二）海草共附生微生物与海草的相互作用

海草与其共附生微生物之间有着密不可分的联系。海草作为共附生微生物的附着基质，为其生长繁殖提供了必须的营养物质。同样，共附生于海草上的微生物不仅能为海草提供生长繁殖所需养料，还是海草高水平初级生产力的有利保障。

1. 海草作为微生物的附着基质

在海草生态系统中，海草为其共附生的微生物提供了附着的基质，海草通过光合作用等释放的溶解有机物质为微生物的生存与繁殖提供了充足的养料，同时海草的残留物还是微生物碳源的主要供应者，能被海草更有效的利用与吸收（Welsh，2000）。

2. 微生物对海草的作用

在沿海岸海洋环境中，固氮能力被普遍认为是限制初级生产力的主要因素之一。作为沿海环境中生产力水平最高的生态系统之一，为了达到并维持其高水平的初级生产力，海草必须得到大量的有机氮的供应。尽管海底沉积物中有效的氮循环能为此提供一部分所需氮，但远远不足以满足其所需。在海草根围的异养细菌的固氮作用为海草的生长提供了重要的氮来源。2001 年，Bagwell 等（2002）通过DGGE对扩增后的*nif*H进行序列分析，得出海草中大部分的固氮菌为厌氧菌，其中以硫酸盐还原菌居多。

硫酸盐还原菌，作为海草共附生微生物中的主要菌群，不仅能催化碳和营养物质的循环，还能通过固氮作用为海草的生长提供大量的氮源，提高海草的初级生产力。尽管硫酸盐还原细菌对海草的益处颇多，但它对海草的生长却有着不可小觑的危害作用。研究显示，硫酸盐还原菌产生的硫化物对真核生物具有毒害作用，近年来一些研究者已将目前海草场全球性衰退的矛头指向了硫酸盐还原菌。在 Bagarinao 等（1992）的研究中提出，由硫酸盐还原菌产生的硫化物对真核生物具有毒害作用，Koch 等（2001）的研究显示：暴露在硫化物中的海草的组织在短时间内不会受到太大的损害，但是当其处于高盐或高温的环境中时，其死亡率将分别高达 50%和 33%，而当其同时处于硫化物，高盐高温三者共同压力环境时，其死亡率竟达到 100%。因此在充分利用硫酸盐还原菌优点的同时，对其危害的控制也不容忽视。1983 年，Jorgensen 等（1983）提出尽管在有氧条件下通过化学氧化可以或多或少的减少硫化物对海草的危害，但是通过微生物来调控硫化物的氧化将更快更有效。

与硫酸盐还原菌产生的硫化物对海草有毒害作用不同的是，海草中还有许多微生物能降解对海草有毒害作用的物质，如硫化物氧化菌，以及 2006 年 Campbell 等（2006）提出的 ε-变形菌、γ-变形菌在以氧和氮作为电子受体的情况下可以氧化硫化物，减少硫化物的危害。

同时，在海草生态系统中，尽管海草有着极高的初级生产力，但这些产物绝大多数都不能被动物等消费者直接消化利用，而必须经过微生物的重新消化分解才能进入食物链循环。由已知研究结果可知，海草共附生微生物对海草的作用有弊有利，尽管目前研究已经取得相当大的成就，但该研究方向仍有着诱人的前景。FISH、MAR-FISH 及相关技术的发展将有助于进一步研究海草共附生微生物的作用以及其与宿主海草间的相互关系。

第三节　海草床中的固氮微生物

海草生态系统中的固氮微生物对于维持区域氮营养起到相当重要的作用。一些研究结果表明，在某些海草床中，约 50%的氮素需求来自于生物固氮（Patriquin，1972），而 Patriquin 和 Knowles 等（1972）报道在寡营养盐环境下，特别是热带海洋地区，推测海草床生物固氮能够为其提供 1～1.5 倍植物生长（6.9～23mg N/g）所必需的氮素。在大多数情况下，叶片上的固氮生物主要为蓝藻。据估计，蓝藻能提供泰来藻海草床中初级生产所需要氮的 4%～38%。这些被固定的氮可能被以蓝藻为食的食草动物利用，或释放出氮被海草利用。图 8-7 显示固氮微生物的相关图谱（凌娟，2012）。

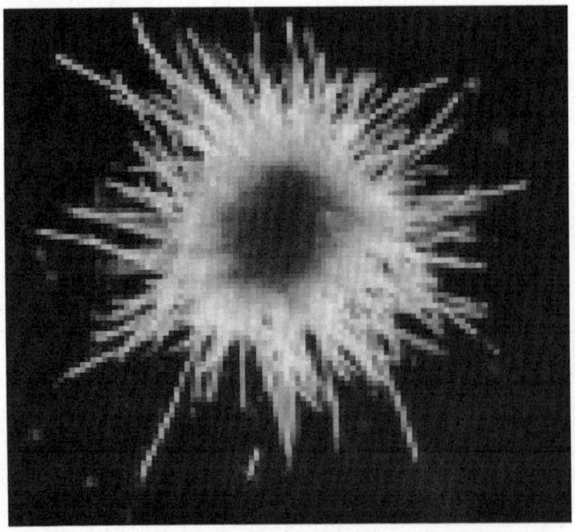

(a)

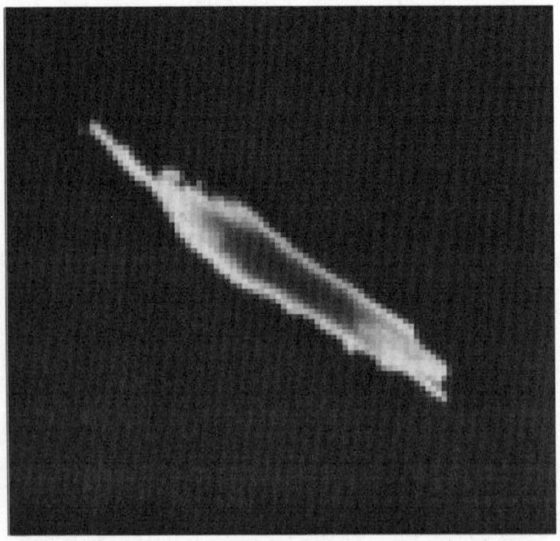

(b)

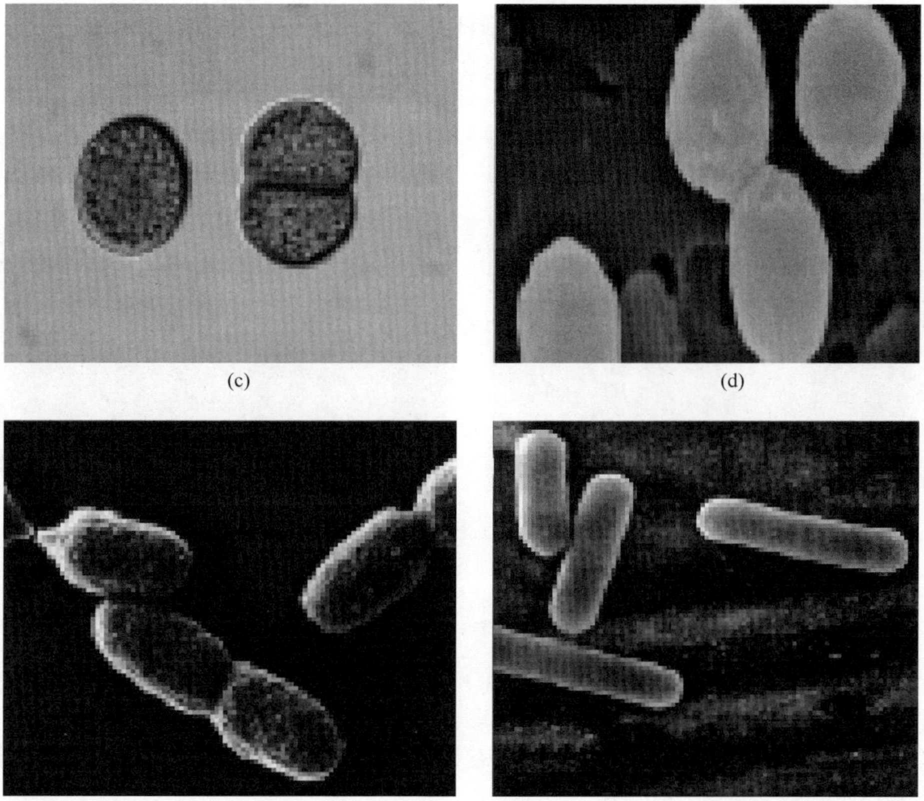

图 8-7　海草生态系统中的固氮微生物

（a）铁氏束毛藻；（b）红海束毛藻；（c）聚球藻；（d）绿球藻；（e），（f）杆状固氮细菌

海草的叶面、根状茎和根际存在着许多附着生物，如有细菌、真菌及其他的原核生物如藻类，还有一些无脊椎动物，它们是构成海草床生态系统的重要组成成分，并且在海草表面呈现出截然不同的分布方式，如大开尔曼岛（Grand Cayman）的泰来藻 *Thalassia testudinum* 叶面上的附着物具有较高的多样性，包括 3 种造礁红藻、72 种有孔类的动物及 61 种硅藻等，分为三个层次进行分布，直接附着在叶表面的是一些大型藻类，其被造礁红藻所覆盖，最外层就是较为复杂的群落，如硅藻、蠕虫、腹足动物和介形亚纲动物等（Corlett，2007），其中根际的固氮菌对海草床生态系统较高的生物固氮水平的维持具有较大的贡献（Welsh，2000）。

中国科学院南海海洋研究所凌娟等（2012）将三亚海草上分离获得菌株首先进行种属的初步鉴定和固氮活性的检测，经过初步检测，结果显示所获得菌株分别属于变形菌门、厚壁菌门和放线菌门，其中变形菌门分为 α-变形菌和 γ-变形菌，其具体属于以下 15 个属：交替单胞菌、橙单胞菌属、短波单胞菌属、迪茨菌属、肠杆菌属、盐单胞菌属、海杆菌属、微杆菌属、类芽孢杆菌属、球菌属、紫杆菌属、假单胞杆菌属、根瘤菌属、海旋菌属和成团菌属（图 8-8）。

图 8-8　菌株 G-25-12 扫描电镜照片（凌娟，2012）

参 考 文 献

陈文. 2012. 三亚三种海草可培养共附生放线菌多样性及其生物活性初探. 广州：中国科学院南海海洋研究所硕士学位论文.

凌娟，董俊德，张燕英，等. 2012. 海草床生态系统固氮微生物研究现状与展望. 生物学杂志，167 (03)：66-69.

凌娟. 2012. 南海典型区域与典型生态系统微生物生态学特征研究. 广州：中国科学院南海海洋研究所博士学位论文.

肖义平，陈晶晶，张云海，等. 2004. 海草内生真菌 fusariumsp. F-1 化学成分研究. 中国海洋药物，(05)：11-13.

Bagarinao T. 1992. Sulfide as an environmental-factor and toxicant-tolerance and adaptations in aquatic organisms. Aquat. Toxicol，24 (1-2)：21-62.

Bagwell C E，La Rocque J R，Smith G W，et al. 2002. Molecular diversity of diazotrophs in oligotrophic tropical seagrass bed communities. FEMS Microbiology Ecology，39 (2)：113-119.

Campbell S J，McKenzie L J，Kerville S P. 2006. Photosynthetic responses of seventropical seagrasses to elevated seawater temperature. J Exp Mar Biol Ecol，330 (2)：455-468.

Capone D G，Taylor B F. 1980. N2 fixation in the rhizosphere of Thalassia testudinum. Canadian Journal of Microbiology，26 (8)：998-1005.

Cifuentes A，Anton J，Benlloch S，et al. 2000. Prokaryotic diversity in zostera noltii-colonized marine sediments. Applied and Environmental Microbiology，66 (4)：1715-1719.

Corlett H，Jones B. 2007. Epiphyte communities on Thalassia testudinum from Grand Cayman，British West Indies：their composition，structure，and contribution to lagoonal sediments. Sedimentary Geology，194 (3-4)：245-262.

Cornelisen C D，Thomas F I M. 2002. Ammonium uptake by seagrass ephiphyte isolation of the effects of water velocity using an isotope label. Limnology and Oceanography，47：1223-1229.

Espinosa E，Marco-Noales E，Gomez D，et al. 2010. Taxonomic study of marinomonas strains isolated from the seagrass posidonia oceanica，with descriptions of *marinomonas balearica* sp nov and *marinomonas pollencensis* sp nov. International Journal of Systematic and Evolutionary Microbiology，60：93-98.

James J B，Sherman T D，Devereux R. 2006. Analysis of bacterial communities in seagrass bed sediments by double-gradient denaturing gradient gel electrophoresis of PCR-amplified 16S rDNA genes. Microbial Ecology，52 (4)：655-661.

Jensen S I，Kuhl M，Prieme A. 2007. Different bacterial communities associatedwith the roots and bulk sediment of the seagrass zostera marina. FemsMicrobiology Ecology，62 (1)：108-117.

Jorgensen B B. 1982. Mineralization of organic-matter in the sea bed-the role of sulfate reduction. Nature，296 (5858)：643-645.

Koch M S，Erskine J M. 2001. Sulfide as a phytotoxin to the tropical seagrass Thalassia testudinum：Interactions with light，salinity and temperature. J Exp Mar Biol Ecol，266 (1)：81-95.

Maldonado L A，Stach J E M，Pathom-aree W，et al. 2005. Diversity of cultivableactinobacteria in geographically widespread marine sediments. Antonie Van Leeuwenhoek International Journal of General and Molecular Microbiology，87 (1)：11-18.

Patriquin D G. 1972. The origin of nitrogen and phosphorous for the growth of the marine angiosperm Tthalassia testudinum. Marine Biology，15：25-46.

Patriquin D，Knowles R. 1972. Nitrogen fixation in the rhizosphere of marine angionsperms. Marine Biology，16：49-58.

Riederer-Henderson M A. 1970. Nitrogen fixation by Sulphate reducing bac-teria. General Microbiology，61：27-31.

Sakayaroj J，Preedanon S，Supaphon O，et al. 2010. Phylogenetic diversity ofendophyte assemblages associated with the tropical seagrass enhalusacoroides in thailand. Fungal Diversity，42 (1)：27-45.

Weidner S，Arnold W，Puhler A. 1996. Diversity of uncultured microorganisms associated with the seagrass halophila stipulacea estimated by restriction fragment length polymorphism analysis of PCR-amplified 16S rDNAgenes. Applied and Environmental Microbiology，62 (3)：766-771.

Welsh D T. 2000. Nitrogen fixation in seagrass meadows：regulation，plantbacteria interactions and significance to primary productivity. Ecology Letters，3：58-71.

Wu H B，Chen W，Wang G H，et al. 2012. Culture-dependent diversity of *Actinobacteria* associated with seagrass *Thalassia hemprichii*. African Journal of Microbiology Research，6 (1)：87-94.

Yang D T，Shan X J，Liu S M. 2014. Bacterioplankton，Picoeukaryotes and Synechococcus Distribution Associated with Seagrass in South Coast of Hainan Island，China. Natural resources，5 (9)：454-461.

Yoon J，Oku N，Matsuda S，et al. 2007. *Pelagicoccus croceus* sp nov.，a novel marine member of the family *puniceicoccaceae* within the phylum ‘*verrucomicrobia*’ isolated from seagrass. International Journal of Systematic and Evolutionary Microbiology，57：2874-2880.

第九章　海草床中的浮游生物

第一节　新村港海草床中的浮游种类及数量

2012 年 9 月新村港的采样点的经纬度见图 8-1。

1. 浮游植物种类及数量

目前新村港浮游植物主要包括硅藻门、甲藻门和蓝藻门。共检出浮游植物 73 种，其中硅藻门 51 种，甲藻门 21 种，蓝藻门 1 种。具体数量见表 9-1。

表 9-1　新村港各个采样点浮游植物种类和数量

浮游植物名称	拉丁文名称	采样点						
		X1	X2	X3	X4	X5	X6	X7
1L 浓缩为 45ml，取其中 0.5ml 来观察								
硅藻门								
双眉藻	*Ampphora* sp.	15	8	2	2		3	1
近圆星脐藻	*Asteropmhalus heptactis*					1		
横滨盒形藻	*Biddulphia grundleri*	2						
大角管藻	*Cerataulina daemon*	2					5	
窄隙角毛藻	*Chaetoceros affinis* var. *affinis*		7	10	2		5	
大西洋角毛藻那不勒斯变种	*Chaetoceros atlanticus* var. *neapoltiana*						9	5
扁面角毛藻	*Chaetoceros compressus*	142	11	102	201	181	91	110
柔弱角毛藻	*Chaetoceros debilis*	97			34	27	90	174
齿角毛藻	*Chaetoceros denticulatus* f. *denticulatus*						3	
劳氏角毛藻	*Chaetoceros lorenzianus*	12	4	21	2	12	10	29
秘鲁角毛藻	*Chaetoceros peruvanus*			1				
拟旋链角毛藻	*Chaetoceros pseudocurvisetus*	59	4	35	110	104	146	196
根状角毛藻	*Chaetoceros radicans*	348	8	813	1675	2948	2441	3356
扭链角毛藻	*Chaetoceros tortissimus*	23		35	65	210	123	138

续表

浮游植物名称	拉丁文名称	采样点						
		X1	X2	X3	X4	X5	X6	X7
海南圆筛藻	*Coscinodiscus hainanensis*	8	6	1	1	17	102	94
维廷圆筛藻	*Coscinodiscus wittianus*	12	3	4				
圆筛藻	*Coscinodiscus* sp.	4		3		1	1	
条纹小环藻	*Cyclotella striata* var. *striata*				1			
蜂腰双壁藻	*Diploneis bombus*	3	3	3	1		1	
长角弯角藻	*Eucampia cornuta*						2	
波罗的海布纹藻中华变种	*Gyrosigma balticum* var. *sinensis*	6						
直形布纹藻	*Gyrosigma rectum*			1				
布纹藻	*Gyrosigma* sp.	3	1	1		1	1	1
膜质半管藻	*Hemiaulus membranacus*			5				
环纹娄氏藻	*Lauderia annulata*	4		8	14	22	39	28
丹麦细柱藻	*Leptocylindrus danicus*	4		12	13	15	18	21
短楔形藻	*Licmophora abbreviata*		1					
膜状舟形藻	*Navicula membranacea*					70	8	
舟形藻	*Navicula* sp.	7	19	2			1	
弯菱形藻	*Nitzschia sigma*				2	2	2	3
菱形藻	*Nitzschia* sp.	1				1	1	
羽纹藻	*Pinnularia* sp.		10	2				2
镰刀斜纹藻	*Pleurosigma falx*		1	2			6	
斜纹藻	*Pleurosigma* sp.	2	1	4	2		2	3
优美伪菱形藻	*Pseudonitzschia delicatissima*				6	4	6	5
翼根管藻纤细变型	*Rhizosolenia alata* f. *gracillima*				3	3	1	11
距端根管藻	*Rhizosolenia calcar-avis*					2		
螺端根管藻	*Rhizosolenia cochlea*	1		1			1	
厚刺根管藻	*Rhizosolenia crassispina*	1			1			
圆柱根管藻	*Rhizosolenia cylindrus*		4		3			
柔弱根管藻	*Rhizosolenia delicatula*		5	4	34	206	38	236
透明根管藻	*Rhizosolenia hyaline*			4				1
斯托根管藻	*Rhizosolenia stolterfothii*			15	2	3	12	7
笔尖形根管藻粗径变种	*Rhizosolenia styliformis* var. *latissima*			2				

续表

浮游植物名称	拉丁文名称	采样点						
		X1	X2	X3	X4	X5	X6	X7
优美旭氏藻	*Schrŏederella delicatula* f. *delicatula*			96	6		8	22
优美旭氏藻矮小变型	*Schrŏederella delicatula* f. *schrŏderi*			9	4			142
中肋骨条藻	*Skeletonema costatum*	76		234	44	163	81	252
泰晤士扭鞘藻	*Streptothece tamesis*						5	
针杆藻	*Synedra* sp.	7	3	3				1
菱形海线藻	*Thalassionema nitzschioides*			7			8	
细弱海链藻	*Thalassiosira subtilis*	2	2	5	2	3		8
海链藻	*Thalassiosira* sp.	9	6	9	2	3	3	6
甲藻门								
亚历山大藻	*Alexandrium* sp.			3	2	6	3	9
叉状角藻原变种	*Ceratium furca* var. *furca*						1	
梭角藻原变种	*Ceratium fusus* var. *fusus*			1		1	3	2
羊角藻原变种	*Ceratium hircus* var. *hircus*	5	2	1	1	5	2	8
大角角藻原变种	*Ceratium macroceros* var. *macroceros*					1		
春膝沟藻	*Gonyaulax verior*	1	3		1	2		1
膝沟藻	*Gonyaulax* sp.		4	1				
链状裸甲藻	*Gymnodinium catenatum*					9	4	
裸甲藻	*Gymnodinium* sp.			1	3	1		2
环沟藻	*Gyrodinium* sp.		2					2
扁原甲藻	*Prorocentrum compressum*				1	2	1	
齿状原甲藻	*Prorocentrum dentatum*	58	23	4	10	5	10	3
海洋原甲藻	*Prorocentrum micans*	2	2	2	2	2	1	4
微小原甲藻	*Prorocentrum mininum*			3				
反曲原甲藻	*Prorocentrum sigmoides*						1	
三角棘原甲藻	*Prorocentrum triestinum*	18	13	7	5	12	3	11
原甲藻	*Prorocentrum* sp.	2	8	6	4	8	4	3
扁平原多甲藻	*Protoperidinium depressum*			3				2
叉分原多甲藻	*Protoperidinium divergens*			1				
原多甲藻	*Protoperidinium* sp.			1		1		3
锥状斯氏藻	*Scrippsiella trochidea*					1		3
蓝藻门								
红海束毛藻	*Trichodesmium erythraeum*					40	80	

2. 浮游动物种类及数量

目前新村港浮游动物主要有桡足类、毛颚类、尾索动物和幼虫四大类，其中桡足类包括 8 种；毛颚类 1 种；尾索动物 2 种以及幼虫类 7 种。具体数量见表 9-2。

表 9-2　新村港各个采样点浮游动物种类和数量

浮游动物名称	拉丁文或英文名称	采样点						
		X1	X2	X3	X4	X5	X6	X7
长尾基齿哲水蚤	*Clausocalanus furcatus*							1
桡足幼体	copepodite	3	3	1	1	3	2	3
坚双长腹剑水蚤	*Dioithona rigida*	1						
尖额谐猛水蚤	*Euterpina acutifrons*	2	1		3	4	5	2
短角长腹剑水蚤	*Oithona brevicornis*	15	8	8	24	24	37	36
简长腹剑水蚤	*Oithona simplex*		3			1	7	5
强额孔雀水蚤	*Parvocalanus crassirostris*	3	11	1	7	14	22	9
亚强次真哲水蚤	*Subeucalanus subcrassus*				1			
箭虫	*Sagitta* sp.（幼体）							1
长尾住囊虫	*Oikopleura longicauda*							1
住囊虫	*Oikopleura* sp.（幼体）			2	1	1	2	2
双壳类面盘幼虫	bivalvia veliger					5	2	3
蔓足类无节幼虫	cirripedia nauplius	15	63	1	20	12	16	6
腺介幼虫	cypris						2	1
腹足类面盘幼虫	gastropoda veliger	22	4			5		1
长尾类幼虫	macruran							2
无节幼虫	nauplius	5	9	2	4	6	7	3
多毛类幼虫	polychaeta	8	12	3	6	3	16	11

第二节　海南椰林湾海草床中的浮游生物

1. 浮游植物的种类和数量

椰林湾海草床采集的浮游植物样品共鉴定有 63 种，其中硅藻 46 种、甲藻 12 种、金藻 3 种、蓝藻 1 种和绿藻 1 种，以硅藻为绝对优势种，占总种数的 73.02%，其次为甲藻，占总种数的 19.05%（郭振仁等，2009）。

该海草床浮游植物数量较丰富，约为 3.40×10^{6} 个/m^3，浮游植物的多样性指数为 3.52～4.10（均值为 3.80），浮游植物群落的均匀度均值为 0.84，表明该湾浮游植物种间个体数较均匀，各站点的浮游植物密度为 2.59×10^6～4.17×10^6 个/m^3。浮游植物主要以尖刺菱形藻（*Nitzschia pungens*）、中肋骨条藻（*Skeletonema costatum*）、夜光藻（*Noctiluca scintillans*）、星脐圆筛藻（*Coscinodiscus aster-omphalus*）和拟货币直链藻（*Melosira nummuloides*）等为优势种（郭振仁等，2009）。

2. 浮游动物的种类和数量

椰林湾海草床海域采集的动物样品鉴定共有 36 种，桡足类 14 种，占 38.89%；浮游幼虫类 10 种，占 27.78%；水母类 4 种，占 11.11%；翼足类和毛颚类各 2 种；枝角类、异足类、有尾类和端足类各 1 种（郭振仁等，2009）。

椰林湾海草床浮游动物丰度较高，约为 172.4 个/m^3，生物量为 50.0～100.0g/m^3，均值为 69.5g/m^3；浮游动物的多样性指数为 3.07～3.79，均值为 3.43。整体统计表明，椰林湾海草床海域浮游动物多样性指数值较高，表明该海草床浮游动物种类组成和生态类型丰富，群落结构呈现多种结构复合特征；浮游动物群落的均匀度均值为 0.86，表明该湾浮游动物种间个体数较均匀，各站点间浮游动物的分布为 82.5～280.0 个/m^3，除个别站点浮游动物密度为 82.5 个/m^3 外，其余站点浮游动物的密度均较高，且差异较小。浮游动物以短角长腹剑水蚤（*Oithona brovicornis*）、桡足类幼虫、多毛类幼虫、小拟哲水蚤（*Paracalanus parvus*）、驼背隆哲水蚤（*Acrocalanus gibber*）、小长腹剑水蚤（*Oithona nana*）和马氏嗜阳水母（*Solmissus marshalli*）等为优势种（郭振仁等，2009）。

第三节　广东流沙湾海草床中的浮游生物

1. 浮游植物种类及数量

张才学等（2012）在 2008 年 2～11 月对广东省流沙湾海草床海域的浮游植物进行了周年的季节调查，共检出浮游植物 151 种：冬季 57 种、春季 66 种、夏季 73 种、秋季 66 种，其中硅藻门 44 属 123 种，占浮游植物种类数的 81.4%；甲藻门 11 属 26 种，占浮游植物种类数的 17.2%；绿藻门和蓝藻门各 1 属 1 种，各占浮游植物种类数的 0.7%。优势种共有 26 种，主要为夜光藻（*Noctiluca scintillans*）、威氏角毛藻（*Chaetoceros weissflogii*）、圆海链藻（*Thalassiosira rotula*）、菱形海线藻（*Thalassionema nitzschioides*）等，都是链状群体或个体较细长或较大的种类，没有个体较短小的优势种群；各季节间共有种类数为 22～43 种，细胞丰度为 0.24×10^4～5.72×10^4 个/L，秋季最高，夏季次之，冬季最低，属季节单峰型变化，与一般亚热带春、秋季出现丰度高峰不一致。

2. 浮游动物的种类和数量

张才学等（2013）在 2008 年 2～11 月采用浅水 I 型浮游生物网对广东省流沙湾海草床海域的浮游动物进行了周年的季节调查发现，流沙湾海草床海域浮游动物共有 49 种和 13 类浮游幼虫，群落结构主要由桡足类和浮游幼虫所组成。优势种共有 20 种（类），四季均为优势种的种类有 2 种：针刺拟哲水蚤、小拟哲水蚤。年均丰度和生物量分别为 84.8ind/m^3 和 132.2mg/m^3，高峰期位于夏季，低谷位于冬季，周年变化基本上为单峰型。

第四节　广西海草床中的浮游生物

1. 浮游植物

海草区浮游植物在秋季（旱季）和春季（雨季）种类和数量都是以硅藻为主。只是个别离岸较近的站位出现个别淡水种类。海草区浮游植物出现了原本为底栖硅藻的种类，起到丰富浮游植物的作用，对维持浮游植物较高的密度和较高的生态系统初级生产力发挥重要作用。

2. 浮游动物

海草区浮游动物在秋季（旱季）和春季（雨季）种类和数量都是以桡足类为主。但在春季一些离岸较近的站位出现了一定种类和数量的枝角类淡水种。

相对于其他非典型生态区海区浮游动物数量分布（文献报道一般是在 10^2ind/m^3 级别），海草区浮游动物的数量较大（达到 10^4～10^5ind/m^3 级别）。这对维持海草床生态系统较高的生产力有重要意义。

广西海草区浮游动物优势种为长腹剑水蚤 1（*Oithona* sp1.）、长腹剑水蚤 2（*Oithona* sp2.）、无节幼体（nauplius larva）、剑水蚤挠足幼体（*Cyclopoida copepodite*）和孔雀强额哲水蚤（*Pavocalanus crassirostris*）。其中浮游幼体的种类和数量占了很高的比例。

第五节　广东柘林湾海的浮游植物

2000 年 7 月至 2005 年 8 月，王超等（2006）对粤东拓林湾浮游植物种类进行调查研究。结果表明，粤东拓林湾浮游植物种类比较丰富，共鉴定浮游植物 315 种（含变种变型）。其中硅藻门 75 属 231 种，占总种数的 73.33%；甲藻门 20 属 70 种；金藻门 6 属 6 种；蓝藻门 3 属 3 种；绿藻门 3 属 3 种；黄藻门 1 属 2 种。

本调查期间，在浮游植物的各月总细胞数里占有较大百分比（以＞10%为标准）的有骨条藻属（*Skeletonema*）、角毛藻属（*Chaetoceros*）、弯角藻属（*Eucampia*）、海线藻属（*Thalassionema*）、直链藻属（*Melosira*）、菱形藻属（*Nitzschia*）、拟菱藻属（*Nitzschiella*）、夜光藻属（*Noctiluca*）、龙骨藻属（*Tropidoneis*）、海链藻属（*Thalassiosira*）、星杆藻属（*Asterionella*）、角管藻属（*Cerataulina*）、褐胞藻属（*Phaeocystis*）、卡盾藻属（*Chattonella*）、裸甲藻属（*Gymnodinium*），其中，中肋骨条藻（*Skeletonema coatatum*）为整个调查期间的绝对优势种。

第六节　桑沟湾海草床中的浮游植物

慕建东等（2009）在 2003 年 8 月至 2005 年 5 月对桑沟湾进行调查，对该海区浮游植物的种类组成、数量分布和群落结构进行分析。结果表明，调查海域共检出浮游植物 32 属 72 种。其中，硅藻 29 属 60 种，占 83.3%；甲藻 3 属 12 种，占 16.7%。浮游植物数量的变动范围为 5.0×10^4～3416.0×10^4cell/m^3，浮游植物数量均值的最高值出现在 2003 年 8 月，最低值出现在 2005 年 5 月。

参 考 文 献

郭振仁，黄道建，黄正光，等. 2009. 海南椰林湾海草床调查及其演变研究. 海洋环境科学，28（6）：706-709.

慕建东，董玮，陈碧鹃，等. 2009. 桑沟湾浮游植物生态特征. 渔业科学进展，30（3）：91-96.

王超. 2006. 粤东大规模增养殖区拓林湾浮游植物生态学的长期研究. 汕头：汕头大学硕士学位论文.

张才学，陈慧妍，孙省利，等. 2012. 流沙湾海草床海域浮游植物的时空分布及其影响因素. 生态学报，32（5）：1527-1537.

张才学，孙省利，陈春亮，等. 2013. 流沙湾海草床海域浮游动物的群落结构和季节变化. 海洋与湖沼，44（5）：1386-1395.

第四篇　海草生态系统中的碳通量

第十章 海草蓝色碳汇的总论

第一节 全球海草固碳总量

海洋中储存着大量的碳，海洋生物中的碳储量约为 3Gt，海水中溶解的有机碳约为 1000Gt，溶解的无机碳约为 37400Gt，对全球碳循环产生重要影响（郎惠卿，1999），海洋生态系统是全球重要的碳汇，研究者采用不同模型估算海洋吸收 CO_2 的能力约为每年 2.0Gt（严国安，2001）。

海草床是海洋生态系统中重要的碳汇。尽管海草分布不足海洋总面积的 0.2%，但它们在浅海生态系统中却发挥着重要的作用，密集生长的海草构成的海草床不仅可起到减弱水流（Koch and Gust，1999）和稳固底质（Heiss et al.，2000）的作用，还可为系统内的生物提供隐蔽和栖息场所，增加系统生物多样性（Heck et al.，2003），并构成碎屑食物链的基础（Mateo and Romero，1997）。海草场作为一种典型的浅海生态系统，具有很高的初级生产力，若以较低的海草场估算面积（300000km^2）进行估算，全球海草生态系统的净群落生产力 NCP（net community production）达每年 0.02～0.05Gt；如果以较高的海草场估算面积（600000km^2）进行估算时，全球海草生态系统 NCP 高达每年 0.04～0.10Gt（Duarte，1996）。研究表明，海草生态系统碳汇约为每年 0.08Gt（Duarte，1996；Dawson，2002）。采用碳收支法间接估算，海草床底质短期（数年）埋藏碳的能力被估计为每年 53g/m^2，采用放射性同位素分析法直接估算，海草床长期藏碳的能力为每年 58g/m^2（Harrison，1989）。海草床较高的碳汇能力以及碳捕获能力使大量碳流向海草床底质（Harrison，1989）。Duarte 和 Cebrián 估计海草初级生产力的 16%被埋藏在底质中（Duarte，1996）。

长期以来，海草床卓越的生态功能，其碳汇功能或被忽略。但近年来相关研究逐渐增多，海草床巨大的碳汇能力被逐渐揭示：海草以不足 0.2%的覆盖面积，占到了海洋每年总碳埋藏量的 10%～18%（Duarte et al.，2005）；海草床碳积累速率为每平方米每年约 83g（Duarte et al.，2005），高于多数陆地系统（Pidgeon，2009）；全球海草总的碳埋藏速率达每年 27～44Tg C，海草生态系统高碳储量的主要原因为其初级生产力高，总有机碳储量达 19.9Pg、可捕获水体的颗粒将其储存在底质中（Kennedy et al.，2010）及缺氧环境下碳分解速率低（Duarte et al.，2011）。

第二节 海草床固碳途径

海草床生态系统具有高而多样的初级生产力和次级生产力，加之对水体外源碳颗粒的捕获，因而碳储量尤其可观。

1. 海草床固碳途径之一——海草本身初级生产力与现存生物量碳储力

海草床具有巨大碳汇量的主要原因在于其具有巨大的初级生产力，据 Duarte 和 Chiscano（1999）的分析研究表明，海草地上部分的初级生产力为每天 0.003～15g DW/m^2，以碳计为每天 0.1～18.7g C/m^2，平均每天 0.5～2.0g C/m^2，尽管由于海草种类多样、环境多样、初级生产变化较大，导致其初级生产力范围跨度较大，但依然超过许多陆地和海洋系统（表 10-1）。海草叶片碳收支概念模式见图 10-1。

表 10-1 海草和其他海洋及陆地生态系统的净生产力比较（Larkum et al.，2006）

生态系统类型	覆盖面积/（10^6km^2）	年生产力/（g C/m^2）	年总生产力/（Pg C/m^2）
海洋浮游植物			
大洋水体	332	130	43
浅海水体	27	167	4.5
浅海大型植物			
红树林	1.1	1000	1.1
海草	0.6	817	0.48
大型海藻	6.8	375	2.55
微型底生植物	6.8	50	0.34
陆地生态系统			
森林	41	400	16.4
草地	15	350	5.25
荒漠	40	50	2
陆地生态系统	148	200	29.6
内陆水体	1.9	100	0.19
海洋	359	132	47.5

据 Fourqurean 等（2012）的统计和计算，世界范围海草现存生物量的碳储量为（2.52±0.48）Mg C/hm^2，其中 2/3 以根与地下茎的形式储存，只是不同地区、不同海草种类的碳储量亦差别非常大。最大的海草有机碳库为地中海 *Posidonia oceanica* 草床，该海草具有非常长的地下茎部分，总现存生物量高达

（7.29±1.52）Mg C/hm^2（Fourqurean et al.，2012）。

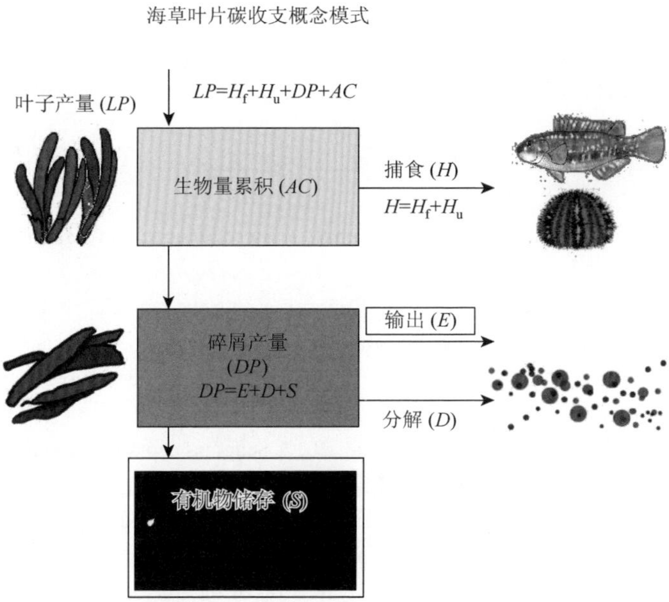

图 10-1　海草叶片碳收支概念模式

2. 固碳途径之二——附着藻类及其他初级生产者的固碳贡献

海草附着藻类及其他初级生产者（漂浮大型藻类、底栖大型藻类、底栖微藻及浮游植物等）不仅是构成海草生态系统生物多样性的重要部分，亦是该生态系统初级生产力的主要贡献者。这一点正在被近年来的一些研究所证实，如 Moncreiff 等在密西西比海峡的研究发现，藻类（包括附着藻类、底栖硅藻和浮游植物）的初级生产力高达整个海草系统总初级生产的 87%（Moncreiff et al.，1992）；而 Kaldy 等（2002）的调查发现，该海草生态系统中底栖大型藻类的初级生产占总初级生产的 33%～42%，其次为海草和其他微藻，分别占 33%～38%和 23%～56%。

3. 草床固碳途径之三——海草床捕获的其他来源碳

海草生态系统沉积的碳，除来自其自身组织外，还有外源碳的沉积。因海草茂密的冠层可减弱水流和捕获颗粒物质，从而使得外源水颗粒沉积在草床中，成为了另一重要碳来源。Kenndey 等（2010）应用同位素分析，对全球海草研究统计发现，海草床沉积碳中约有 50%的贡献来自海草，其余则来自海草床捕获的其他颗粒碳，如浮游植物和陆源碳等。

参 考 文 献

郎惠卿，赵魁义，陈克林. 1999. 中国湿地植被. 北京：科学出版社.

严国安，刘永定. 2001. 水生生态系统的碳循环及对大气CO_2的汇. 生态学报，21 (5)：827-833.

Dawson T E，Mambelli S，Plamboeck A H，et al. 2002. Stable isotopes in plant ecology. Annual review of ecology and systematics，507-559.

Duarte C M，Cebrian J. 1996. The fate of marine autotrophic production. Limnology and Oceanography，41 (8)：1758-1766.

Duarte C M，Chiscano C L. 1999. Seagrass biomass and production：A reassessment. Aquat. Bot，65：159-174.

Duarte C M，Kennedy H，Marbà N，et al. 2011. Assessing the capacity of seagrass meadows for carbon burial：Current limitations and future strategies. Ocean Coast Manage，51：671-688.

Duarte C M，Middelburg J J，Caraco N. 2005. Major role of marine vegetation on the oceanic carbon cycle. Biogeosciences，2 (1)：1-8.

Fourqurean J W，Duarte C M，Kennedy H，et al. 2012. Seagrass ecosystems as a globally significant carbon stock. Nature Geoscience，5：505-509.

Harrison P G. 1989. Detrital processing in seagrass systems：a review of factors affecting decay rates，remineralization and detritivory. Aquatic Botany，35 (3)：263-288.

Heck K L，Hays G，Orth R J. 2003. Critical evaluation of the nursery role hypothesis for seagrass meadows. Mar Ecol Prog Ser，253：123-136.

Heiss W M，Smith A M，Keith P P. 2000. Influence of the small intertidal seagrass *Zostera novazelandica* on linear water flow and sediment texture. N Z J Mar Freshwater Res，34：689-694.

Kaldy J E，Onuf C P，Eldridge P M，et al. 2002. Carbon budget for a subtropical dominated coastal lagoon：How important are seagrasses to total ecosystem net primary production？Estuaries，25：528-539.

Kennedy H，Beggins J，Duarte C M，et al. 2010. Seagrass sediments as a global carbon sink：Isotopic constraints. Global. Biogeochem Cycles，24：GB4026.

Koch E W，Gust G. 1999. Water flow in tide-and wavedominated beds of the seagrass *Thalassia testudinum*. Marine Ecology Progress Series，184：63-72.

Larkum A W D，Orth R J，Duarte C M. 2006. Seagrasses：biology，ecology and conservation. Springer：Dordrecht.

Mateo M A，Romero J. 1997. Detritus dynamics in the seagrass *Posidonia oceanica*：elements for an ecosystem carbon and nutrient budget. Marine Ecology Progress Series，151：43-53.

Moncreiff C A，Sullivan M J，Daehnick A E. 1992. Primary production dynamics in seagrass beds of Mississippi Sound：The contributions of seagrass，epiphytic algae，sand microflora and phytoplankton. Mar Ecol Prog Ser，87：161-171.

Pidgeon E. 2009. Carbon sequestration by coastal marine habitats：Missing sinks，in *The Management of Natural Coastal Carbon Sinks* edited by D. d’A Laffoley and G. Grimsditch，pp. 47-51. IUCN，Gland，Switzerland.

第十一章 海南新村港海菖蒲生物量和碳储存

第一节 海菖蒲的茎枝特征

1. 海菖蒲茎枝叶数

新村港海菖蒲茎枝叶数在调查的 4 个季度里，其范围值为 2.0～7.0 片/枝，平均值为 4.47 片/枝。4 个季度的茎枝叶数差异较小，但冬季明显较其他 3 个季度小，呈现出春季＞夏季＞秋季＞冬季的分布趋势。海菖蒲茎枝特征分析结果见表 11-1，海菖蒲茎枝特征在 4 个季度中各个评价因子均数的方差分析统计结果见表 11-2。

表 11-1 海菖蒲茎枝特征分析结果

生态因子		时间			
		2005 年 4 月	2005 年 7 月	2005 年 10 月	2006 年 1 月
茎枝叶数（片/枝，*n*=60）	范围	3.0～6.0	2.0～7.0	3.0～6.0	3.0～6.0
	均值	4.63±0.76	4.57±0.87	4.52±0.70	4.17±0.69
茎枝生物量（g/枝，*n*=30）	范围	1.03～4.45	0.70～6.40	1.92～3.20	1.56～3.73
	均值	2.82±1.10	2.92±1.54	2.41±0.30	2.56±0.64
叶长（cm，*n*=60）	范围	28.5～78.6	40.0～93.2	33.7～71.9	29.5～82.5
	均值	56.07±16.26	64.99±13.10	52.08±7.52	59.87±12.88
叶宽（cm，*n*=60）	范围	1.00～2.05	1.35～2.12	1.25～2.35	1.12～2.00
	均值	1.50±0.29	1.79±0.15	1.74±0.23	1.59±0.18
附着藻类生物量（mg/m^2，*n*=18）	范围	0.15～0.64	0.14～0.73	0.26～0.90	1.42～6.67
	均值	0.32±0.18	0.38±0.20	0.48±0.20	3.07±1.33

表 11-2 不同样区 4 个季度海菖蒲茎枝特征各因子方程分析结果

统计项目	时间	方差来源/%		*df*	MS	*F*	*P*	样区间的差异性
		样区内	样区间					
茎枝叶数	2005 年 4 月	91.15	8.85	59	2.06	2.80	0.069	1 2
	2005 年 7 月	94.51	5.49	65	2.13	1.83	0.169	ns
	2005 年 10 月	89.07	10.93	59	3.15	3.50	0.037	1 2，1 3
	2006 年 1 月	79.41	20.59	59	3.31	7.39	0.001	1 2，1 3

续表

统计项目	时间	方差来源/%		*df*	MS	F	*P*	样区间的差异性
		样区内	样区间					
茎枝生物量	2005 年 4 月	10.80	89.20	29	15.72	111.51	<0.001	1 2 3
	2005 年 7 月	39.99	60.01	29	21.6	20.26	<0.001	1 2 3
	2005 年 10 月	53.60	46.40	29	1.16	11.57	<0.001	1 2 3
	2006 年 1 月	33.58	66.42	32	4.51	29.66	<0.001	1 2 3
叶长	2005 年 4 月	12.13	87.87	89	6889.3	206.48	<0.001	1 2 3
	2005 年 7 月	59.02	40.98	89	9372.6	62.65	<0.001	1 2 3
	2005 年 10 月	59.02	40.98	89	9372.6	62.65	<0.001	1 2 3
	2006 年 1 月	48.86	51.14	89	2856.9	45.52	<0.001	1 2 3
叶宽	2005 年 4 月	71.62	28.38	89	1.86	72.44	<0.001	1 2 3
	2005 年 7 月	97.07	2.93	89	0.29	14.34	<0.001	1 2，1 3
	2005 年 10 月	83.15	16.85	89	0.36	8.81	<0.001	1 2 3
	2006 年 1 月	57.09	42.91	89	1.08	32.70	<0.001	1 2 3
附着藻类生物量	2005 年 4 月	91.69	8.31	17	0.24	82.74	<0.001	1 2 3
	2005 年 7 月	89.51	10.49	17	0.31	64.06	<0.001	1 2 3
	2005 年 10 月	90.63	9.37	17	0.33	72.52	<0.001	1 2 3
	2006 年 1 月	54.70	45.30	17	7.85	6.21	0.011	1 2，1 3

注：1 2 3 分别代表网箱养殖区、中间过渡区和对照区，样区间的差异性中的 1 2 3 代表样区 1、2 和 3 两两之间相互显著

海菖蒲茎枝叶数在春、秋和冬季均显示出了显著的空间差异性（$P<0.001$）。网箱养殖区海菖蒲茎枝叶数，比其中间过渡区和对照区的小（图 11-1），但中间过渡区和对照区海菖蒲的茎枝叶数差异较小（$P>0.05$）。

2. 海菖蒲茎枝生物量

海菖蒲茎枝生物量为 0.70～6.40g/枝，全年的平均值为 2.68g/枝。从时间分布上看，茎枝生物量显示了夏季>春季>冬季>秋季的趋势，在春、夏两季，海菖蒲茎枝生物量明显要比秋冬两季的高。

海菖蒲的茎枝生物量在 4 个季度中，均显示出了显著的空间差异性（$P<0.001$）。在春、夏、秋 3 个季度，显示出了由网箱养殖区向对照区显著增大的趋势（图 11-2），在春季和夏季尤为明显，在这两个季度里，网箱养殖区海菖蒲的茎枝生物量，分别只有中间过渡区和对照区的 48.36%、37.31%和 38.87%、32.19%。而在冬季，则出现了网箱养殖区茎枝生物量较中间过渡区和对照区大

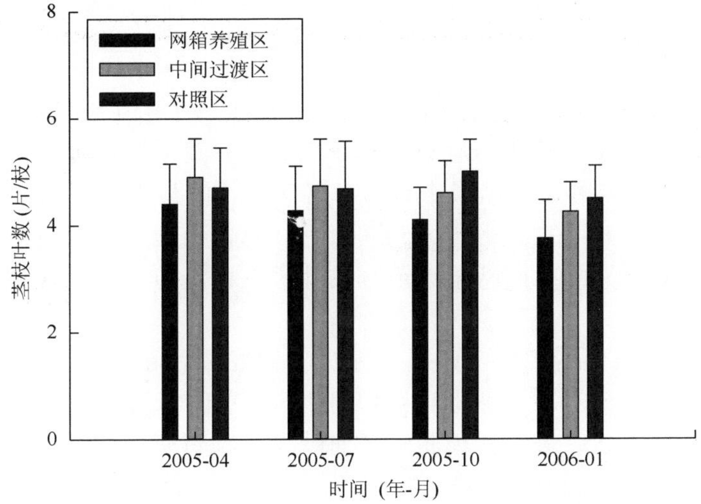

图 11-1　不同样区 4 个季度海菖蒲茎枝叶数

的现象，这可能与冬季气温利于大型藻类生长有关。据现场调查发现，2006 年 1 月，中间过渡区和对照区生长了大量的诸如石莼（*Ulva pertusa*）、石花菜（*Gelidium amansii*）和颤藻（*Oscillatoria tenuis*）等大型藻类，这些大型藻类大量覆盖于海菖蒲之上，导致海菖蒲叶子部分出现了腐烂现象；而网箱养殖区由于水位较深，大型藻类分布较中间过渡区和对照区明显要少，对海菖蒲的影响相对较小。

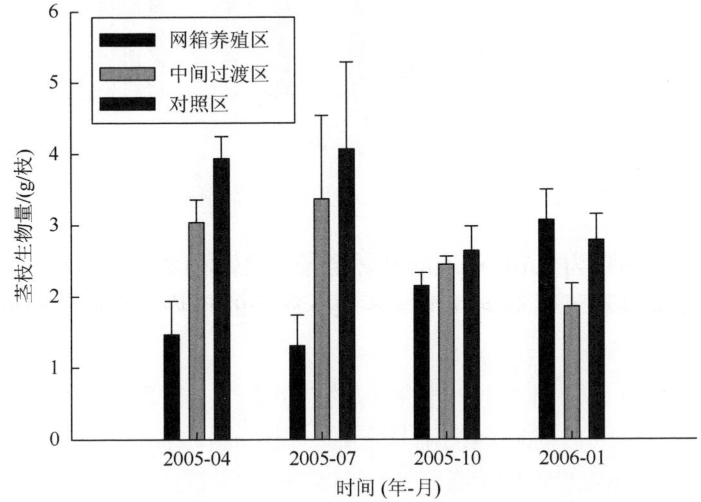

图 11-2　不同样区 4 个季度海菖蒲茎枝生物量

3. 海菖蒲叶特征

海菖蒲的叶长范围为 28.5～93.2cm，全年的平均值为 58.25cm。从时间分布上看，呈现了夏季＞冬季＞春季＞秋季的趋势，夏季海菖蒲的叶明显较其他 3 个季度长。从全年的研究结果来看，海菖蒲叶长的最大值（均值为 72.32cm）出现在对照区，其出现时间是 2005 年 4 月，总体而言，中间过渡区和对照区海菖蒲叶长在秋季最小，而网箱养殖区的叶长变化趋势与其茎枝生物量的变化趋势一致。

海菖蒲的叶长，在 4 个季度中均显示出了显著的空间差异性（$P<0.001$）。在春、夏 2 个季度显示出了中间过渡区和对照区比网箱养殖区显著要大的现象（图 11-3），在这 2 个季度里，网箱养殖区的叶长分别只有中间过渡区和对照区的 59.88%、49.67%和 50.89%、60.85%。

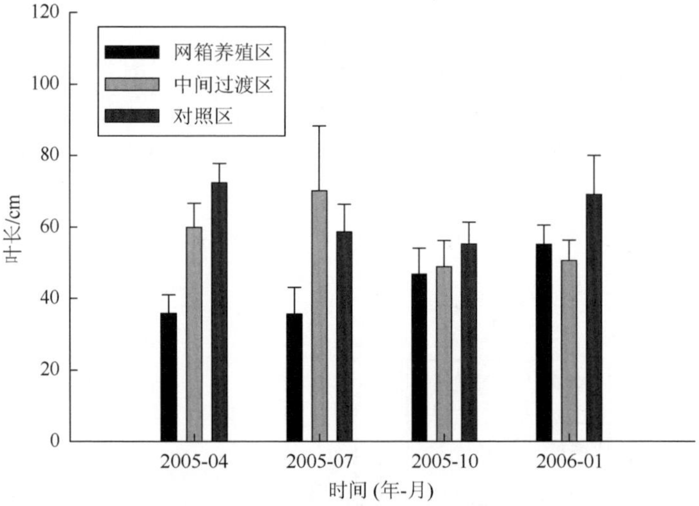

图 11-3　不同样区 4 个季度海菖蒲叶长

海菖蒲的叶宽为 1.00～2.12cm，全年的平均值为 1.66cm。从时间分布上看，呈现了夏季＞秋季＞冬季＞春季的趋势，夏、秋季海菖蒲的叶明显较冬、春季宽。

海菖蒲叶宽也显示出了与叶长相似的趋势，在春、夏、秋 3 个季度，均显示出了由网箱养殖区向对照区逐渐增大的趋势（图 11-4），在春季显得尤为明显。而到了冬季，则呈现出网箱养殖区海菖蒲叶宽较中间过渡区和对照区显著增大的现象，网箱养殖区海菖蒲的平均叶宽达到 1.91cm，是本次研究过程中所获得的最大值。

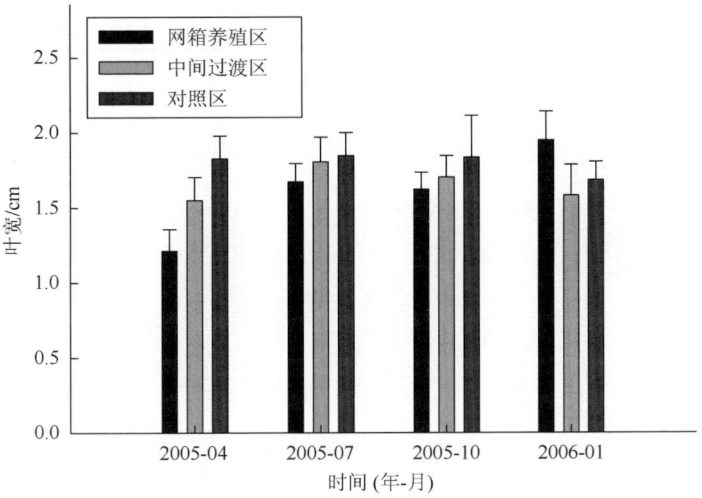

图 11-4 不同样区 4 个季度海菖蒲叶宽

从以上分析可知，新村港海菖蒲的叶长和叶宽并不是成正比生长的，海菖蒲叶的形态特征直接影响着其茎枝生物量的变化，本次研究显示，海菖蒲茎枝生物量在 4 个季节里基本没有显示出和叶长或叶宽产生一致生长规律的现象。

第二节 海菖蒲生物量和茎枝密度

海菖蒲生物量和茎枝密度分析结果见表 11-3，在 4 个季度中，海菖蒲生物量及茎枝密度均数的方差分析统计结果见表 11-4。

表 11-3 海菖蒲茎枝生物量和茎枝密度分析结果

生态因子		时间			
		2005 年 4 月	2005 年 7 月	2005 年 10 月	2006 年 1 月
茎枝密度（枝/m^2，n=24）	范围	48～136	32～144	28～116	60～172
	均值	90.7±22.3	81.5±32.2	82.3±26.6	113.8±26.2
地上生物量（g/m^2，n=12）	范围	110.4～465.6	96.4～457.5	63.9～273.4	153.2～334.8
	均值	293.1±118.2	289.9±140.6	195.1±69.5	240.4±57.1
地下生物量（g/m^2，n=12）	范围	681.8～904.0	700.05～843.2	660.8～816.0	675.2～945.6
	均值	784.6±72.1	783.9±40.5	738.0±47.1	818.2±77.3

表 11-4　不同样区 4 个季度海菖蒲生物量及茎枝密度特征方差分析结果

统计项目	时间	方差来源/%		*df*	MS	*F*	*P*	样区间的差异性
		样区内	样区间					
茎枝密度	2005 年 4 月	58.56	41.44	23	1510	7.43	0.004	1 2，1 3
	2005 年 7 月	14.43	85.57	23	10347.5	62.28	<0.001	1 2 3
	2005 年 10 月	14.43	85.57	23	10347.5	62.28	<0.001	1 2，1 3
	2006 年 1 月	32.45	67.55	29	9189	28.10	<0.001	1 2 3
地上生物量	2005 年 4 月	93.26	6.74	11	60993	62.24	<0.001	1 2 3
	2005 年 7 月	1.48	98.52	11	107405	300.46	<0.001	1 2 3
	2005 年 10 月	1.48	98.52	11	107405	300.46	<0.001	1 2，1 3
	2006 年 1 月	32.09	67.91	11	13472	9.52	0.006	1 3，2 3
地下生物量	2005 年 4 月	89.69	10.31	11	8653	0.52	0.612	ns
	2005 年 7 月	28.62	71.38	11	5671.9	11.23	0.04	1 2 3
	2005 年 10 月	28.62	71.38	11	5671.9	11.23	0.04	1 2 3
	2006 年 1 月	36.77	63.23	11	23475	7.74	0.011	1 2，1 3

注：1 2 3 分别代表网箱养殖区、中间过渡区和对照区，样区间的差异性中的 1 2 3 代表样区 1、2 和 3 两两之间相互显著

1. 海菖蒲茎枝密度

海菖蒲茎枝密度在 4 个季度里的范围值为 28～172 枝/m^2，均值为 92.1 枝/m^2。从时间分布上看，显示出了冬季>春季>秋季>夏季的趋势。冬季海菖蒲的茎枝密度最大，达到了 113.8 枝/m^2，明显要比其他 3 个季度高。

研究结果表明，海菖蒲茎枝密度在 4 个季度里均显示出了显著的空间差异性（$P<0.005$）。网箱养殖区海菖蒲茎枝密度，明显要比中间过渡区和对照区小（图 11-5）。

2. 海菖蒲茎枝生物量

海菖蒲地上生物量全年的范围值为 63.9～465.9g/m^2，均值为 254.6g/m^2。海菖蒲地上生物量在春、夏季较高，秋季最低，只有 195.1g/m^2。海菖蒲的茎枝密度和茎枝生物量直接影响着其地上生物量，从时间分布上看，中间过渡区和对照区海菖蒲的地上生物量显示出了春、夏季>秋、冬季的趋势，这与这 2 个样区海菖蒲茎枝生物量的分布趋势一致，但与茎枝密度分布有所不同，考虑到量值上的平衡，本次研究表明，海菖蒲的茎枝生物量和茎枝密度在量值上基本反应了海菖蒲地上生物量

的分布趋势。而网箱养殖区海菖蒲地上生物量的时间分布趋势为冬季＞春季＞夏季＞秋季，这与其茎枝密度分布趋势一致，与茎枝生物量的分布趋势略有不同。

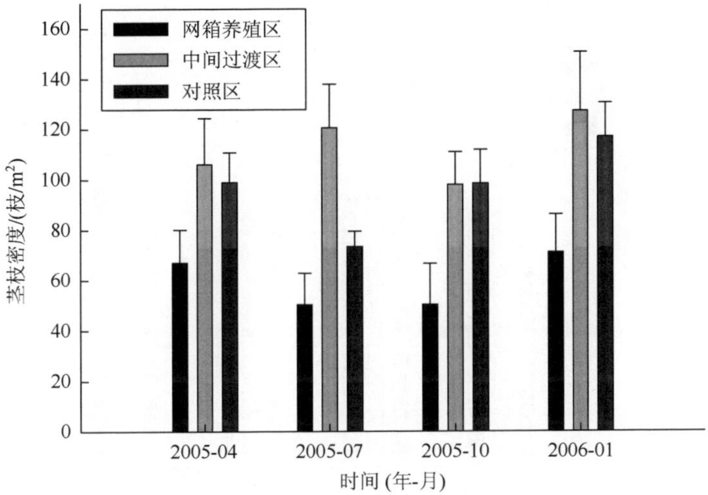

图 11-5　不同样区 4 个季度海菖蒲茎枝密度

海菖蒲地上生物量，显示出了网箱养殖区比中间过渡区和对照区显著要小的趋势（$P<0.001$）（图 11-6）。在春、夏 2 个季度，网箱养殖区海菖蒲的地上生物量，分别只有中间过渡区和对照区的 44.51%、35.89%和 25.58%、32.26%。

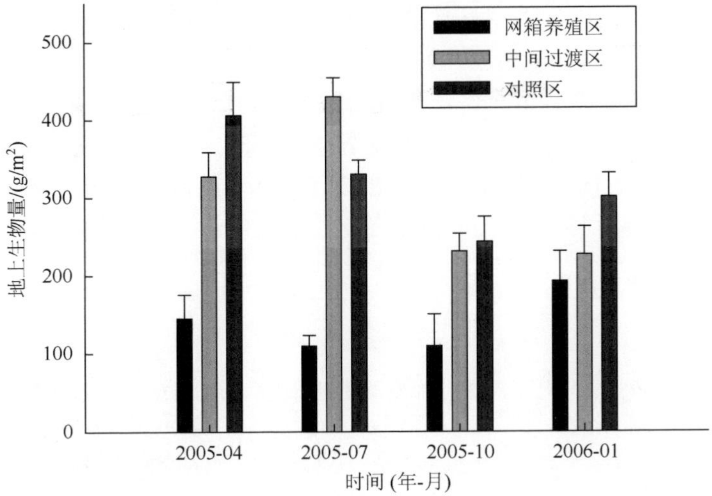

图 11-6　不同样区 4 个季度海菖蒲地上生物量

作为多年生草本植物，海菖蒲的根和茎常年留在地下，生物量比较大，新村港海菖蒲地下生物量基本为700～900g/m^2。海菖蒲地下生物量，虽然差异性也较为显著（P<0.05），但是，不同季度地下生物量的差异并不大（图 11-7）。

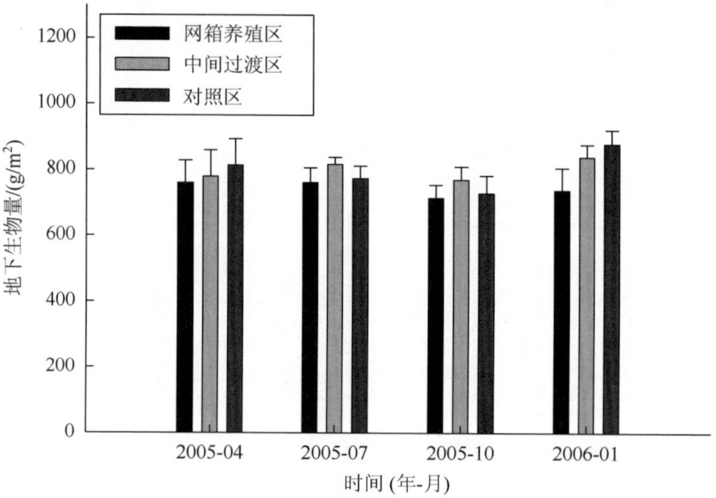

图 11-7 不同样区 4 个季度海菖蒲地下生物量

第三节 海南岛各调查区海草生物量

海南岛各调查区海草生物量为 71.24～727.24g/m^2，平均生物量为 410.26g/m^2。其中小喜盐草 0.17g/m^2、贝克喜盐草 0.36g/m^2、针叶藻 4.53g/m^2、羽叶二药藻为 5.12g/m^2、喜盐草 8.51g/m^2、齿叶海神草为 8.86g/m^2、二药藻 11.07g/m^2、海神草 22.26g/m^2、泰来藻 127.12g/m^2、海菖蒲 222.24g/m^2。海草生物量最高的是龙湾为 727.24g/m^2，其次为冯家湾 718.53g/m^2、港东村 537. 47g/m^2、铁炉港 483.56g/m^2、宝峙村 467.21g/m^2、青葛 433.18g/m^2、黎安港 405.66g/m^2、长圮港 374.89g/m^2、高隆湾 372.96g/m^2、新村港 289.13g/m^2、潭门 249.23g/m^2、后海湾 203.02g/m^2，最少的是花场湾 71.24g/m^2（王道儒，2012）。

参 考 文 献

黄道建. 2007. 海南岛新村湾海菖蒲生态特征及其对营养负荷的响应. 广州：中国科学院南海海洋研究所硕士学位论文.

王道儒，吴钟解，陈春华，等. 2012. 海南岛海草资源分布现状及存在威胁. 海洋环境科学，31 (1)：34-38.

第十二章　新村港泰来藻生物量和生产力的季节变化

泰来藻 *Thalassia hemprichii* 广泛分布于印度洋和西太平洋，是典型的热带海草，往往发展成为当地海草床的优势种。泰来藻属有两个种：*Thalassia testudinum* 和 *Thalassia hemprichii*，前者分布在加勒比海，欧美海草学者很早就对它进行研究，已经积累了丰富的研究资料；20 世纪 80 年代以来，对 *Thalassia hemprichii* 的生态学研究逐渐开展，其中对菲律宾的 *Thalassia hemprichii* 种群研究得最为系统。有关 *Thalassia hemprichii* 的研究来自东南亚（Vermaat et al.，1995；Rollon et al.，2001）、非洲东部的肯尼亚（Uku and Björk，2005）、中国台湾南部（Lin et al.，1998）、巴布亚新几内亚（Brouns，1985，1987）、阿拉伯海（Jagtap，1998）等地。海南岛位于温带西太平洋区系和印度-太平洋区系重叠区的北界，研究该岛的海草可以为这两大区系海草的对比研究提供重要依据。

在时间序列上，热带海草的生产力和生物量变化幅度虽没有温带海草那么大，但还是变化明显。除了受光照强度和温度影响外，海草的生产力和生物量更多地受到波浪和潮汐的影响，还与云量、季风等气象因素有关（Agawin et al.，2001），此外，营养盐浓度的空间分布（Uku，2005）、底质中淤泥和黏土含量的分布（Terrados et al.，1992，1995）都可以引起海草生物量和生产力的变化。因此，热带海草生产力和生物量的时空变化比温带海草的更复杂。

第一节　新村港采样地的海草和生态环境

在各个站位，生长着不同的海草群落，种类组成如表 12-1 所示。海菖蒲和泰来藻是新村港海草床的优势种，它有采样站点均出现且形成大小不等的斑块，最大斑块的中轴长达几十米。海神草、二药藻和喜盐草只在部分站点出现，且只形成小块分布，是海菖蒲和泰来藻的伴生种。采样点见图 12-1。

（一）物理化学环境因子

从海湾志资料和现场实测数据来看，新村港的气温、表层海水温度和光合有效辐射（PAR）的峰值出现在夏季、最低值出现在春季。实测所得当日最大光照强度的季节变化是 1415～2057μmol/（s·m^2），接近或大于泰来藻的光抑制强度

表 12-1　各站位海草种类组成（+表示出现）

海草种类	1 号站	2 号站	3 号站	4 号站	5 号站
海菖蒲（*E. acoroides*）	++	+	+	+	+
泰来藻 *T. hemprichii*	+	++	+	+	+
海神草（*C. rotundata*）		+		+	
二药藻（*H. uninervis*）	+				
喜盐草（*H. ovalis*）	+		+	+	

注："++"表示较多

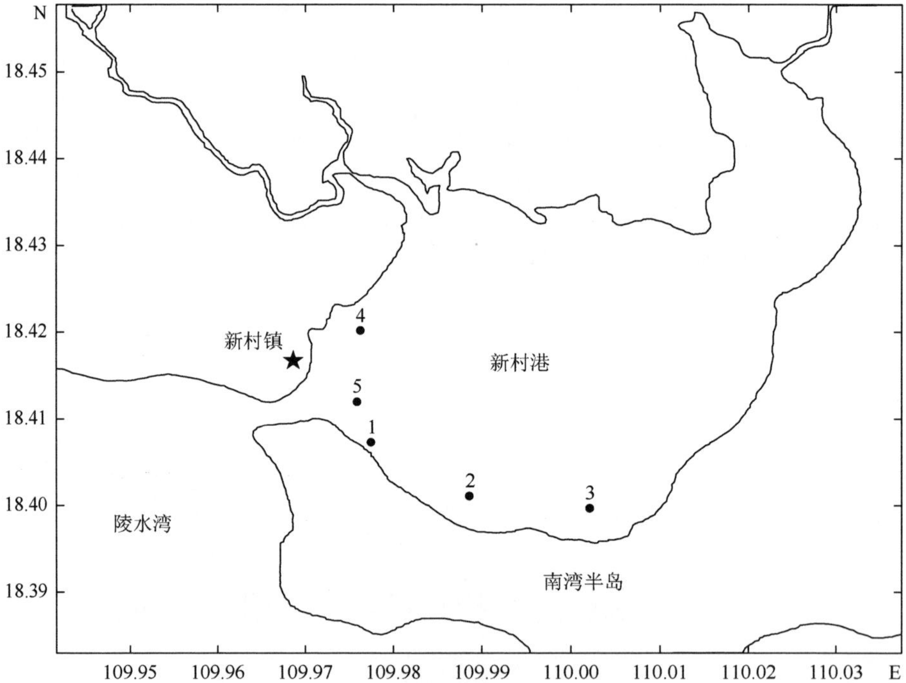

图 12-1　新村港采样点

［1600μmol/（s·m^2），Hanelt et al.，1994］，而且随着潮汐变化，泰来藻周期性的露出水面，由此推断一年四季中，湾内泰来藻很有可能较长时间受到强光照的胁迫，尤其是在夏季，光合作用会明显受到光抑制。

降雨量的峰值出现在 9 月，并且在 7 月出现一个"小低谷"（表 12-2）。湾内水体盐度较高，接近外海大洋水的盐度，这是因为新村港内经由河流输入淡水量少，盐度主要由外海水调控，在秋季，盐度略微下降，这是由于秋季雨量增加带来的稀释效果。

表层水体的硝酸盐和氨的浓度变化范围分别是（1.32±0.47）～（2.27±0.56）μmol/L、（0.34±0.13）～（2.64±1.69）μmol/L；活性磷酸盐的浓度变化范围是（0.09±0.02）～（0.45±0.57）μmol/L。沉积物间隙水中氨的浓度是（20.66±6.71）μmol/L，硝酸盐的浓度只有（0.49±0.44）μmol/L，活性磷酸盐的浓度是（0.78±0.45）μmol/L。世界范围的海草床调查结果显示：就平均值而言，海草床水体铵的浓度是3.1μmol/L，硝酸盐浓度是2.7μmol/L，活性磷酸盐浓度是0.35μmol/L；海草床底质间隙水中铵的浓度达到86μmol/L，硝酸盐浓度只有3.4μmol/L，活性磷酸盐浓度可达12μmol/L（Hemminga，1998）。通过对比发现：新村港海草床水体和底质间隙水中氮、磷营养盐偏低，可能限制了海草生长。水体中氮、磷营养盐偏低可能和新村港内大面积养殖麒麟菜竞争营养盐有关。底质间隙水中活性磷酸盐的浓度很低，很可能是热带和亚热带海湾的碳酸钙质细小底质颗粒对磷酸盐具有很强的吸附作用所致（Kitano，1978；Gaudette and Lyons，1980；Fourqurean，1992）。这在热带和亚热带碳酸钙质底质类型的海湾中比较普遍，Koch 等（2001）在研究Florida湾东北部海草床底质内的非溶解态磷元素库（solid-phase phosphorous pools）时发现：被钙质底质束缚的磷元素约占总磷的56%，约占无机磷的96%。

表 12-2　采样点水体和沉积物间隙水环境因子

环境因子	春季	夏季	秋季	冬季
水柱				
盐度/psu	35.0±1.4	35.2±0.8	34.5±0.7	35.6±1.1
温度/℃	30.0±1.2	34.1±0.8	27.0±1.5	24.3±1.5
波高/cm	24～133	–6～168	48～165	17～171
光照强度/［μE/（s·m^2）］	1520±34	2030±69	1815±56	1675±74.5
硝酸盐/（μmol/L）	1.82±0.32	—	2.27±0.56	1.32±0.47
亚硝酸盐/（μmol/L）	0.14±0.05	—	0.09±0.03	0.05±0.02
氨盐/（μmol/L）	2.64±1.69	—	0.66±0.15	0.34±0.13
活性磷酸盐/（μmol/L）	0.45±0.57	—	0.09±0.02	0.30±0.08
沉积物间隙水				
硝酸盐/（μmol/L）	0.49±0.44	—	—	—
亚硝酸盐/（μmol/L）	0.81±0.32	—	—	—
氨盐/（μmol/L）	20.66±6.71	—	—	—
活性磷酸盐/（μmol/L）	0.78±0.45	—	—	—

注：营养盐数据由黄道建和许战洲合测

（二）生物量

分别用海草叶片、地下茎（水平茎和垂直茎）和根的生物量来描述海草器官生物量的季节变化，各器官生物量之和就是整株泰来藻生物量（whole plant biomass）。这和估计的相反，这两者的季节变化都是是明显的（图 12-2）。

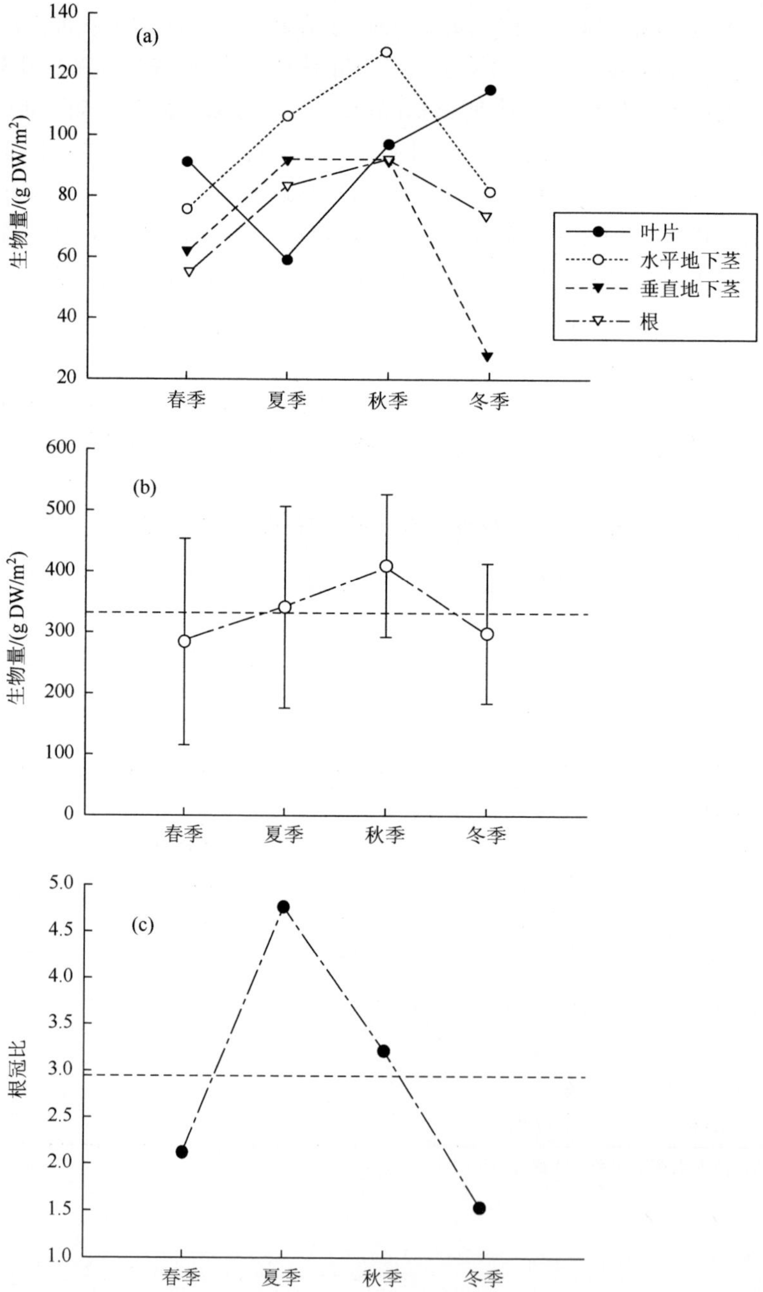

图 12-2　泰来藻各部分生物量季节变化

（a）各个器官；（b）整株；（c）根冠比

新村港整株泰来藻生物量平均值的变化范围是（284.27±84.25）～（409.60±75.52）g DW/m^2，变化幅度达 125g DW/m^2（44%）。从春季到秋季，生物量逐渐增加，进入冬季后迅速下降，峰值出现在秋季，最低值出现在春季。地下茎和根的生物量变化模式和总生物量的相似，但是叶的生物量变化呈现相反模式：从春季到夏季，叶生物量下降到最低值（59.2g DW/m^2），进入秋季后，叶生物量增长，峰值出现在冬季（115.2g DW/m^2）。

叶片生物量的年平均值达 90.7g DW/m^2，接近两倍于 Agawin 等（2001）在菲律宾西北部调查所得结果［(45.7±4.6) g DW/m^2］。叶片生物量在夏天达最低值，这除了夏天的气温最高和太阳辐射最强导致低潮时露出水面的泰来藻叶片大量灼伤死亡外（Erftemijer，1994；Stapel，1997），很大程度上还和湾内食草动物［尤其是蓝子鱼（*Siganus oramin*）］大量摄食泰来藻叶片有关，现场采样时发现大部分的泰来藻叶片只剩余小部分，留下锯齿形横断面（摄食痕迹）。有关食草动物（海胆、鱼、水鸟和儒艮）摄食压力的研究表明：这些食草动物所摄食海草叶片只占叶片生产量的很小部分（Klumpp et al.，1993；Greenway，1995；Cebrian et al.，1996）为 15%（Havelange et al.，1997）。McGlathery（1995）的研究发现在泰来藻 *Thalassia testudinum* 和丝状大型底栖藻类蓝子藻（*Spyridea hypnoides*）共同占优势的海草床，当海胆从实验区域被移除后，鹦嘴鱼（*Sparisoma radians*）摄食泰来藻叶片量和叶片的生产量相当，也就是说，由于鹦嘴鱼的摄食，该处泰来藻生物量净增长为负值。新村港海草床食草动物（尤其是鱼类）的摄食压力对泰来藻叶片生物量变化具有重要影响，而且具有明显的季节性，这方面需要作进一步的定量研究。

海草生物量是净生产力累积的结果，其变化是多种因素综合影响的结果，其中，主要因素是光照强度、温度、水流速率、水中溶解碳和氮、磷营养盐浓度和动物摄食（Carr et al.，1997）。从掌握的调查数据来看，除了叶片，泰来藻其他器官的生物量峰值要比表层海水温度和水表面下光照强度的峰值推后，可以认为这种滞后效应主要是由叶片生长的变化主导的。在夏季，叶片的净生产力要比冬季高，对整株海草来说，物质积累要大于消耗，因此生物量呈增长趋势，但是由于叶片的生物量在夏季曾遭受鱼类的大量摄食，其损失要经过一段时间才能完全恢复，所以整株海草生物量的积累比较缓慢，其峰值出现在秋季也就可以解释。

泰来藻各个营养器官的干重季节变化幅度分别是：叶片 56g、水平茎 52.7g、垂直茎 64g、根 37.3g，变化幅度大小顺序依次为：垂直茎＞叶片＞水平茎＞根，水平茎和根的变化幅度最小，这主要由于它们完全埋藏在底质内，起着支撑和连通地上部分（垂直茎和叶片）的作用；另外，水平茎是碳和营养物质的相对较稳定的库，发挥存储碳和营养物质的功能。

根冠比的季节变化见图 12-2（c），根冠比的变化范围是 1.6～4.8，平均值为 2.9。根冠比的大小主要受到三个因素影响：光照强度、沉积物中营养盐的含量、沉积物厚度（Fonseca et al.，1990）。根冠比在夏季最大，冬季最小，最主要的原因是鱼类摄食了大部分的叶片生物量，另一方面原因是叶片光合作用在夏季受到光抑制，更为严重的是退潮时露出水面的叶片往往被晒死，生长太多叶片显然是不经济的；而在冬春季，海草要生成更多的叶片以弥补光照强度下降带来的光合作用效率减小。可见，根冠比的变化反映出海草对光环境变化的适应。

通过和其他调查及研究结果相比较（表 12-3），发现不同泰来藻种群的叶片或地上部分生物量的差异是最大的。即使在同一岛屿的南北两端（Rollon et al.，2001）或者同一地点的不同季节（Uku，2005），泰来藻生物量的差异也是显著的，这种变化在海南新村港的泰来藻种群也能观察得到，说明泰来藻生物量的季节变化比较明显。

表 12-3　泰来藻生物量对比

研究地点	采样时间	生物量/（g DW/m^2）	共生海草	数据来源
肯尼亚 Vipingo 潟湖	东南季风期 （6～9 月份）	64.5（叶）	*C. rotundata* *T. ciliatum*	Uku，2005
	东北季风期 （10 至次年 1 月份）	59.9（叶）		
肯尼亚 Nyali 潟湖	东南季风期 （6～9 月份）	109.3（叶）	同上	
	东北季风期 （10 至次年 1 月份）	139.2（叶）		
菲律宾 Silaqui 岛附近的潟湖	1992 年 7 月～1994 年 3 月	叶：19.5～76.1，平均为 45.7	*E. acoroides* *C. rotundata* *C. serrulata* *H. uninervis* *S. isoetifolium* *H. ovalis*	Agawin et al.，2001
同上	1992 年 4 月	250.2（地上部分） 327.5（总重）	同上	Vermaat et al.，1995
菲律宾 Pag-asa 岛北部	1999 年夏季	109.0（地上部分）	—	Rollon et al.，2001
菲律宾 Pag-asa 岛南部		90.6（地上部分）	—	
海南新村港	2005 年 4 月至 2006 年 1 月	59.2～115.2（叶） 284.3～409.6（总重）	*E. acoroides* *H. uninervis* *C. rotundata* *H. ovalis*	许战洲，2006

第二节　新村港泰来藻的生产力

（一）叶片生产力

1. 叶片标记法

泰来藻叶片在夏季及冬季的伸长速率和初级生产力测定结果见表 12-4。和其他地方的测定结果（测定方法相同）相比较，发现泰来藻叶片生产力的差异也很大。海草叶片生产力受光照强度、温度、营养盐、水流速率等因素的影响，新村港泰来藻种群生长在潮间带的上部，在低潮时有不少泰来藻部分叶片露出水面被阳光暴晒，因此认为光照强度和温度是影响泰来藻叶片生产力的主要因素。与这些学者的研究结果相比，新村港泰来藻种群呈现出生物量较高而叶片生产力较低的特点，由于叶片光合作用存在光抑制加上水体和沉积物间隙水营养盐偏低，可以认为泰来藻的叶片生产力还有增长潜力。

表 12-4　泰来藻叶片伸长速率和生产力对比

研究地点	采样时间	叶片伸长速率/（mm/d）	单位面积内叶片生产力/[g DW/(m^2·d)]	单位茎枝的叶片生产力/（mg DW/d）	数据来源
海南新村港	2005 年 7 月	2.77±1.3	1.74	1.85	许战洲，2006
	2006 年 1 月	2.57±1.6	2.30	2.80	
同上	2002 年 10 月	—	2.77	—	黄小平等，2005
肯尼亚 Vipingo 潟湖	东南季风期（6～9 月份）	4.3	2.4	4	Uku，2005
	东北季风期（10 至次年 1 月份）	4.8	3.3	4	
肯尼亚 Nyali 潟湖	东南季风期（6～9 月份）	4.2	5.5	8	
	东北季风期（10 至次年 1 月份）	7.1	5.3	8	
菲律宾 Silaqui 岛附近的潟湖	1992 年 4 月	—	4.14	—	Vermaat et al.，1995
巴布亚新几内亚	1981 年 11 月至 1982 年 11 月	8.3（最嫩叶）	3.9（灰分干重）	—	Brouns，1985，1987

夏季的叶片伸长速率比冬季的高 8%，这是因为泰来藻在被鱼类摄食后要尽快长出新叶，以恢复正常的光合作用水平。冬季的单位面积内叶片生产力比夏季高 32.2%，单位茎枝叶片生产力比夏季高 51.3%，叶片面积比夏季大 32.7%，原因是

海草在冬季要生成更多的叶片以弥补光照强度下降造成的光合作用效率减小，和根冠比的季节变化原因是一致的。同时，夏季高温和叶片被鱼类摄食留下的伤痕导致泰来藻的呼吸速率显著增加（Hemminga and Duarte，2000），所以，尽管叶片长得比冬季快，但是净生产力还是比冬季的低。

2. 生长再现法

新村港泰来藻叶片生长间隔期（PI）在夏季为 10.2d，冬季为 11.0d，平均值为 10.6d。通过与前人所得结果相比较（表 12-5），可以看出不同泰来藻种群的叶片生长间隔期是有差异的，即使是同一种群，其季节差异也是客观存在的，这和 Kaldy 等（1999）的研究结果一致。但是，Brouns（1985）和 Rollen 等（1999）认为，只要改进实验方法，这种季节差异所引起的误差可以控制在最小范围内，因此测定 PI 值可以用来反映叶片生长快慢。Brouns（1985）还从统计学的角度论证了他的观点。

表 12-5 泰来藻叶片生长间隔期对比

研究地点	时间	PI 值	数据来源
巴布亚新几内亚 Bootless 湾	1980 年 12 月	10.5～13.8	Brouns，1985
	1981 年 3 月	10.26～10.31	
巴布亚新几内亚	1981 年 11 月至 1982 年 11 月	10.1～11.1	Brouns，1987
菲律宾 Silaqui 岛附近的潟湖	1992 年 4 月	10.9	Vermaat et al.，1995
菲律宾 Pag-asa 岛北部	1999 年夏季	9.19	Rollen et al.，1999

（二）茎的伸长速率

1. 垂直茎的生长速率

泰来藻的垂直茎长度和茎枝年龄存在明显的回归关系（图 12-3）。2005 年 7 月和 2006 年 1 月，泰来藻垂直茎的平均生长速率分别是 2.38cm/a 和 1.87cm/a。Vermaat 等（1995）曾经测定生长在菲律宾 Silaqui 岛附近潟湖的泰来藻垂直茎的平均生长速率为 3.0cm/a，变化范围是 2～5cm/a，相对于该结果，新村港泰来藻垂直茎的生长速率比较慢，这可以认为是它对生境的一种适应。湾内泰来藻分布区域的平均水深大约是 1m，Vermaat 等（1995）研究的泰来藻生长地平均水深为 3m。在新村港草场，到达泰来藻冠层顶部的 PAR 强度较高（见环境因子），尤其是在中午，PAR 强度接近或大于泰来藻的光抑制强度［1600μE/（s·m^2），Hanelt et al.，1994］，而且随着潮汐变化，泰来藻周期性的露出水面，如果垂直茎生长过快，就意味着泰来藻受到的太阳辐射更强烈，这显然对生长不利。

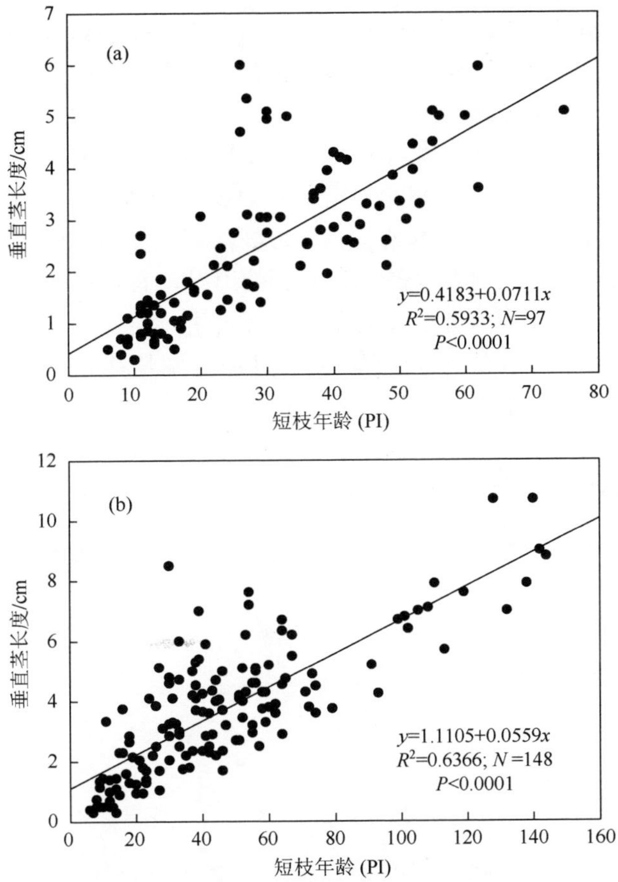

图 12-3　垂直茎长度和茎枝年龄的回归关系

（a）2005 年 7 月；（b）2006 年 1 月

$$\text{叶片生长间隔期(PI)} = \frac{\text{标记的短枝数量} \times \text{时间(10d)}}{\text{新生叶片数量}}$$

海草垂直茎的生长速率变化可以用作底质运动的指示物。Marbà 和 Duarte（1997）研究了生长地中海西班牙沿岸的海草 *P. oceanica* 长达 25 年（1967～1992 年）的叶片生产力和垂直茎生长速率波动，并与环境因子（降雨量、平均海平面高度、水温和透明度）变化相对照，发现 *P. oceanica* 的垂直茎生长速率下降和海岸的侵蚀有密切的关联，人类活动（采砂）和降雨是造成海岸侵蚀的重要原因。Marbà 等（2006）还发现：*P. oceanica* 的栖息地离鱼类养殖区越近，其垂直茎生长速率下降幅度越大，反映鱼类养殖活动对该海草生长的消极影响。因此，海草垂直茎的生长速率变化可以记录环境变化的信息。

新村港泰来藻种群栖息地都靠近岸线，因此，海岸侵蚀对泰来藻垂直茎生长有直接影响。通过实地调查发现新村港内海域使用具有较分明的区块划分，分别用作养虾搪、麒麟菜养殖区和网箱养鱼区。距离 4 号站大约 100m 的海岸曾经垒起高位虾塘，现在已经被废弃，虾塘围埂已经严重坍塌。在潮汐和风浪的作用下，筑围埂所用的砂石被水流搬运来覆盖泰来藻。距离 1 号站大约 300m 就是新村港内最大的鱼类网箱养殖区（紧密分布约 500 个网箱）和麒麟菜养殖区（养殖面积达上百公顷）。2 号站远离鱼类网箱养殖区和麒麟菜养殖区，距离岸边的高位虾塘（还在使用）有 400m，这里的泰来藻长势最好，可以作为对照点。所以调查从对比考察不同海域使用方式对泰来藻生长的影响出发，有意识地布设采样站位。

把采自这 3 个站的泰来藻的垂直茎生长速率进行对比（图 12-4 和图 12-5），发现：4 号站和 2 号站的泰来藻垂直茎生长速率分别是 2.41cm/a 和 3.99cm/a，因此，虾塘围埂受侵蚀造成 4 号站的泰来藻垂直茎生长速率低于对照点；1 号站和 2 号站的泰来藻垂直茎生长速率分别是 2.06cm/a 和 1.96cm/a，养殖活动对 1 号站泰来藻垂直茎生长速率没有造成消极影响，也可能是采样点距离养殖区较远。

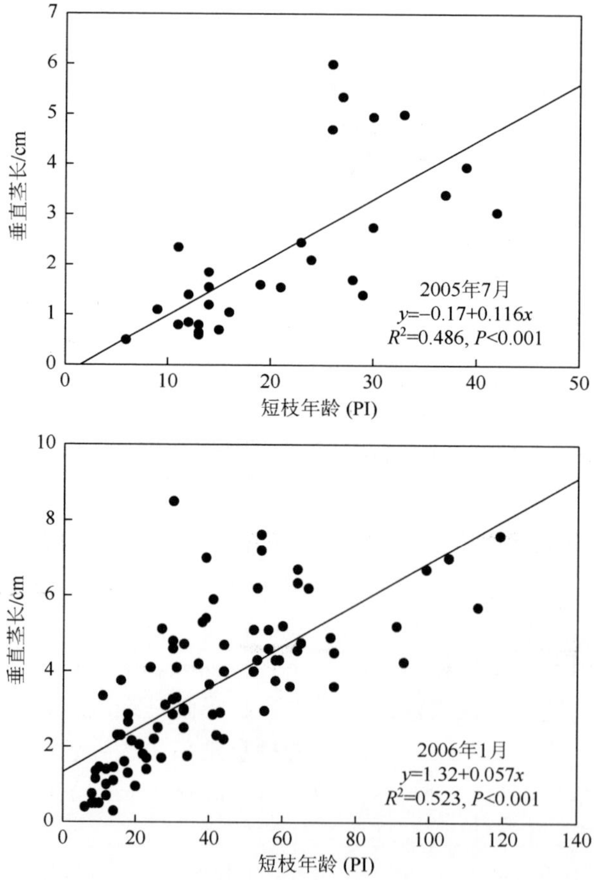

图 12-4　2 号站泰来藻垂直茎长度和茎枝年龄的回归关系

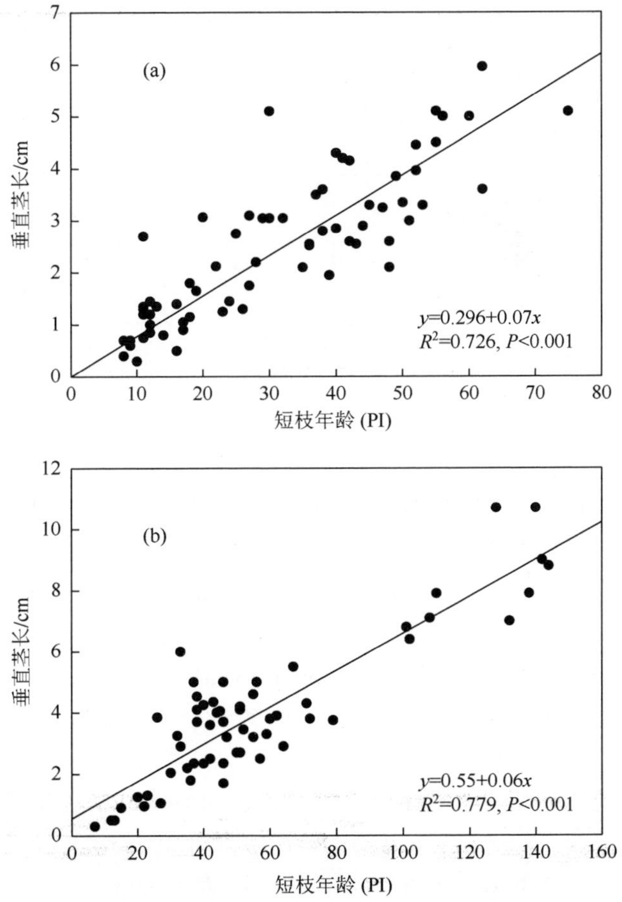

图 12-5　泰来藻垂直茎长度和茎枝年龄的回归关系

（a）4 号站；（b）1 号站

2. 水平茎的生长

泰来藻水平茎尖密度（apex/m^2）的变化是：春季 40；夏季 180；秋季 48；冬季 96。水平茎尖的密度变化除了受到环境影响外，可能主要是受泰来藻内在生长节律的调控。

用精确方法得不到显著的回归关系（图 12-6），表明该方法不适合用来测定泰来藻水平茎生长速率。Duarte 和 Fortes（1994）曾用这种方法测定海神草（*Cymodocea nodosa* 和 *Cymodocea rotundata*）的水平茎生长速率，*Cymodocea nodosa* 和 *Cymodocea rotundata* 的水平茎平均在一个生长间隔期内分别生长 1.11 和 0.77 个节间距。

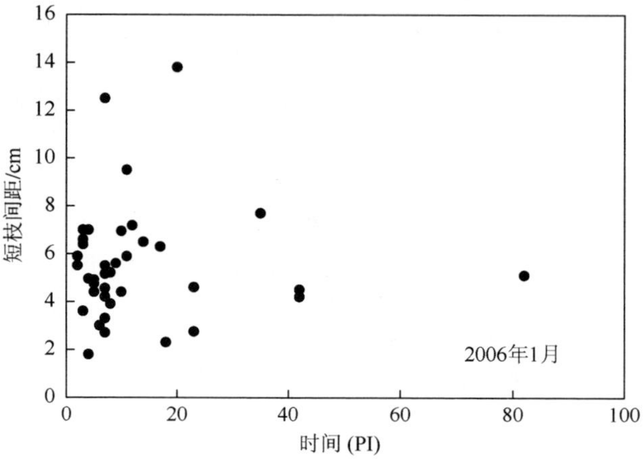

图 12-6　相邻茎枝间距和年龄差的散点图

用简便方法测得：在 2005 年 7 月和 2006 年 1 月，水平茎的生长速率分别是 24.4cm/a（2.20 个节间距 PI^{-1}）和 29.2cm/a（2.23 个节间距 PI^{-1}），后者略高于前者，但没有达到统计学上的明显差异（$P>0.05$）。Vermaat 等（1995）测得菲律宾 Silaqui 岛附近潟湖泰来藻水平茎生长速率为 20.6cm/a，根据现有资料，泰来藻水平茎平均生长速率为 54cm/a，变化范围是 21～88cm/a（Marbà and Duarte，1998）。可见，生长在南海的泰来藻水平茎生长速率偏低，处于变化范围的下限。虽然海草地下茎的生长受到海草内在生长节律的调控而显得差异明显，但是仍有一定规律可循：地下茎直径越大的海草水平茎生长速率越低（Marbà，1998），如海菖蒲（*E. acoroides*）的地下茎平均直径为 14.1mm，水平茎生长速率只有 3cm/a；喜盐草（*H. ovalis*）的地下茎平均直径只有 1.3mm，水平茎生长速率可达 356cm/a。因此，生长在南海的泰来藻水平茎生长速率偏低的原因要通过和其他种群的形态比较来解释。

地下茎生长所需要的碳水化合物完全靠叶片光合作用合成后通过维管系统转运到茎的分生组织，而且老龄茎枝的营养物质也通过地下茎转运到生长旺盛的组织（Duarte and Sand-Jensen，1996）。在测量地下茎直径时也发现，水平茎尖往往是水平茎上直径最大的一段，一方面是因为分生组织细胞分裂活动旺盛，另一方面也是因为生长物质在茎尖的积累。可以认为，如果碳水化合物或营养物质的供应不足，那么水平茎的生长就放缓。在 7 月，泰来藻叶片的光合作用受到光抑制，食草鱼类过度摄食叶片这两个因素综合作用的结果就是叶片合成碳水化合物的速率和总量都大幅下降，地下茎生长所需要的碳水化合物供应不足，水平茎的生长速率下降，但是由于海草能循环利用植株体内的营养物质，因此，水平茎的生长速率下降不是很大。

3. 垂直向和水平向的生长竞争

海草的垂直向（叶片和垂直茎）和水平向（水平茎）生长是相互竞争生长物

质的，一般而言，水平向的生长速率是垂直向的 10 倍（Marbà and Duarte，1998），该规律在新村港泰来藻地下茎的生长中再次得到了验证：在夏季和春季，水平茎的生长速率分别是垂直茎的 10.25 和 15.6 倍；夏季的垂直茎生长速率比冬季的高 27%，水平茎生长速率相应比冬季的低 20%。通过和生长在菲律宾 Bolinao 角的泰来藻种群进行比较，也可以发现这种垂直向和水平向生长的竞争关系（表 12-6）。

表 12-6　泰来藻地下茎的生长速率

采样地点	时间	地下茎的生长速率/（cm/a）		数据来源
		垂直	水平	
新村港	2005 年 7 月	2.38	24.4	许战洲，2006
	2006 年 1 月	1.87	29.2	
菲律宾博利瑙角	1992 年 4 月	3.0	20.6	Vermaat et al.，1995

（三）根的生长速率

1. 垂直茎上的根生长速率

通过计算垂直茎上生长根数和茎枝年龄的回归系数（图 12-7），得出泰来藻垂直茎上的根生长速率为 0.314 条/节，即平均每年生长出 10.8 条根。

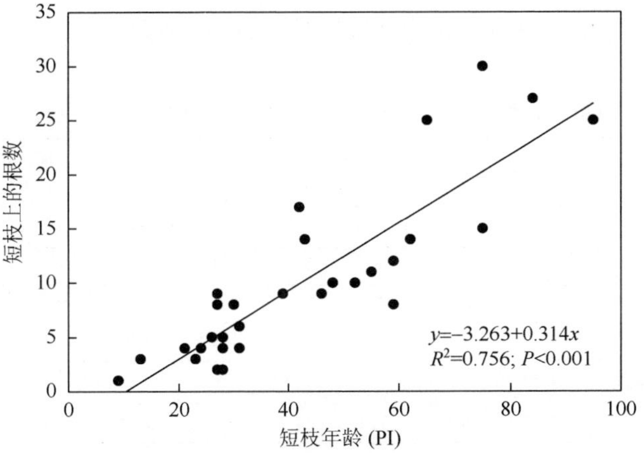

图 12-7　根数和茎枝年龄的回归关系

2. 水平茎上的根生长速率

新村港泰来藻水平茎上的根生长速率见表 12-7。新村港泰来藻水平茎上的根生长速率变化范围是 0.15～0.30 条/节或 9.89～29.20 条/年，平均值为 0.23 条/节或 19.59 条/a，超出垂直茎上的根生长速率大约 1 倍，这也说明水平向的生长要优于垂直向生长。

表 12-7 水平茎上的根生长速率

水平茎序号	水平茎节数	水平茎上的根数	平均节间距/mm	单位长度水平茎上生成根的数量/（条/cm）	单位时间内生成根的数量/（条/a）
1	13	3	3.35	0.689	20.11
2	13	2	4.54	0.339	9.89
3	8	2	3.2	0.781	22.81
4	13	3	3.4	0.679	19.82
5	13	2	3.2	0.481	14.04
6	12	3	5.7	0.439	12.81
7	28	7	2.5	1.000	29.20
8	23	5	2.4	0.906	26.45
9	23	7	4.2	0.725	21.16

Duarte 等（1998）发现，海草根的生物量、分布深度、生长速率和生产力存在明显种间差异，个体越大的海草的根生物量越大，能将根延伸到越深的底质中，个体越小的海草的根生长速率越快（表 12-8），例如，喜盐草的根基本分布在 10cm 以浅的底质内，泰来藻 *T. testudinum* 根的最大分布深度是 31.5cm，海菖蒲和 *P. oceanica* 根的最大分布深度有时可以超过 1m，这些差异可以使共生海草可以占据不同层次的底质空间，在一定程度上避免竞争。个体小的海草的根生长速率较快，它的根系能迅速占据底质，发挥先锋种的作用，但是在巩固占领底质的能力上不及个体大的海草，体现出海草不同的生长和竞争策略。

表 12-8 海草的根生物量、生长速率和生产力对比（Duarte et al.，1998）

海草种名	直径/mm		生物量/（g DW/m^2）		根生长速率/（条/节）		根生产力/［g DW/（m^2·a）］		生长地
	地下茎	根	地下茎	根	水平茎	垂直茎	水平茎	垂直茎	
T. testudinum	5.8	1.54	192	97.3	0.31	0.65	813	80.3	加勒比群岛
H. wrightii	1.2	0.23	15.7	14.7	2	0.87	466	55.3	
T. hemprichii	3.43	1.7	224	79.3	0.32	0.79	26.7	640	菲律宾
H. avolis（无垂直茎）	1.09	0.82	0.7	0.2	1	—	<1.0	0	
C. rotundata	2.87	1.3	35	24.7	1	0.22	2.3	102.4	
C. nodosa	1.92	0.78	136.5	91.5	0.6	0.36	18.6	112.7	地中海西班牙沿岸
Z. noltii（垂直茎不明显）	1.89	0.6	149.1	92.8	3.4	—	387	0	
P. oceanica	7.6	1.8	—	—	0.27	0.099	10.7	13.8	
T. ciliatum	5.3	0.91	115.1	0.18	1.35	0.07	84.5	125.6	肯尼亚

根据 Duarte 等（1998）的估计，海草根的生产力往往超过地下茎，而和叶片生产力相当，有时能达到或超过 1000g DW/（m^2·a），占总生产力的 50%以上，因此，研究考虑根的生产力是十分必要的。

（四）茎枝密度、大小和叶面积指数（LAI）的季节变化

新村港泰来藻茎枝密度的季节变化和生物量的季节变化相似，最大和最小茎枝密度分别出现在秋季和春季（1456 枝/m^2 和 480 枝/m^2）。经一元方差分析（one-factor ANOVA），茎枝密度的季节变化不显著（$P>0.05$）。通过与其他泰来藻种群相比较（表 12-9），发现泰来藻的地下茎直径和每株茎枝的叶片数相对比较保守，差异最大的是茎枝密度，变化达一个数量级，其次是叶面积和叶宽。因此，在进行泰来藻种群对比研究时要重点探讨茎枝密度、叶面积和叶宽的差异，研究初步认为这和泰来藻对生长地光环境的适应有关。

表 12-9　泰来藻茎枝密度和茎枝大小对比

研究地点		茎枝密度/（枝/m^2）	地下茎直径/mm	叶片数	叶面积/cm^2	叶宽/mm	数据来源
海南新村港		884.3 480～1456	水平：3.31～3.63 垂直：2.57～2.90	4.6 4.11～4.9	6.06～8.47	9.4 6.5～15	许战洲，2006
肯尼亚 Vipingo	东南季风期	716	—	4	—	—	Uku，2005
	东北季风期	749	—	3.6	—	—	
肯尼亚 Nayli	东南季风期	643	—	4.1	—	—	
	东北季风期	662	—	4	—	—	
菲律宾 Silaqui 岛		548	3.43	3.29	6.94	8	Vermaat，1995
菲律宾 Pag-asa 岛	北部	1358	—	4.1	9.25	8.15	Rollon，2001
	南部	1853	—	4	7.21	7.69	
菲律宾圣地亚哥岛		533.2	—	—	25.7	—	Agawin，2001
巴布亚新几内亚		860	—	—	—	—	Brouns，1987

如图 12-8 所示，从春季到冬季，地下茎直径和叶片面积逐渐增加，平均每株茎枝叶片数分别是春季 4.51、夏季 4.73、秋季 4.11、冬季 4.9。经一元方差分析，除垂直茎的直径以外，泰来藻茎枝大小的其他指标没有显著季节差异（$P>0.05$）。地下茎直径在冬季最大，可能和生长物质存储增加有关。

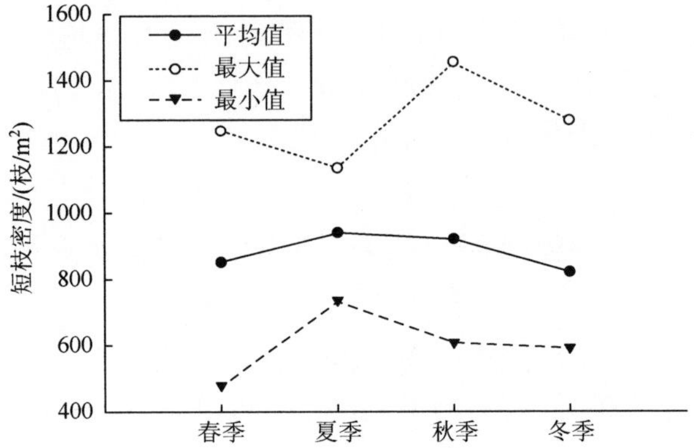

图 12-8　泰来藻茎枝密度季节变化

从图 12-9（b）、（c）和表 12-10 可以看出，叶面积指数的大小顺序是冬季＞秋季＞夏季＞春季，泰来藻单位茎枝到了冬季生长出更多叶片，叶片面积指数增加，这是对光照强度下降的一种补偿适应，同时，茎枝密度减少（图 12-8），以避免叶片间相互遮蔽，从而可以最大限度地利用可见光。

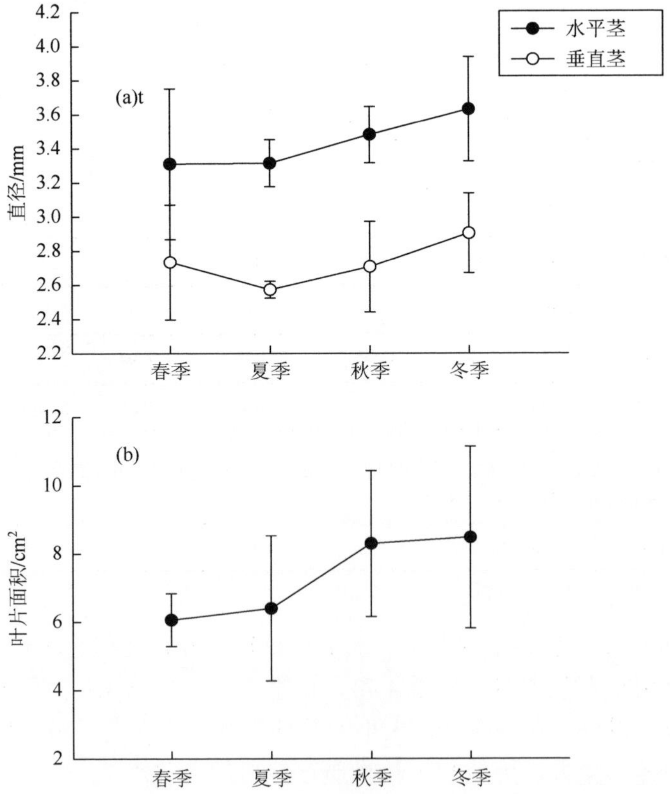

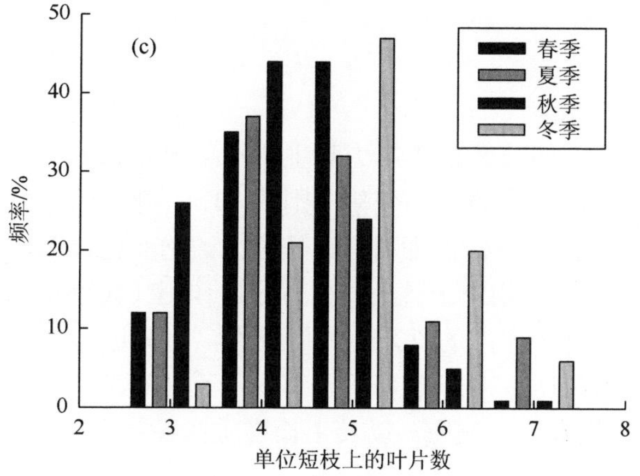

图 12-9　泰来藻地下茎直径（a）、叶片面积（b）和茎枝着生叶片数（c）的变化

表 12-10　叶面积指数的季节变化

时间	每株茎枝叶片数	叶宽/mm	平均叶面积/（cm^2/片）	茎枝密度/（枝/m^2）	叶面积指数（LAI）
春季	4.51	0.67	6.06	852	2.33
夏季	4.73	0.92	6.39	941.3	2.85
秋季	4.11	0.89	8.29	921.6	3.14
冬季	4.9	1.05	8.48	822.4	3.42

（五）叶片的叶绿素含量

冬季叶片的叶绿素含量明显比夏季高，其中 Chla、Chlb、Chl（a+b）含量分别高出 98%、70%和 89%（表 12-11）。叶片生产力［mg DW/（m^2·d)］和叶绿素含量的比值表示每毫克叶绿素对叶片生产力的贡献率，从表 12-11 可以看出，冬季该比值比夏季的分别低 44%和 42%，因此，泰来藻要生成更多更大的叶片来弥补该贡献率的下降（表 12-11）；尽管夏季高光照强度很可能造成光抑制，但是夏季的该贡献率仍然较高。

表 12-11　叶绿素含量（C1、C2）

时间	C1/（μg/cm^2）			C2/（mg/m^2）			叶片生产力和 C2 之比/［mg DW/（mg·d)］	
	Chl a	Chl b	Chl（a+b）	Chl a	Chl b	Chl（a+b）	PP/Chl a	PP/Chl（a+b）
夏季	16.3	7.3	23.6	464.55	208.05	672.6	3.75	2.59
冬季	32.3	12.4	44.7	1104.66	424.08	1528.74	2.08	1.50

（六）小结

经过研究发现，新村港泰来藻的生产力和生物量呈现出高生物量而低生产力的特点，它们的季节变化明显，生物量的变化范围达44%，叶片生产力的变化范围达32%，单从非生物环境因子的变化很难圆满解释这么大的变化幅度，非生物因子的作用不容忽视，有时候，非生物因子甚至发挥主导性作用（如夏季，食草鱼类的摄食）。但是，由于非生物因子作用的复杂性和偶发性，对其进行研究的难度相对较大。器官（叶片、地下茎和根）生长速率的季节变化反映出泰来藻对环境变化（主要是光照、水温和鱼类摄食）的响应，以及生长物质在各器官间的分配策略。

第三节　新村港水体中细菌碳和碳流向

1. 三亚湾和新村港水体中细菌碳含量的分析

从三亚湾和新村港水体中细菌的碳含量来看，碳含量与细菌的含量呈现明显的正相关。由于新村港的细菌含量要大于三亚湾一个数量级，细菌碳的含量也大于一个数量级。新村港的细菌碳含量在 10^7～10^8 个数量级（fg/cm^3）范围，而三亚湾细菌在 10^6 个数量级（fg/cm^3）范围（图 12-10）。

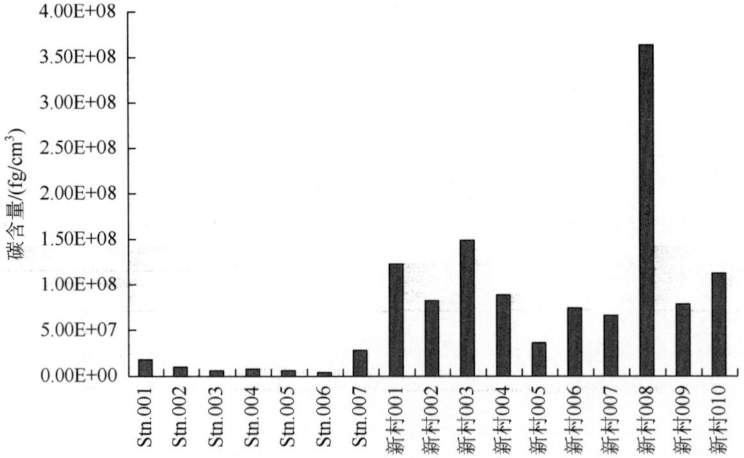

图 12-10　新村港与三亚湾水体中细菌及其碳含量

2. 新村港碳流向及分量

樊敏玲等（2011）采用稳定 C 同位素分析方法，分析了海南新村港海草床海草床中主要鱼类和无脊椎动物的食源，估算了消费者的营养级并构建了新村港海草床的简化食物网模型。结果表明，有机碳源的 δ13C 值范围为–16.9‰（悬浮颗粒有机质 POM）至–6.8‰（海菖蒲）。动物种类的 δ13C 值分布也较广（无脊椎动物，–15.3‰～–6.4‰；鱼类，–15.7‰～–8.5‰）。海草是海草床中海胆、多毛类、甲壳类、腹足类和大部分鱼类的重要食物来源，双壳类主要同化附生藻类和沉积物有机质（SOM）的混合有机碳源，少数鱼类以 POM 为主要有机碳源。总体上鱼类的 δ15N 值（9.7‰～12.7‰）高于无脊椎动物（5.8‰～10.2‰）。以初级生产者的平均 δ15N 值（3.9‰）作为基准，计算得出新村港海草床食物网共有 3.6 个营养级（TL），其中无脊椎动物（TL：1.6～2.9）基本上占据第二营养级，而鱼类（TL：2.7～3.6）基本上为第三营养级。

从简化食物网模型看（图 12-11），新村港海草床食物网存在两种主要的碳流

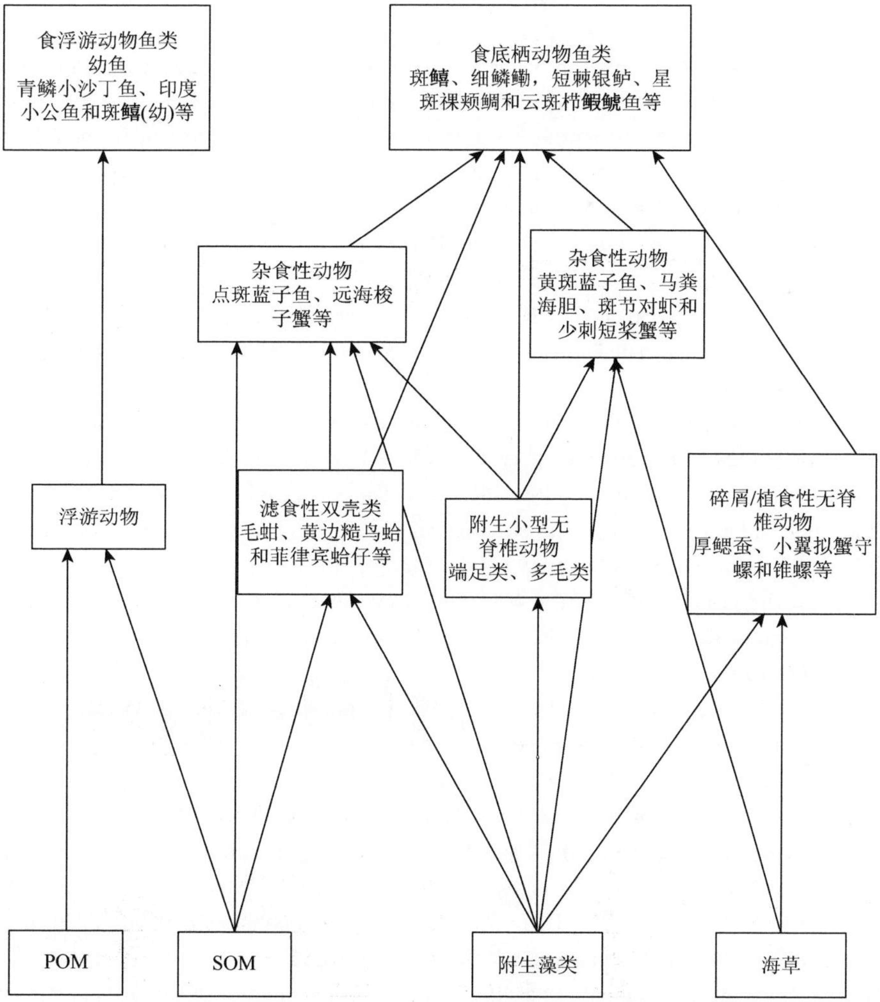

图 12-11　海草床中的食物链简单模型（樊敏玲等，2011）

途径：①底栖食物链。海草/附生藻类/SOM→碎屑/滤食/植食性动物→杂食性动物→食底栖动物鱼类。②浮游食物链。POM/再悬浮 SOM→浮游动物→食浮游动物鱼类/幼鱼。其中，底栖食物链是新村港海草床食物网的主要能流途径。从能流强度来看，海草和附生藻类是海草床食物网的最重要能量基础。

参考文献

樊敏玲. 2011. 海南新村湾海草床食物网结构研究. 广州：中国科学院南海海洋研究所硕士学位论文.

许战洲. 2006. 新村湾泰来藻 (*Thalassia hemprichii*) 种群生态学研究. 广州：中国科学院南海海洋研究所博士学位论文.

Agawin N S R，Duarte C M，Fortes M D，et al. 2001. Temporal changes in the abundance，leaf growth and photosynthesis of three co-occurring Philippine seagrasses. Journal of Experimental Marine Biology and Ecology，260：217-239.

Brouns J J W M. 1985. A comparison of the annual production and biomass in three monospecific stands of the seagrass *Thalassia hemprichii* (Ehrenb.) aschers. Aquatic Botany，23：149-175.

Brouns J J W M. 1987. Growth patterns of some Indo-West-Pacific seagrasses. Aquatic Botany，28：39-61.

Carr G M，Duthie H C，Taylor W D. 1997. Models of aquatic plant productivity：a review of the factors that influence growth. Aquatic Botany，59：195-215.

Cebrián J，Duarte C M，Marbà N，et al. 1996. Herbivory on *Posidonia oceanica*：magnitude and variability in the Spanish Mediterranean. Marine Ecology Progress Series，130：147-155.

Duarte C M，Marbá N，Agawin N S R，et al. 1994. Reconstruction of seagrass dynamics：age determinations and associated tools for the seagrass ecologist. Marine Ecology Progress Series，107：195-209.

Duarte C M，Sand-Jensen K. 1996. Nutrient constraints on establishment from seed and on vegetative expansion of the Mediterranean seagrass *Cymodocea nodosa*. Aquatic Botany，54：279-286.

Erftemeijer P L A，Herman Peter M J. 1994. Seasonal changes in environmental variables，biomass，production and nutrient contents in two contrasting tropical intertidal seagrass beds in South Sulawesi，Indonesia. Oecologia，99 (1-2)：45-59.

Fonseca M S，Thayer G W，Kenworthy W J. 1990. Root/shoot ratios. *In*：Phillips R C，McRoy C P (eds.). Seagrass Research Methods. Monographs on Oceanographic Methodology，9. Paris：UNESCO：65-67.

Fourqurean J W，Zieman J C，Powell G V N. 1992. Relationships between porewater nutrients and seagrasses in a subtropical carbonate environment. Marine Biology，114 (1)：57-65.

Gaudette H E，Lyons W B. 1980. Phosphate geochemistry in nearshore carbonate sediments：a suggestion of apatite formation. Soc. Econ. Paleon. Min. Spec. Publ，29：215-225.

Greenway M. 1995. Trophic relationships of macrofauna within a Jamaican seagrass meadow and the role of the echinoid *Lytechinus variegates* (Lamarck). Bulletin of Marine Science，56：719-736.

Hanelt D，Li J，Nultsch S C. 1994. Tidal dependence of photoinhibition in photosyntheis in marine macrophytes of the South China Sea. Bot. Acta，107：66-72.

Havelange S，Lepoint G，Dauby P，et al. 1997. Feeding of the Sparid fish *Sarpa salpa* in a seagrass ecosystem：diet and carbon flux. *P. S. Z. N.* I：Marine Ecology，18：289-297.

Hemminga M A，Duarte C M. 2000. Seagrass Ecology. Cambridge：Cambridge University Press：147-151.

Hemminga M A. 1998. The root/rhizome sytem of seagrasses：an asset and a burden. Journal of Sea Research，39：183-196.

Jagtap T G. 1998. Structure of major seagrass beds from three coral reef atolls of Lakshadweep，Arabian Sea，India. Aquatic Botany，60：397-408.

Kaldy J E，Fowler N，Dunton K H. 1999. Critical assessment of *Thalassia testudinum* (turtle grass) aging techniques：implications for demographic inferences. Marine Ecology Progress Series，181：279-288.

Kitano Y，Okumura M，Idogaki M. 1978. Uptake of phosphateions by calcium carbonate. Geochem. J.，12：29-37.

Klumpp D W，Salita-Espinosa J T，Fortes M D. 1993. Feeding ecology and trophic role of sea urchins in a tropical seagrass community. Aquatic Botany，45：205-229.

Koch E W. 2001. Beyond light：Physical，geological，and geochemical parameters as possible submersed aquatic vegetation habitat requirements. Estuaries，24：1-17.

Lin Hsing-Juh，Shao Kwang-Tsao. 1998. Temporal changes in the abundance and growth of intertidal *Thalassia hemprichii* seagrass beds in southern Taiwan. Bot. Bull. Acad. Sin.，39：191-198.

Marbà N，Duarte C M. 1997. Interannual changes in seagrass (*Posidonia oceanica*) growth and environmental change in the Spanish Mediterranean littoral. Limnol Oceanogr，42：800-810.

Marbà N，Duarte C M. 1998. Rhizome elongation and seagrass clonal growth. Marine Ecology Progress Series，174：269-280.

Marbà N，Santiago R，Díaz-Almela E，et al. 2006. Seagrass (*Posidonia oceanica*) vertical growth as an early indicator of fish-farm-derived stress. Estuar Coast Shelf Sci，67：475-483.

McGlathery K J. 1995. Nutrient and grazing influences on a subtropical seagrass community. Marine Ecology Progress Series，122：239-252.

Rollon R N，Cayabyab N M，Fortes M D. 2001. Vegetative dynamics and sexual reproduction of monospecific *Thalassia hemprichii* meadows in the Kalayaan Island Group. Aquatic Botany，71：239-246.

Rollon R N，van Steveninck E D R，van Vierssen W，et al. 1999. Contrasting recolonization strategies in multi-species seagrass meadows. Mar. Poll. Bull.，37：450-459.

Stapel J，Manuntun R，Hemminga M A. 1997. Biomass loss and nutrient redistribution in an Indonesian Thalassia hemprichii seagrass bed following seasonal low tide exposure during daylight. Marine Ecology Progress Series，148：251-262.

Terrados J，Ros J D. 1992. Growth and primary production of Cymodocea nodosa (Ucria) Ascherson in a Mediterranean coastal lagoon：the Mar Menor (SE Spain). Aquatic Botany，43：63-74.

Terrados J，Ros J D. 1995. Temperature effects on photosynthesis and depth distribution of the seagrass Cymodocea nodosa (Ucria) Ascherson in a Mediterranean coastal lagoon：the Mar Menor (SE Spain). Mar. Ecol.，16：133-144.

Uku J，Björk M. 2005. Productivity aspects of three tropical seagrass species in areas of different nutrient levels in Kenya. Estuarine，Coastal and Shelf Science，63：407-420.

Vermaat J E，Agawin N，Duarte C M，et al. 1995. Meadow maintenance，growth and productivity of a mixed Philippine seagrass bed. Marine Ecology Progress Series，124：215-225.

第十三章　大叶藻海草碳通量

大叶藻是北半球分布最为广泛的海草之一，也是我国山东、河北和辽宁浅海海草群落的优势种，其中以山东荣成桑沟湾大叶藻分布最为集中（郭栋等，2010）。密集分布的大叶藻形成的海草场，聚集了众多生物，维持着周围环境的健康稳定，同时也形成了密集的碳库。

第一节　天鹅湖大叶藻的生产力

大叶藻单株地上部分和地下部分生产力均随季节变化显著（$P<0.05$）。单株地上部分和地下部分生产力在春季均不断升高，最高值均出现在夏季 6 月，分别为（16.62±1.59）mg DW/（株·d）和（2.72±0.50）mg DW/（株·d），随后开始降低，冬季 1 月和 2 月最低，分别为（0.67±0.09）mg DW/（株·d）和（0.50±0.19）mg DW/（株·d）。

大叶藻单位面积地上和地下生产力也随季节变化明显（$P<0.05$）。单位面积地上生产力在春季不断升高，最高值出现在夏季 6 月，为（8.82±0.84）g DW/（m^2·d），夏末开始降低，冬季 1 月最低，为（0.20±0.03）g DW/（m^2·d）；单位面积地下生产力大小依次为：春季，夏季，秋季，冬季，在 6 月和 2 月达到最大值和最小值，分别为（1.44±0.26）g DW/（m^2·d）和（0.17±0.06）g DW/（m^2·d）。

第二节　青岛湾大叶藻的生产力

大叶藻场的主要组成种类是大叶藻 *Zostera marina* L.和丛生大叶藻 *Zostera caespitosa* Miki，其年生产力分别达到 564g C/m^2，和 432g C/m^2，草场附着生物的年产量是 20g C/m^2（杨宗岱，1981）。

海草场具有较高的固碳能力，经计算得出，青岛近岸海域大叶藻海草场的平均生物量为 276g/m^2，叶、地上茎、地下茎碳元素平均含量分别为：37%、35.5%、31.4%，碳的固定量可以达到 103g/m^2、98g/m^2、87g/m^2。杨宗岱（1981）研究，20 世纪 80 年代青岛近岸大叶藻的平均生物量可以达到 1500g/m^2，碳的固定量为 564g/m^2，从数据看出，目前青岛近岸水域大叶藻海草床的密度和生物量较低。

刘旭佳等（2011）对青岛湾海草的生物量进行研究，对青岛湾 5 个样点（ZQ

Ⅰ～ZQⅤ）的海草进行调查。ZQⅠ和 ZQⅤ站点大叶藻的生物量随水温发生明显的变化。其中 ZQⅠ站点大叶藻单株平均最大生物量出现在 2009 年 8 月初，为 1.87g/株，平均最小生物量出现在 2009 年 4 月，为 0.15g/株，平均生物量 0.93g/株，地下部分平均生物量 0.25g/株。ZQⅤ站点大叶藻单株平均最大生物量出现在 2009 年 8 月初，为 0.92g/株；平均最小生物量在 2010 年 1 月，为 0.15g/株，平均生物量 0.45g/株，地下部分平均生物量 0.18g/株。可以计算出，周年单株平均生物量约 0.69g/株。

经调查发现，青岛湾大叶藻海草场的密度约 400 株/m^2，上述得出大叶藻的单株平均生物量 0.69g/株，因此大叶藻海草场的年平均生物量为 $400\times0.69=276g/m^2$，按照 Westlake 海草数据换算法则，大叶藻碳的固定量是 $276\times80\%\times47\%=104g\ C/m^2$。

第三节　桑沟湾大叶藻场系统碳汇扩增力

1. 桑沟湾大叶藻初级生产固碳

所测的桑沟湾大叶藻场枝条密度为 821～996 株/m^2，以夏季最高，冬季最低（图 13-1（a））；生物量变化存在相同的趋势，但地下生物量以春季最低（图 13-1（b）），这应与其冬季和初春地下存储的营养物质的不断消耗有关。总生物量年度内的变化为 313.5～769.3g DW/m^2，年平均值为 304.5g DW/m^2（图 13-1（c））。大叶藻的生长在夏季达到顶峰，因此所测得的初级生产力在夏季为 6.44g DW/（m^2·d），初级生产力年度内为 2.0～6.4g DW/（m^2·d），全年平均为 3.15g DW/（m^2·d）（图 13-1（d））。由于标记法未能将地下部分生产力计算在内，海草平均地下部分生产力约为地上部分的 35%（Park et al.，2010），按照该值对桑沟湾大叶藻修正，则其初级生产力为 1530.9g DW/（m^2·a）。由于其全组织含碳量为 35.5%，因此若暂时不考虑时间尺度上碳的去向，则桑沟湾大叶藻初级生产力的固碳贡献为 543.5g C/（m^2·a）。

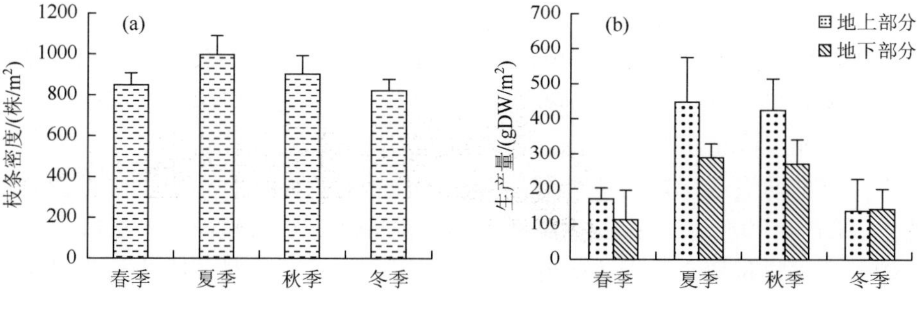

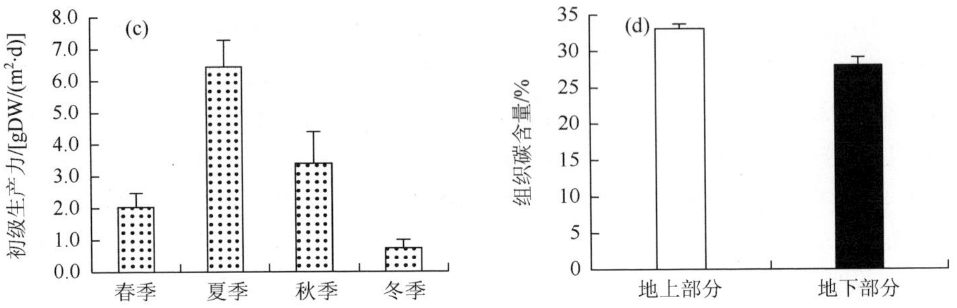

图 13-1　大叶藻枝条密度（a）、生物量（b）、初级生产力（c）与碳含量（d）

2. 桑沟湾大叶藻床生态系统中其他初级生产者固碳

海草床的固碳除了来自其本身的光合作用外，还有来自其草床系统中附着生物初级生产的贡献。海草巨大的附着表面，使得其上的附着藻生物量和初级生产力亦相当大，尤其在热带和亚热带海域的海草种类，该比重甚至可达海草自身的50%～126%。在桑沟湾大叶藻场，附着藻密度总体偏低，其中以春季的附着量最大，约 70g/m^2，以褐藻类为主，夏秋季约 6.8g/m^2，以红藻为主，全年平均约 21.2g/m^2，参照毛兴华等（1993）对桑沟湾大型藻类生物量、初级生产力和碳生产量研究计算，初步估算得到附着藻类的碳贡献约为 30g C/（m^2·a）。

3. 海草生态系中的渔业增殖碳贡献

海草床在渔业生产中的重要作用主要在于它可以为多种经济物种提供栖息摄食和躲避敌害生物的场所，提高鱼和蛤、扇贝的存活率及蛤类的生长速度（Bell et al.，2001；Irlandi et al.，1999；Irlandi，1997）。桑沟湾大叶藻分布区内蛤仔量较大，可收获生物量约 700g/（m^2·a）。参照张继红等（2005）对蛤仔贝壳固碳量的计算，可得到桑沟湾草床内蛤仔固碳量为 63.15g C/（m^2·a）。

4. 其他部分的潜在固碳贡献

尽管尚未对桑沟湾大叶藻床的沉积碳来源做相关研究，该工作有待开展，但是依然不可忽视该系统中除海草外的其他碳来源的固碳贡献，若按照 Kenndey 海草贡献 50%的值来计算（Kenndey et al.，2010），草床捕获的其他颗粒碳等还将贡献 50%的碳，约 544g C/（m^2·a），这或许可以从大叶藻平均 56～117cm 的冠层高度和 821～996 株/m^2 的枝条密度，对捕获的碳等做出解释。

近年来的研究显示，底栖大型藻类、微藻等是海草床中一直以来被忽略和低估的重要的初级生产和固碳的贡献者，但之前的工作中发现桑沟湾大叶藻场中底栖大型藻类生物量较小，应为大叶藻对光的竞争，使得大型藻类生长量受限制的原因，因此底栖大型藻类的固碳贡献在计算中忽略。由于缺少底栖微藻的相关研究和数据，因此也不再计算。

综合大叶藻初级生产固碳、附着藻类固碳、渔业增殖碳和其他来源碳，初步估计桑沟湾大叶藻场的固碳量约 1180g C/（m^2·a），据初步调查，大叶藻草床总面积约 25hm^2，因此该系统总固碳量约 290Mg C/a。该工作为初步的研究和估计，碳的沉积形式、沉积碳的不同组分来源和时间尺度碳的去向将会在我们今后的工作中深入开展。

5. 小结

海草场是浅海生态系的重要组成部分，尤其是其巨大的固碳能力，在全球海洋系统中亦起着不可忽视的作用。但是近年来全球海草分布总体在不断衰退之中，其中来自人类活动的影响占重要部分。丧失该系统后，浅海将犹如荒漠，因此对海草的保护和恢复工作需要持续的开展及努力。在我国该项工作刚刚起步，需要更多的关注和投入。桑沟湾大叶藻床每年约贡献 1180g C/（m^2·a）的碳固定量，该部分的研究中诸如碳的沉积形式、沉积碳的不同组分来源和时间尺度碳的去向等尚有较多工作需要深入开展。

第四节 荣城俚岛海草生物量

郭栋等（2010）2008 年 6 月，对山东荣成俚岛南起马他角，北至俚岛湾东端“外遮岛”之间 2m 水深以内近岸海域大叶藻的分布、生物量、形态特征、花及栖息环境进行了调查。该海域大叶藻呈片状分布，每片面积为 1.5～2.0m^2，平均分布密度 1650 株/m^2；大叶藻平均生物量为 3.754g/株；平均根重 0.4324g/株，根长范围 14cm，平均根长 4.8295cm，根的平均直径为 0.1mm；平均茎重 0.4609g/株，平均茎长 4.407cm/株，茎的平均直径为 2.159mm；平均节数为 9.27 节/株，平均节长 5.144mm；平均叶重 2.294g/株，叶长 17～70cm，平均叶宽 5.28mm，平均叶长 45.23cm，平均叶鞘长 6.824cm。

参考文献

郭栋. 2010. 大叶藻增殖生态学的实验研究. 青岛：中国海洋大学硕士学位论文.

李勇. 2014. 山东近岸海草植被固碳功能研究-以荣城天鹅湖大叶藻为例. 青岛：中国海洋大学硕士学位论文.

刘旭佳. 2011. 山东近岸海域大叶藻的生态学初步研究. 青岛：中国科学院海洋研究所硕士学位论文.

毛兴华，朱明远，杨小龙. 1993. 桑沟湾大型底栖植物的光合作用和生产力的初步研究. 生态学报，13 (1)：25-29.

杨宗岱，吴宝玲. 1981. 中国海草场的分布、生产力及其结构与功能的初步探讨. 生态学报，1 (1)：84-89.

张继红，方建光，唐启升. 2005. 中国浅海贝藻养殖对海洋碳循环的贡献. 地球科学进展，20 (3)：359-365.

Bell S S，Brooks R A，Robbins B D，et al. 2001. Faunal response to fragmentation in seagrass habitats：implications for seagrass conservation. Biological Conservation，100：115e123.

Irlandi E A，Orlando B A，Ambrose W G. 1999. Influence of seagrass habitat patch size on growth and survival of juvenile bay scallops *Argopecten irradians concentricus* (Say). J Exp Mar Biol Ecol，235：21-43.

Irlandi E A. 1997. Seagrass patch size and survivorship of an infaunal bivalve. Oikos，78：511-518.

Park S R，Li W T，Kim S H，et al. 2010. A Comparison of Methods for Estimating the Productivity of *Zostera marina*. J. Ecol. Field Biol，33 (1)：59-65.

第十四章　台湾典型区域海草的碳通量

第一节　东沙岛海草碳通量

东沙岛内潟湖及浅海砂质底海域，水深多在20m以内，适合海草生长，因此构成台湾种类最多、面积最大的海草床，1185hm^2，约为台湾本岛海草床面积20倍，每日可固定超过50t的碳，是东沙岛海域的主要初级生产者，稳固沙地提供鱼虾贝类幼时的孵育场所，对于改善海洋生态环境贡献良多。各样区海草覆盖度和植株密度均高，平均覆盖度高达75%以上，且有季节性变化。经调查资料显示，同种类海草叶片生产力明显高于纬度相近的海南岛海草床。估算整个东沙岛沿岸海草床生产量为2，615g DW/（m^2·a），为全球海草床平均值2倍以上，估计东沙岛沿岸海草床年总生产量30554t，相当于年吸收10226t的碳，扮演自然碳汇系统。因此东沙岛海草床生态系是东沙海域的主要初级生产者，稳固沙地提供鱼虾贝类幼时的孵育场所，扮演着重要栖地的角色（徐韶良等，2015）。

在对东沙海域6种海草生产力与其他影响因子的调查，建构海草生产量的碳收支模式，用以探讨海草的生产量分配与碳汇功能。结果显示，锯齿叶水丝草、圆叶水丝草、针叶藻、单脉二药草和卵叶盐草的叶生产力变化分别为1.60～5.50、0.68～4.59、0.59～3.51、0.53～1.86、0.20～1.25和0.23～0.79mg DW/（株·d），虽然以卵叶盐草的平均生产力最低，但其相对生长速率平均达79.93mg DW/(g·d)，为其他海草的7～19倍，是生长迅速的种类。整体来说，6种海草的生产力与相对生长速率都有夏高冬低之季节性变化，且主要受水温影响，但水深与盐度也是非常重要环境因子，而小潟湖高温、强光与干燥的逆境会明显冲击海草的生物形质。东沙海草的叶生产量平均为7.16g DW/（m^2·d），一年共有30362t的叶生产量，并有4322t会形成碎屑输出至海草床生态系统外。在海草碎屑的分解作用中，小型无脊椎动物可能是影响分解作用的主要因素。以叶生产量的碳收支来看，小潟湖与东沙岛沿岸海草的生产量分别有83.72%和76.25%会被分解掉，有6.76%与14.43%会形成碎屑输出，只有0.73%与4.69%会被草食作用而进入食物网中，并有8.79%与4.63%会形成长期的碳埋藏。地下部各有13.96%与11.32%的碳生产量也会形成长期的碳埋藏。若以碳汇功能而言，东沙海草每年的碳净吸存量为11367t；生物碳含量有2892t；长期的碳埋藏量则为686t。可见热带海域的海草床可提供碳吸存与埋藏的功能。此外，东沙海域海草床的营养循环、原料、碳权以及鱼类资源之经济价值为每公顷 95547 美元，同时还有其他重要的生态服务功能，是无可取代的自然生态系统（黄衍勳，2011）。

海草叶片附生藻类为附着于海草叶表面的微藻或大型藻，其生物量常影响海草生长，但亦为海草床中不容忽视的生产者。由东沙岛沿岸的海草床调查，了解不同样区及时间变化对附生藻类生物量变化的影响。此外，由于海草种类丰富，同时探讨附生藻类生物量在不同种类海草的差异。调查期间自 2009 年 12 月至翌年 10 月，测定叶绿素 a 浓度来表示附生藻类生物量。结果显示，附生藻类生物量在时间与样区具显著的交互作用，在 5 种不同海草种类上亦呈现显著差异。生长在泰来藻 *Thalassia hemprichii*、锯齿叶水丝草（*Cymodocea serrulata*）及针叶藻（*Syringodium isoetifolium*）叶片上的附生藻类有明显不同。相关分析结果显示，附生藻生物量与 pH 与温度等环境因子呈显著负相关，此外，不同海草种类亦会影响附生藻生物量，推测可能为叶面特性不同所致。

第二节　垦丁海草碳通量

以垦丁大光地区的海草床为例，探讨海草叶片之生产及其碳收支。结果显示，海草之生产及其流向随季节及潮位的不同而有所差异。冬春季每月约有 43.6g C/m^2 的生产量，32%以草食作用进入能量循环，其余因衰老而成落叶。其中有 69%之落叶留在海草床中；32%漂离至邻近的生态系统。而夏秋季之落叶生产力约为冬春季的 4 倍，其中只有 20%直接被草食动物所利用；68%之落叶都将漂离海草床。鱼类及无脊椎动物所消耗之百分比在潮位间有所差异，高位鱼类消耗占草食作用量的 81%，无脊椎动物占 19%；低位鱼类及无脊椎动物所消耗之比例相当，分别为 53%及 47%。海草床不仅提供鱼类及无脊椎动物食物来源及栖息空间，漂离海草床之碎屑更成为邻近生态系统的碳源，为沿岸重要的栖地环境，应加以保育（蓝秋月，2003；苏姵瑜，2011；李承录，2008）。

第三节　金门海草碳通量

金门位于九龙江口的厦门湾内，海岸线拥有丰富广大的自然湿地，但是其所扮演的碳吸存生态功能仍未曾量化。本研究利用密闭罩盖法，借由红外线监测 CO_2 的流量变化，测定潮间带退潮时底栖微藻、互花米草与甘草等三种优势植物的碳代谢量（生产量与呼吸量）。在夏季（7、8 月），分别于金门西半部欧厝沙滩（OC）、浯江溪北岸出海口（WJ）、湖下海堤（HX）及北山海堤（BS）4 个沿海湿地进行底栖微藻的测定，并同时在浯江溪北岸出海口比较三种不同植物的差异。测量结果显示，在 4 个样点间，底栖微藻碳代谢量以 BS 最高，其他依序是 WJ 与 HX，以 OC 最低。生产量主要影响因子是海水氮与磷营养浓度以及土壤酸碱值与盐度，但呼吸量会受到土壤粉泥黏土含量影响。夏季 4 个地点底栖微藻 CO_2 净吸收量平均为（6.85±2.42）mg C/（m^2·h），且皆为正值，显示为碳汇型湿地。不同植物的 CO_2 净吸收量以互花米草最高，其次为甘草，分别为底栖微藻的 3 倍及 2 倍（林蔚任，2010）。

第四节　高美湿地中海草碳通量

2011 年 8 月至 2012 年 5 月，童莉婷等（2013）在量化高美湿地土壤碳存量时空变化与不同植被之影响发现，高美湿地土壤碳存量之时空变化受到植被的影响较大，植被区碳含量明显多于裸滩区，季节变化上则是有夏季最高、秋冬最低、春季回升的现象。在底土深度达 30cm 的土体中，植被区的碳含量与土壤碳储存能力速率皆优于裸滩区，草泽为 0.44%、14.96kg/（m^2·a），海草床为 0.25%、18.12kg/（m^2·a），裸滩为 0.19%、–14.48kg/（m^2·a）。高美湿地整体土壤碳储存能力为 113.88kg/m^2，储存量为 357.59Gg。高美湿地底土以输出有机碳为主，且输出量多于植被生产量，其差额与潮汐及临近淡水输入源的水体总碳或悬浮物质有关。

参 考 文 献

黄衍勳. 2011. 东沙海域海草的生产力与碳收支. 台中：中兴大学硕士学位论文.

蓝秋月. 2003. 垦丁潮间带海草丰度与生产力之时空变化及空间生态区位差异. 台中：中兴大学硕士学位论文.

李承录. 2008. 垦丁大光泰来藻 (*Thalassia hemprichii*) 与单脉二药草 (*Halodule uninervis*) 海草床之鱼类群聚变化与鱼类胃内含物研究. 台中：中兴大学硕士学位论文.

林蔚任，林幸助. 2010. 金门沿海湿地底栖植物碳代谢量的差异. 2010 台湾水产学会论文发表会，水生生物生态、环境 (EP-15).

邱仕涵. 2008. 垦丁大光潮间带泰来藻床之无脊椎动物群集及碳收支模式. 台中：中兴大学硕士学位论文.

苏姵瑜. 2011. 垦丁泰来海草叶片上附生藻类生产力及营养限制. 台中：中兴大学硕士学位论文.

童莉婷. 2013. 高美湿地土壤碳存量之时空变化. 台中：中兴大学硕士学位论文.

徐韶良，庄正贤. 2015. 海洋国家公园管理处发展现状与未来展望. http://tmec.ntou.edu.tw/ezfiles/31/1031/img/430/434057939.pdf[2015-4-20].

第十五章　影响海草生物量和生产力的环境因素

第一节　非生物因素

1. 光照

光照强度是影响海草光合作用的最主要因素（Hemminga and Duarte，2000）。和陆生植物相比，海草的光合能力较低。陆生 C_3 和 C_4 植物的最大光合作用速率（P_{max}）分别是 10～75mg O_2/（g DW·h）和 75～175mg O_2/（g DW·h），海草的 P_{max} 是 3～13mg O_2/（g DW·h），比陆地阴生植物的 P_{max}［12.5～37.5mg O_2/（g DW·h）］还要低（Vermaat et al.，1997）。海草的光合能力在种间差异明显，例如，经常伴生的两种大叶藻 *Z. noltii* 和 *Z. marina* 的 P_{max} 分别是 14mg O_2/（g AFDW·h）和 6mg O_2/（g AFDW·h）（AFDW 代表无灰干重），饱和光强（I_k）分别是 236μE/（m^2·s）和 78μE/（m^2·s），这种差异导致 *Z. noltii* 主要生长在潮间带而 *Z. marina* 主要生长在潮下带（Vermaat and Verhagen，1996）。对光照强度的需求量决定海草的分布深度，据统计，海草正常生长所需要的光照强度是水表面光照强度的 4%～29%，平均为 11%（Duarte，1991）。值得注意的是，这个需求高于藻类（Duarte，1995）。

光合有效辐射（PAR）经过海水的反射和透射，强度会随水深而减弱，海草只能利用到达其冠层的这部分。温带海草比热带亚热带海草具有更低的补偿光强（I_c）和饱合光强（I_k），如温带海草的 I_c=（28.5±3.3）μE/（m^2·s），I_k=（38.5±7.6）μE/（m^2·s）；热带和亚热带海草的 I_c=（146.0±38.8）μE/（m^2·s），I_k=（284.6±71.1）μE/（m^2·s）。海草维持最高光合效率（P_{max}）所需的最小光照强度（I_{max}）种间差异很大，没有明显规律可循，并不一定是温带海草的 I_{max} 比热带亚热带海草的 I_{max} 低。例如，I_{max} 最高和最低的温带海草分别是 *Zostera noltii*［3600μE/（m^2·s）］和 *Zostera marina*［100μE/（m^2·s）］，I_{max} 最高和最低的热带亚热带带海草分别是 *Halodule wrightii*［800μE/（m^2·s）］和 *Cymodocea nodosa*［100μE/（m^2·s）］（Touchette and Burkholder，2000）。I_{max} 的种间差异是海草对生长地的光环境长期适应的结果。

光照强度过高或过低都会影响海草的净光合效率。光照强度超过 I_k，有可能发生光抑制。通常当光照强度大于 1000μE/（m^2·s）时，多数海草都发生光抑制，最强的光抑制发生在 1200～1600μE/（m^2·s）这个光照强度范围（Dawes et al.，1987；Hanelt et al.，1994）。Peralta 等（2002）通过室外中型围隔实验发现大叶藻 *Zostera noltii* 在 100%水表面光照强度下的生长速率（1.6mg DW/d）要比在 42%下的（2.4mg

DW/d）要低，表明100%水表面光照强度对*Zostera noltii*有光抑制。光照强度过高引起的光氧化破坏海草光合作用中心，一些海草也和其他高等植物一样形成了避免光氧化的调控机制，如光保护、光抑制（Ralph，1998，1999）。光抑制通过降低光合链的电子传递速率和光合磷酸化效率来降低光合作用中心（PSⅡ）的效率，让过多的光能以热的形式消散掉，从而保护了光合系统（Hanelt et al.，1994；Krause and Weis，1991）。

光照强度下降低于I_{max}给海草造成多方面多层次的影响，包括光合生理活动，个体生长和群落净生产力等。一般而言，作为补偿适应，在低光照强度下生长的海草会提高光量子产额、光合效率和光合色素含量（Major and Dunton，2000；Baker and McKiernan，1988；Falkowski and LaRoche，1991），但是Campbell等（2003）发现生长在低光照条件下的大叶藻*Zostera tasmanica*和*Zostera capricorni*的电子传递速率和光合效率都降低，同时*Zostera tasmanica*的最大量子产额也降低，这可能是光照下降程度超出了这两种海草的补偿适应机制作用范围。光照强度下降还导致海草地上部分生物量减少和茎枝密度下降（Czerny and Dunton，1995；Van Lent et al.，1995；Lee and Dunton，1997），茎枝越疏，彼此的遮光影响越小。大叶藻*Zostera noltii*的地下茎只有在光照强度达到20.6E/（m^2·d）以上才分枝，低于此值就没有分枝（Peralta et al.，2002）。光照强度持续低于补偿光照强度会造成海草的死亡。实验证实：光照强度减弱后［0～0.175E/（m^2·d）］，*Halophila ovalis*存活了38d后出现死亡，而同样条件下的*Halodule pinifolia*存活了100d后也出现死亡（Longstaff and Dennison，1999）。海草群落更加脆弱，群落净生产力（net community production）的光补偿点接近现场光照强度的80%［262μE/（m^2·s）］，如果光照强度长时间低于补偿光照强度，海草群落的就会从净生产转向净消耗（Gacia et al.，2005）。紫外线辐射是一大环境胁迫，在海草生长的浅水区，这个问题更加突出。Dawson研究发现二药藻（*Halodule uninervis*）、*Halophila ovalis*对UV-B的增强比较敏感，表现在光合效率和叶绿体密度下降，而海神草（*Cymodocea serrulata*）、针叶藻（*Syringodium isoetifolium*）和*Zostera capricorni*对UV-B增强的耐受程度较高（Dawson and Dennison，1996）。

2. 温度

在温带海草床，水体温度的季节变化和光照基本一致，它们共同影响着海草生产力和生物量的季节变化（Orth and Moore，1984；Van Lent and Verschuure，1994）。水体温度变化超出海草生长的最适温度范围就会对它的生理生化过程产生消极影响。在适宜范围内的温度升高使热带海草的光合速率和呼吸速率都增大（Perez and Romero，1992；Terrados and Ros，1995），温度一旦高于35℃，呼吸速率就会大于光合速率，造成了净光合速率出现负值（Bulthuis，1983；Ralph，

1998)。现场调查发现泰来藻 *Thalassia testudinum* 的叶片生产力和水体温度明显正相关，生产力和生物量的最大值出现在夏季，最低值出现在冬季（Tussenbroek，1995)。生长在朝鲜半岛海岸的 *Zostera marina* 进入夏季时生物量和生长出现负增长，认为水温过高可能是原因之一（Lee et al.，2005)。极端高温出现在白天低潮时，生长在浅水区的海草露出水面后直接被阳光照射，常导致叶片被灼伤甚至枯死（Erftemeijer and Herman Peter，1994；Boese et al.，2005)，生物量损失可高达61%（Stapel et al.，1997)。温度升高导致海草的 I_c 升高（Bulthuis，1987)，如果光照强度同时降低，海草受到的胁迫就会加剧。

3. 无机碳源

一般认为，除了海神草（*C. nodosa*)，其他海草都是 C_3 植物（Hemminga and Duarte，2000)；但是有实验证据表明有些海草种类介于 C_3 和 C_4 植物之间，如喜盐草（*H. stipulacea*)（Beer et al.，1980)，贝克喜盐草（*H. beccaeii*）在一定条件下也可以通过 C_4 途径固定碳（Waghmode and Joshi，1983)。HCO_3^- 是无机碳在海水中主要的存在形式，海洋中可被海草利用的无机碳源主要是 HCO_3^-（Hemminga and Duarte，2000)。能直接利用 HCO_3^- 的海草有 *Zostera marina*（Beer and Rehnberg，1997)、*Halophila ovalis* 和 *Cymodocea rotundata*（Björk et al.，1997)，它们通过耗能过程主动运输 HCO_3^- 到光合部位（Beer and Rehnberg，1997；Björk et al.，1997)，其他一些海草，如 *Zostera muelleri* 和 *Posidonia australis*，利用碳酸酐酶（extracellular/surface bound carbonic anhydrase）催化 HCO_3^- 转变成 CO_2，经被动扩散进入叶肉细胞，这也是一条重要的途径（Millhouse and Strother，1986；James and Larkum，1996；Hellblom and Björk，1999)，*Zostera marina* 也兼有这条途径（Beer and Rehnberg，1997)。其次的无机碳源是 CO_2。全楔草（*Thalassodendron ciliatum*）和泰来藻 *Thalassia hemprichii* 缺乏碳酸酐酶，它们直接利用 CO_2（Björk et al.，1997；Abel，1984)。由于海水中无机碳浓度和扩散速率远低于空气中的，所以海草的光合作用受到无机碳源的限制。实验证实，当海水中的无机碳浓度超过自然水平时，海草的光合作用速率都有不同程度的增加（Björk et al.，1997；Beer and Waisel，1979；Durako，1993；Beer and Koch，1996；Zimmerman et al.，1997)。在目前自然海水的无机碳浓度下，大型海藻的光合作用通常能达到或接近饱和，而海草的光合作用往往未饱和（Beer and Koch，1996)，这也说明大型海藻比海草更能有效利用无机碳。

4. 营养盐

不论是在水体还是沉积物间隙水，铵盐（NH_4^+）是海草生境中氮元素的主要存在形态，其次是硝酸盐（NO_3^-）和亚硝酸盐（NO_2^-），活性磷酸盐（PO_4^{3-}）是海草可利用磷元素的主要形态（Hemminga and Duarte，2000）。氮、磷元素在海草床水体和沉积物间隙水中的浓度存在很大差别。就全球的平均值而言，水体中，NH_4^+、NO_3^-和PO_4^{3-}的浓度依次是3.1μmol/L、2.7μmol/L、0.35μmol/L；沉积物间隙水中，NH_4^+、NO_3^-和PO_4^{3-}的浓度依次是86μmol/L、3.4μmol/L、12μmol/L（Hemminga，1998）。

尽管海草床底质沉积物间隙水中含有丰富的氮和磷，但是海草的生长受到营养盐限制的情况并不少见，如从营养盐加富实验结果得出，温带海草异叶藻（*Heterozostera tasmanica*）、聚伞藻（*Posidonia oceanica*）、*Ruppia maritima*、*Zostera capricorni*、*Zostera marina*，以及热带和亚热带海草 *Cymodocea nodosa*、*Enhalus acoroides*、*Halodule uninervis*、*Halodule wightii*、*Syringodium filiforme*、*Thalassia hemprichii*、*Thalassia testudinum* 的生长得到促进。并不是所有海草都是这样，营养盐加富对 *Cymodocea serrulats* 的生长没有明显影响（Touchette and Burkholder，2000）。Touchette 和 Burkholder（2000）和 Udy（1997）把海草对营养盐加富的响应分为四类：①生境处于贫营养状态，营养盐成为生长限制因子，加富营养盐促进海草生长；②贫营养生境中其他因子而非营养盐限制了海草生长，加富营养盐对海草生理活动有益无害，但没有促进海草生长；③生境处于富营养状态，海草的生理活动和生长对营养盐加富都没有响应；④加富营养盐使海草产生不良生理反应，生长受到抑制。对营养盐加富的响应不仅存在种间差异，而且也表现出空间差异。Ferdie 等（2004）的现场营养盐加富实验分近岸（离岸 1km 以内）和远岸（离岸 10km）同时进行，他们发现：加富组与对照组相比，远岸的 *Thalassia testudinum* 叶片生产力和生物量的增加幅度明显大于近岸的，而且远岸存在明显氮限制，近岸氮加富和磷加富的效果差别不大，可见，海草床的空间异质性改变了营养盐的生长可利用性，这可能需要从底质类型的差异寻找原因。由此，可以认为近岸海域富营养化对海草的消极影响主要是间接的，富营养化主要是促进浮游藻类和附生藻类增殖，导致水体透明度下降，结果导致到达海草冠层的光照强度减少。

5. 盐度

尽管很多海草是广盐性，但是长时间暴露在不适宜盐度下会使海草的生产力和生物量降低。盐度变化最直接的影响是改变了海草细胞的渗透压，降低海草的光合效率（Biebl and McRoy，1971；Kerr and Strother，1985；Hanelt et al.，1994；Dawes et al.，1989），进而影响其生长（McMillan and Moseley，1967；Walker，1985；Walker and McComb，1990）和存活（Vermaat et al.，2000）。*Posidonia oceanica* 的叶片生长速率在 25～39psu 的盐度范围内达到最大（它的原生境盐度范围是

36.8～38psu)，盐度低于 29psu 或高于 42psu 时，该海草出现不同程度的死亡（在 50psu 盐度下死亡率为 100%），而且它对低盐度的耐受程度要高于对高盐度（Yolanda and José，2005），类似现象也出现在 *Zostera noltii*（Vermaat et al.，2000）和 *Halophila ovalis*（包括海洋和河口两种生态型）的盐度梯度耐受实验中（Benjamina et al.，1999）。目前的解释是海草起源于淡水生境，它们可能部分保留适应低盐度的能力（Vermaat et al.，2000；Yolanda and José，2005；Benjamina et al.，1999）。即使是河口型的 *Halophila ovalis*（原生境盐度为 25psu），当在 20psu 咸水中暴露时间超过 4 周后，叶绿体出现部分脱水而且数量减少，叶子在暴露 1 周后死亡加速，海草个体变小（Benjamina et al.，1999）。可见，长时间暴露在过高或过低盐度下都会降低海草的生产力和生物量。以上都是室内培养实验结果，和现场调查结果有差异。Irlandi 等发现由于周边地区储蓄水源导致输入美国佛罗里达 Biscayne 湾的淡水量减少，结果使湾内 *Thalassia testudinum* 的生长得到促进，作者认为在没有到有害程度的前提下，盐度升高反而促进了 *Thalassia testudinum* 生长（Irlandi et al.，2002）。

6. 水动力条件

在水生植物表面存在一个不流动的扩散边界层（diffusion boundary layer），CO_2 只能以分子扩散的方式通过该层到达吸收部位（Hemminga and Duarte，2000），因此其扩散速率很慢，扩散边界层往往成为水生植物吸收 CO_2 的屏障。生长在流动水环境中的植物通常比生长在静水中的生产力高，这是由于流水削减了植物表面的扩散边界层厚度，促进植物吸收营养盐，无机碳和氧（Odum，1956；Madsen and Adams，1988；Stevenson，1988）。水流速度增加超过一定值也会抑制植物的光合作用和生长（Madsen and Søndergaard，1983；Chambers et al.，1991）。实验证实，水流速度和湍流对海草吸收铵盐（Thomas et al.，2000；Thomas and Cornelisen，2003；Cornelisen and Thomas，2004），光合作用和生产力（Fonseca and Kenworthy，1987；Koch，1994）都有显著影响。水流速度增加会降低海草密度，使叶片变短（Schanz and Asmus，2003），这样可以使海草减小受力面积。

7. 铁限制

铁离子是植物合成叶绿素所必需的，铁元素是铁氧还蛋白（F_d，光合链上的电子传递体之一）的重要组成分。海草生长受到铁限制的证据主要来自两方面：对比 Epstein 的标准和现场铁离子加富实验。Epstein（1965）认为，100μg/g 干重的 Fe 含量是维持陆地被子植物正常生长的最低要求，低于此含量就会导致萎黄病等缺铁性病害。尽管海草叶片中铁离子含量的平均值为 340μg/g 干重，但是相当一部分海草的铁离子含量和生长受铁限制的陆地植物相当，更有甚者，一些海草叶片（如 *Amphibolis antarctica*、*Halodule wrightii*、*Ruppia maritima*、*Syringodium filiforme*、*Thalassia testudinum*）的铁离子含量下限低于 Epstein 的标准，只有 12.5～76μg/g 干重，由此推断部分海草的生长也受到铁限制（Duarte et al.，1995）。在热带海草床，Fe 被碳酸钙底质束缚而不能被海草利用（Milliman，1974），加上缺少陆源 Fe 的输入，海草生长容易受到铁限制。两项比较有说服力的结果表明现场铁离子加富（0.12～0.72g Fe）明显提高了 *Thalassia testudinum* 叶片生长速率和 Chl a 含量，并且促进它吸收磷（Duarte et al.，1995，Chambers，2001）。铁离子对海草种群和群落增长的促进作用还需要进一步开展定量实验去评估。

8. 污染物

随着沿海工业和城镇的发展，海草床内检出的污染物种类和含量均呈上升趋势，主要的污染物有重金属（如汞、铅、铬、镉、铜、锌、砷等）、有机污染物（如除草剂、杀虫剂、多环芳烃、多氯联苯等）和石油烃。

重金属对海草的毒性主要是抑制酶活性和光合作用，表现在光合作用中心 PSⅡ的有效光量子产额（$\Delta F/Fm'$）、光合色素和氨基酸含量明显下降（Macinnis-Ng Catriona and Ralph，2002，2004；Prange and Dennison，2000）。研究还发现 *Z. capricorni* 经 Zn 暴露 10h 后恢复 4d，$\Delta F/Fm'$可以达到正常水平，但是经 Cu 同样处理后，$\Delta F/Fm'$的下降无法恢复（Macinnis-Ng Catriona and Ralph，2004），因此，Cu 的污染尤其需要关注。近一半的除草剂的标靶也是光合作用中心 PSⅡ，它们能竞争性地结合到电子受体上，降低能量传递效率，甚至阻断能量传递过程（Ralph，2000；Nash et al.，2005）。值得注意的是，铜离子和防污损涂料（Irgarol，1051）的联合毒性要比铜离子的毒性强很多（Macinnis-Ng Catriona and Ralph，2004）。光合器官是多种环境因子的作用标靶，在水体透明度下降和温度升高的背景下，污染物的毒性可能会被放大。

第二节　生 物 因 素

1. 附生藻类

附生藻类（epiphyte）主要着生在海草叶片，随着叶龄的增长，附生藻类的种类和数量增加，它们对海草生长的既有弊也有利，有关研究的结果以影响不利为多数。

不利的一面：附生藻类最主要的危害是遮光，其次是和海草竞争营养盐。水体中营养盐输入增加促进了附生藻类的增殖，导致海草可利用光能减少（Orth and Moore，1983；Silberstein et al.，1986）。附生藻类能使到达海草叶片光合中心的光能减少 15%～63%（Silberstein et al.，1986），导致海草光合速率下降，可达 31%（Sand-Jensen，1977）。附生藻类直接减少了海草叶片吸收营养盐的有效面积（Sand-Jensen，1977；Johnstone，1979），降低了叶片吸收 NH_4^+ 和 NO_3^- 的速率，而且吸收 NH_4^+ 的速率下降幅度正比于附生藻类的着生面积（Cornelisen and Thomas，2004），还可以在扩散边界层和海草竞争营养盐（Sand-Jensen，1985）。致密的附生藻类还可以增加扩散边界层厚度（Sand-Jensen et al.，1985）。

有利的一面：有附生藻类的海草叶片比光滑的叶片能更有效地保持水分，叶片露出水面后不会很快被晒干（Penhale and Smith Jr，1977）。附生藻类在海草叶片表面形成一层阻挡 UV-B 的屏障，这对海草耐受紫外线辐射极为有利（Brandt and Koch，2003）。附生藻类死亡藻体分解释放出的无机物可以被海草吸收利用（Penhale and Smith Jr，1977；Mazzella and Alberte，1986）。

2. 动物摄食

海草和藻类是海草床主要的生产者，消费者对它们的下行调控有时会超过非生物环境因子的影响。摄食海草叶片和地下茎的动物有哺乳类（如儒艮）、水鸟、鱼（主要是蓝子鱼、鹦嘴鱼等）、海龟、海胆和腹足类，适度的摄食可以促进海草生长，过度的摄食则往往造成海草生产力和生物量明显下降（Hemminga and Duarte，2000；Heck Jr and Valentine，2006）。紫海胆（*Lytechinus variegatus*）的密度达到 20～40 个/m^2 时能吃掉 *Thalassia testudinum* 地上生物量的 50%～100%（Valentine and Heck Jr，1991）。鱼类的摄食压力比海胆的要低，通常很低，最高只达到 15%（Hemminga and Duarte，2000；Klumpp et al.，1993；Greenway，1995；Cebrián et al.，1996；Havelange et al.，1997），但在特别情况下，鹦嘴鱼（*Sparisoma radians*）能吃掉 *Thalassia testudinum* 叶片所有的生产量（McGlathery，1995）。帽贝（*Tectura depicta*）吃 *Zostera marina* 的表皮（集中着叶片大部分叶绿体），使光合能力丧失（Zimmerman et al.，1996）。动物的选择性摄食能改变海草群落的种类组成比例，从而影响群落生产力和生物量（Aragones and Marsh，2000）。

动物不仅摄食海草，更多的是摄食附生藻类，这对海草生长是有利的，这些动物主要是等脚类（isopods）、片脚类（amphipods）和腹足类（gastropods）（Van Montfrans et al.，1984；Jernakoff et al.，1996；Fong et al.，2000）。当水体营养盐浓度增加时，附生藻类的迅速增殖由于这些动物摄食作用而没有发生（Williams and Ruckelshaus，1993）。但是，如果附生藻类以含钙质较多的珊瑚藻为主，它们不易被动物的食道消化，那么这些动物摄食的“除藻”效果就很有限（Keuskamp，2004）。

在非生物和生物因子共同作用下，海草生物量和生产力的时间变化规律比较容易总结出来，相比之下，生物量和生产力的空间差异更复杂。

当积累足够多的现场实测数据和影响因子实验结果后，经过分析处理数据，总结出海草生物量和生产力变化的规律，就可以得出到适用于该区域的海草生长经验模型，这种模型在海草床的管理和保护工作中具有重要价值（Duarte，1999；Carr et al.，1997）。在此基础上结合海草生理和生物化学过程研究建立的数理模型具有更广泛的应用范围（Fong and Harwell，1994；Bocci et al.，1997；Burd and Dunton，2001；Zharova et al.，2001；Elkalay et al.，2003；Plus et al.，2003）。

参 考 文 献

Abel K. 1984. Inorganic carbon source for photosynthesis in the seagrass *Thalassia hemprichii* (Ehrenb.) Aschers. Plant Physiology，76：776-781.

Baker N R，McKiernan M. 1988. Modifications to the photosynthetic apparatus of higher plants in response to changes in the light environment. Biol. J. Linn. Soc.，34：193-203.

Beer S，Koch E. 1996. Photosynthesis of seagrasses vs. marine macroalgae in globally changing CO_2 environments. Marine Ecology Progress Series，141：199-204.

Beer S，Rehnberg J. 1997. The acquisition of inorganic carbon by the seagrass *Zostera marina*. Aquatic Botany，56：277-283.

Beer S，Shomer-Ilan A，Waisel Y. 1980. Carbon metabolism in seagrasses. II. Patterns of photosynthetic CO_2 incorporation. J. Exp. Bot，31：1019-1026.

Beer S，Waisel Y. 1979. Some photosynthetic carbon fixation properties of seagrasses. Aquatic Botany，7：129-138.

Benjamina K J，Walkerb D I，McComba A J，et al. 1999. Structural response of marine and estuarine plants of *Halophila ovalis* (R. Br.) Hook. f. to long-term hyposalinity. Aquatic Botany，64：1-17.

Biebl R，McRoy C P. 1971. Plasmatic resistance of respiration and photosynthesis of *Zostera marina* at different salinities and temperatures. Marine Biology，8：48-56.

Björk M，Weil A，Semesi S，et al. 1997. Photosynthetic utilization of inorganic carbon by seagrass from Zanzibar，East Africa. Marine Biology，129：363-366.

Bocci M，Coffaro G，Bendoricchio G. 1997. Modeling biomass and nutrient dynamics in eelgrass (*Zostera marina* L.)：applications to the Lagoon of Venice (Italy) and Øresund (Denmark). Ecological Modeling，102：67-80.

Boese B L，Robbins B D，Thursby G. 2005. Desiccation is a limiting factor for eelgrass (*Zostera marina* L.) distribution in the intertidal zone of a northeastern Pacific (USA) estuary. Botanica Marina，48 (4)：274-283.

Brandt L A，Koch E W. 2003. Periphyton as a UV-B filter on seagrass leaves：a result of different transmittance in the UV-B and PAR ranges. Aquatic Botany，76：317-327.

Bulthuis D A. 1983. Effects of temperature on the photosynthesisirradiance curve of the Australian seagrass，Heterozostera tasmanica. Mar. Biol. Lett.，4：47-57.

Bulthuis D A. 1987. Effects of temperature on the photosynthesis and growth of seagrass. Aquatic Botany，27：27-40.

Burd A B，Dunton K H. 2001. Field verification of a light-driven model of biomass changes in the seagrass Halodule wrightii. Marine Ecology Progress Series，209：85-98.

Carr G M，Duthie H C，Taylor W D. 1997. Models of aquatic plant productivity：a review of the factors that influence growth. Aquatic Botany，59：195-215.

Chambers P A，Prepas E E，Hamilton H R，et al. 1991. Current velocity and its effect on aquatic macrophytes in flowing waters. Ecol. Appl.，1：249-257.

Chambers，Randolph M，Fourqurean J W，et al. 2001. Biogeochemical effects of iron availability on primary producers in a shallow marine carbonate environment. Limnology and Oceanography，46 (6)：1278-1286.

Cornelisen C D，Thomas F I M. 2004. Ammonium and nitrate uptake by leaves of the seagrass Thalassia testudinum：impact of hydrodynamics regime and epiphyte cover on uptake rates. Journal of Marine Systems，49：177-194.

Czerny A B，Dunton K H. 1995. The effects of in situ light reduction on the growth of two subtropical seagrasses Thalassia testudinum and Halodule wrightii. Estuaries，18：418-427.

Dawes C J，Lobban C S，Tomasko D A. 1989. Comparison of the physiological ecology of the seagrasses Halophila decipiens Ostenfeld and H. johnsonii Eiseman from Florida. Aquatic Botany，33：149-154.

Dawes C，Chan M，Chinn R，et al. 1987. Proximate composition，photosynthetic and respiratory responses of the seagrass Halophila engelmannii from Florida. Aquat. Bot.，27：195-201.

Dawson S P，Dennison W C. 1996. Effects of ultraviolet and photosynthetically active radiation on five seagrass species. Mar. Biol.，125：629-638.

Duarte C M，Chiscano Carina L. 1999. Seagrass biomass and production：a reassessment. Aquatic Botany，65：159-174.

Duarte C M，Merino M，Gallegos M. 1995. Evidence of iron deficiency in seagrasses growing above carbonate sediments. Limnology and Oceanography，40 (6)：1153-1158.

Duarte C M. 1991a. Allometric scaling of seagrass form and productivity. Marine Ecology Progress Series，77：289-300.

Duarte C M. 1995. Submerged aquatic vegetation in relation to different nutrient regimes. Ophelia，41：87-112.

Durako M J. 1993. Photosynthetic utilization of CO_2 (aq) and HCO^{-3} in *Thalassia testudinum* (Hydrocharitaceae). Marine Biology，115：373-380.

Elkalay K，Frangoulis C，Skliris N，et al. 2003. A model of the seasonal dynamics of biomass and production of the seagrass Posidonia oceanica in the Bay of Calvi (Northwestern Mediterranean). Ecological Modeling，167：1-18.

Epstein E. 1965. Mineral metabolism. *In*：Bonner J，Varner J E ed. Plant biochemistry. Academic：438-466.

Erftemeijer P L A，Herman Peter M J. 1994. Seasonal changes in environmental variables，biomass，production and nutrient contents in two contrasting tropical intertidal seagrass beds in South Sulawesi，Indonesia. Oecologia，99 (1-2)：45-59.

Falkowski P G，LaRoche J. 1991. Acclimation to spectral irradiance in algae. J. Phycol.，27：8-14.

Ferdie M，Fourqurean J W. 2004. Responses of seagrass communities to fertilization along a gradient of relative availability of nitrogen and phosphorus in a carbonate environment. Limnology and

Oceanography，49 (6)：2082-2094.

Fong P，Harwell M A. 1994. Modeling seagrass communities in tropical and subtropical bays and estuaries：a mathematical model synthesis of current hypothesis. Bulletin of Marine Science，54 (3)：757-781.

Fonseca M S，Kenworthy J W. 1987. Effect of current on photosynthesis and distribution of seagrass. Aquatic Botany，27：59-78.

Gacia E，Kennedy H，Duarte C M，et al. 2005. Light-dependence of the metabolic balance of a highly productive Philippine seagrass community. Journal of Experimental Marine Biology and Ecology，316：55-67.

Hanelt D，Li J，Nultsch S C. 1994. Tidal dependence of photoinhibition in photosyntheis in marine macrophytes of the South China Sea. Bot. Acta，107：66-72.

Hellblom F，Björk M. 1999. Photosynthetic responses in *Zostera marina* to decreasing salinity，inorganic carbon content and osmolality. Aquatic Botany，65：97-104.

Hemminga M A，Duarte C M. 2000. Seagrass Ecology. Cambridge：Cambridge University Press：147-151.

Hemminga M A. 1998. The root/rhizome sytem of seagrasses：an asset and a burden. Journal of Sea Research，39：183-196.

Irlandi E，Orlando B，Maciá S，et al. 2002. The influence of freshwater runoff on biomass，morphometrics，and production of Thalassia testudinum. Aquatic Botany，72：67-78.

James P L，Larkum A W D. 1996. Photosynthetic inorganic carbon acquisition of Posidonia australis. Aquatic Botany，55：149-157.

Johnstone I M. 1979. Papua New Guinea Seagrasses and Aspects of the Biology and Growth of *Enhalus acoroides* (L. f.) Royle. Aquatic Botany，7：197-208.

Kerr E A，Strother S. 1985. Effects of irradiance，temperature and salinity on photosynthesis of *Zostera muelleri*. Aquatic Botany，23：177-183.

Koch E W. 1994. Hydrodynamics，diffusion-boundary layers and photosynthesis of the seagrasses *Thalassia testudinum* and *Cymodocea nodosa*. Marine Biology，118：767-776.

Krause G H，Weis E. 1991. Chlorophyll fluorescence and photosynthesis：the basics. Ann. Rev. Plant Physiol. Plant Mol. Biol.，42：313-349.

Lee K-S，Dunton K H. 1997. Effects of *in situ* light reduction on the maintenance，growth and partitioning of carbon resources in Thalassia testudinum Banks ex Köning. Journal of Experimental Marine Biology and Ecology，210：53-73.

Longstaff B J，Dennison W C. 1999. Seagrass survival during pulsed turbidity events：the effects of light deprivation on the seagrasses Halodule pinifolia and Halophila ovalis. Aquatic Botany，65：105-121.

Macinnis-Ng Catriona M O，Ralph P J. 2002. Towards a more ecologically relevant assessment of the impact of heavy metals on the photosynthesis of the seagrass *Zostera capricorni*. Marine Pollution Bulletin，45：100-106.

Macinnis-Ng Catriona M O，Ralph P J. 2004. *In situ* impact of multiple pulses of metal and herbicide on the seagrass *Zostera capricorni*. Aquatic Toxicology，67：227-237.

Madsen T V，Søndergaard M. 1983. The effects of current velocity on the photosynthesis of

Callitriche stagnalis Scop. Aquatic Botany，15：187-193.

Major K M，Dunton K H. 2000. Photosynthetic performance in Syringodium filiforme：seasonal variation in light-harvesting characteristics. Aquatic Botany，68：249-264.

Mazzella L，Alberte R S. 1986. Light adaptation and the role of autotrophic epiphytes in primary production of the temperate seagrass *Zostera marina* L. Journal of Experimental Marine Biology and Ecology，100：165-180.

McMillan C，Moseley F N. 1967. Salinity tolerances of five marine spermatophytes of Redfish Bay，Texas. Ecology，48 (3)：503-506.

Millhouse J，Strother S. 1986. Salt-stimulated bicarbonate-dependent photosynthesis in the marine angiosperm *Zostera muelleri*. J. Exp. Bot.，37：965-976.

Nash S M B，McMahon K，Eaglesham G，et al. 2005. Application of a novel phytotoxicity assay for the detection of herbicides in Hervey Bay and the Great Sandy Straits. Marine Pollution Bulletin，51：351-360.

Odum H T. 1956. Primary production in flowing waters. Limnology and Oceanography，1：102-117.

Orth R J，Moore K A. 1983. Chesapeake Bay：an unprecedented decline in submerged aquatic vegetation. Science，222：51-53.

Orth R J，Moore K A. 1984. Seasonal and year-to-year variations in the growth of *Zostera marina* L. (eelgrass) in the lower Chesapeake Bay. Aquatic Botany，24：335-341.

Penhale P A and Smith Jr W O. 1977. Excretion of dissolved organic carbon by eelgrass (*Zostera marina*) and its epiphytes. Limnology and Oceanography，22：400-407.

Peralta G，Pérez-Lloréns J L，Hernández I，et al. 2002. Effects of light availability on growth，architecture and nutrient content of the seagrass *Zostera noltii* Hornem. Journal of Experimental Marine Biology and Ecology，269：9-26.

Perez M，Romero J. 1992. Photosynthetic response to light and temperature of the seagrass Cymodocea nodosa and the prediction of its seasonality. Aquatic. Botany，43：51-62.

Plus M，Chapelle A，Ménesguen A，et al. 2003. Modeling seasonal dynamics of biomass and nitrogen contents in a seagrass meadow (*Zostera noltii* Hornem.)：application to the Thau lagoon (French Mediterranean coast). Ecological Modeling，161：213-238.

Prange J A，Dennison W C. 2000. Physiological responses of five seagrass species to trace metals. Marine Pollution Bulletin，41：327-336.

Ralph P J. 1998. Photosynthetic response of laboratory-cultured Halophila ovalis to thermal stress. Mar. Ecol. Prog. Ser.，171：123-130.

Ralph P J. 1999. Light-induced photoinhibitory stress responses of laboratory-cultured Halophila ovalis. Bot. Mar.，42：11-22.

Ralph P J. 2000. Herbicide toxicity of Halophila ovalis assessed by chlorophyll a fluorescence. Aquatic Botany，66：141-152.

Sand-Jensen K，Revsbach N P，Jorgensen B B. 1985. Microprofiles of oxygen in epiphyte communities on submerged macrophytes. Marine Biology，89：55-62.

Sand-Jensen K. 1977. Effect of epiphytes on eelgrass photosynthesis. Aquatic Botany，3：55-63.

Schanz A. Asmus H. 2003. Impact of hydrodynamics on development and morphology of intertidal seagrasses in the Wadden Sea. Marine Ecology Progress Series，261：123-134.

Silberstein K，Chiffings A W，McComb A J. 1986. The loss of seagrass in Cockburn Sound，Western Australia. Ⅲ. The effect of epiphytes on productivity of *Posidonia australis* Hook. f. Aquatic Botany，24：355-371.

Stapel J，Manuntun R，Hemminga M A. 1997. Biomass loss and nutrient redistribution in an Indonesian Thalassia hemprichii seagrass bed following seasonal low tide exposure during daylight. Marine Ecology Progress Series，148：251-262.

Stevenson J C. 1988. Comparative ecology of submerse grass beds in freshwater，estuarine，and marine environments. Limnology and Oceanography，33：867-893.

Terrados J，Ros J D. 1995. Temperature effects on photosynthesis and depth distribution of the seagrass *Cymodocea nodosa* (Ucria) Ascherson in a Mediterranean coastal lagoon：the Mar Menor (SE Spain). Mar. Ecol.，16：133-144.

Thomas F I M，Cornelisen C D，Zande J M. 2000. Effects of water velocity and canopy morphology on ammonium uptake by seagrass communities. Ecology，81：2704-2713.

Thomas F I M，Cornelisen C D. 2003. Ammonium uptake by seagrass communities：effects of oscillatory versus unidirectional flow. Marine Ecology Progress Series，247：51-57.

Touchette B W，Burkholder J M. 2000. Overview of physiological ecology of carbon metabolism in seagrasses. Journal of Experimental Marine Biology and Ecology，250：169-205.

Udy J W，Dennison W C. 1997. Growth and physiological responses of three seagrasses species to elevated sediment nutrients in Moreton Bay，Australia. Journal of Experimental Marine Biology and Ecology，217：253-277.

Van Lent F，Verchuure J M，Van Veghel L J. 1995. Comparative study on populations of *Zostera marina* L.（eelgrass）：*in situ* nitrogen enrichment and light manipulation. Journal of Experimental Marine Biology and Ecology，185：55-76.

Van Lent F，Verschuure J M. 1994. Intraspecific variatbility of *Zostera marina* L. (eelgrass) in the estuaries and lagoons of the southwestern Netherlands. Ⅰ. Population dynamics. Aquatic Botany，48：31-58.

van Tussenbroek B I. 1995. Thalassia testudinum leaf dynamics in a Mexican Caribbean coral reef lagoon. Marine Biology，122 (1)：33-40.

Vermaat J E，Agawin N S R，Duarte C M，et al. 1997. The capacity of seagrasses to survive increased turbidity and siltation the significance of growth form and light use. Ambio，25：499-504.

Vermaat J E，Verhagen F C A，1996. Seasonal variation in the intertidal seagrass *Zostera noltii* Hornem.：coupling demographic and physiological patterns. Aquat. Bot.，52：259-281.

Vermaat J E，Verhagen F C A，Lindenburg D. 2000. Contrasting responses in two populations of *Zostera noltii* Hornem. to experimental photoperiod manipulation at two salinities. Aquatic Botany，67：179-189.

Waghmode A P，Joshi G V. 1993. Significance of phosphoglycollate phosphatase and 3-phosphoglycollate phosphatase in photosynthetic carbon assimilation in some marine plant. Photosynthetica，17：193-197.

Walker D I，McComb A J. 1990. Salinity response of the seagrass *Amphibolis antarctica* (Labill.) Sonder et Aschers.：an experimental validation of field results. Aquatic Botany，36：359-366.

Walker D I. 1985. Correlations between salinity and growth of the seagrass *Amphibolis antarctica*

(Labill.) Sonder and Aschers.，in Shark Bay，Western Australia，using a new method for measuring production rate. Aquatic Botany，23：13-26.

Yolanda Fernández-Torquemada，José Luis Sánchez-Lizaso. 2005. Effects of salinity on leaf growth and survival of the Mediterranean seagrass *Posidonia oceanica* (L.) Delile. Journal of Experimental Marine Biology and Ecology，320：57-63.

Zharova N，Sfriso A，Voinov A，et al. 2001. A simulation model for the annual fluctuation of *Zostera marina* biomass in the Venice lagoon. Aquatic Botany，70：135-150.

Zimmerman R C，Kohrs D G，Steller D L，et al. 1997. Impact of CO2 enrichment on productivity and light requirement of eelgrass. Plant Physiology，115：599-607.

第十六章　台风对海草生态系统的影响

台风、飓风及龙卷风是近岸生态群落变化的强有力推动者，而海草是近岸生态群落的主要组成者。台风、飓风及龙卷风等对海草的破坏主要有如下几个方面：①产生巨浪对海草的直接物理伤害，如折断海草，或连根拔起；将软质底泥部分或全部掀起，导致海草被整体移走，同时掀起的底泥也会将临近地区的海草覆盖而导致海草被捂死等。研究认为，当巨浪达到 90cm/s 时，就足以使海草的枝条折断，当巨浪达到 150cm/s 时，底泥开始移动，海草的地下茎也受到侵蚀（Scoffin，1970）。②因台风、飓风及龙卷风等产生的巨浪将底泥再悬浮，提高了水体的浊度，降低了透光率；在沉降时，悬浮质会覆盖在海草上，降低了海草对光的利用效率。③台风、飓风及龙卷风增加了降雨，使近岸或河口水体的盐度明显降低，改变了海草的生态环境。④由于近年来的用地变化，导致水土流失严重，台风、飓风及龙卷风等引起的强降雨产生的地表径流将悬浮泥沙和大量营养物质带入近岸水体中，不仅增加了水体的浊度，而且导致浮游植物大量生长，又进一步降低了水体的透明度（Listun，1990）。⑤台风、飓风及龙卷风等会带来外来物种，侵入原来的生态系统，改变了种群结构。有的研究认为，飓风是导致海岸带海草变化的主要因素（Connell，1978）。由于飓风及龙卷风等对海草生态系统有较大的影响，美国及澳大利亚等国家分别立项研究了飓风和龙卷风对海草破坏及种群结构的影响。在对海草破坏方面，由于飓风和龙卷风的速度和方向不同，其产生的海流流速和流向也有较大的变化，因而对海草的破坏程度也有较大的差别。有的飓风和龙卷风的风速很大，适宜的风向也有助于巨浪的形成，因而对海草床产生巨大的破坏。例如，Poiner 等（1989）报道了由 220km/h 速度的龙卷风 Sandy 产生的 12m 高的巨浪，导致澳大利亚 Carpinteria 湾的 70%海草床受到破坏。Long 等（1995）报道了澳大利亚 Hervey 湾大约 1000km^2 海草床由于龙卷风产生的巨浪、洪水及水体浊度增加等而消失。Fourqurean（2004）在研究飓风 Georges 对佛罗里达海草床的影响时发现，3%的 *T. vestudinum* 和 19%的 *S. fliforme* 在这一次飓风中失去。有的飓风和龙卷风虽然风速很大，但对海草床的影响相对较小，如 Ball 等（1967）研究了属于四级（五级最高）的飓风 Donna 在 1960 年经过佛罗里达时对海草床和软泥海岸的影响时发现，飓风对海草床和软泥海岸的影响较小。Thomas 等（1961）研究认为，尽管海岸有高达 2m 的海草碎片，但对海草在 Biscayne 湾的分布影响不大。1992 年，另外一个属于四级的飓风 Andrew 经过佛罗里达时对红树林和陆地生态系统具有毁灭性的破坏，但对红树林边缘的海草影响不大（Smith et al.，1994；Armentano，1995；McCoy，1996）。这也说明了由于飓风产生的海流速度是导致海草受到破坏的主要原因。

距飓风和龙卷风中心相对较远的区域，对海草床只是造成局部瘢痕状（blowouts）的破坏。例如，1989 年 9 月，飓风 Hugo 经过 Puerto Rico 海岸时，造成数十平方公里的海草床出现瘢痕状破坏（Rodriguez，1994）。1998 年 10 月 26 日至 11 月 5 日，飓风 Mitch 经过加勒比海时，造成的海草床中出现了斑痕状破坏（Michot，2002）。在澳大利亚西海岸的大面积海草床中，大量瘢痕状破坏是由于龙卷风经过时造成的（Kirkman，2000）。

飓风和龙卷风等也会对海草带来间接的破坏。飓风和龙卷风等引起的大量降雨通过河口大量涌入，导致水体的盐度大幅度降低，并且延续一段时间。Brodie 和 Baer（1995）及 Preker 等（1992）观察了在洪水期间 Fitzroy 河口的水体盐度状况时发现，水体的盐度在 8 左右维持了三周以上，导致海草及珊瑚的大片死亡。

我国沿海是台风经常侵袭的区域，在西北太平洋上空平均每年有 27 个台风生成，其中登陆的台风平均每年是 3.2 个，最多年份达到 9 个（徐良炎，2005），其中 50%以上在广东登陆。台风引起的风暴潮、台风浪冲刷海草，将海草连根冲刷起来，或是将滩涂中的泥沙冲刷起来埋没海草，从而影响海草的生长，造成海草资源破坏。国内在台风对海草影响方面研究较少，文献记录只发现 2002 年 9 月底的一次正面袭击的台风，给广西合浦海草带来了严重的破坏（黄小平，2006）。

参 考 文 献

黄小平，黄良民，李颖红，等. 2006. 华南沿海主要海草床及其生境威胁. 科学通报，57 (S1)：114-119.

徐良炎，高歌. 2005. 近 50 年台风变化特征及灾害年景评估. 气象，31 (3)：41-44.

Armentano T V，Doren R F，Platt W J，et al. 1995. Effect of Hurricane Andrew on coastaland interior forests of Southern Florida：overview and synthesis. J. Coast. Res. SI，21：111-144.

Ball M M，Shinn E A，Stockman K W. 1967. The geologic effects of hurricane Donna in South Florida. J. Geol.，75：583-597.

Brodie J E，Baer M. 1995. River discharge & plumes associated with Cyclone Sadie. *In*：Workshop on the Effects of the Cyclone Sadie Floods in the GBR，Great Barrier Reef Marine ParkAuthority Workshop Series，GBRMPA，Townsville.

Connell J H. 1978. Diversity in tropical rainforests and coral reefs. Science，199：1302-1310.

Fourqurean J W，Rutten L M，2004. The impact of hurricane George on soft bottom，back reef communities：site-and species-specific effects in south Florida seagrass beds. Bulletin of marine science，75 (2)：239-257.

Kirkman H，Kirkman J. 2000. Long-term seagrass meadow monitoring near Perth，Western Australia. Aquatic Botany，67：319-332.

Listun P W. 1990. Spatial variability and covariability of chlorophyll and zooplankton on the GreatBarrier Reef. Ph. D. Thesis，James Cook Univ.，Townsville，204.

Long W J L，Coles R G. 1995. Flood and cyclone related loss，and partial recovery，of more than 1000 km^2 of seagrass in Hervey Bay，Queensland，Australia. Aquat. Bot.，52：3-17.

McCoy E D，Mushinsky H R，Johnson D，et al. 1996. Mangrove damage caused by hurricane Andrew on the southwestern coast of Florida. Bull. Mar. Sci.，59：1-8.

Michot T C，Burch J N，Arrivillaga A，et al. 2002. Impacts of hurricane Mitch on seagrass beds and associated shallow reef communities along the Caribbean coast of Honduras and Guatemala：USGS Open File Report，03-181：65.

Poiner I R，Walker D I，Coles R G. 1989. Regional studies-seagrasses of tropical Australia. Pages 279-303. *In*：Larkum A W D，McComb A J，Shepherd S A，eds. Biology of seagrasses：a treatise on the biology of seagrasses with special reference to the Australian region. Amsterdam：Elsevier.

Preker M. 1992. The effects of the 1991 central Queensland floodwaters around Heron Island，Great Barrier Reef. *In*：Workshop on the Impacts of Flooding，Byron G T (ed.) ，Great Barrier Reef Marine Park Authority Workshop Series No. 17，GBRMPA，Townsville，75.

Rodriguez R W，Webb R M T，Bush D M. 1994. Another look at the impact of Hurricane Hugo on the shelf and coastal resources of Puerto Rico，U. S. A. Journal of Coastal Research，10 (2)：278-296.

Scoffin T P. 1970. The trapping and binding of subtidal carbonate sediments by marine vegetation inBimini Lagoon，Bahamas. Journal of Sedimentary Petrology，40：249-273.

Smith I J Ⅲ，Robblee M B，Wanless H R，et al. 1994. Mangroves，hurricanes and lightning strikes. BioSci.，44：256-262.

Thomas L P，Moore D R，Work R C. 1961. Effects of Hurricane Donna on the turtle grass beds of Biscayne Bay. Bull. Mar. Sci.，44：200-219.

附录1：国家海洋公报中海草状况

2002年海洋公报

我国沿海从南到北都有海草资源分布，海草床是浅海水域初级生产力最高的生物栖息地之一。目前，我国海草床生态系统正受到人类活动的严重威胁，例如，海南岛龙湾非常适合海草生长，但由于近几年对虾养殖业的发展，导致该海域海菖蒲、泰来藻叶面上的沉积物层加厚，光合作用能力降低，整片海草床呈现老化和退化趋势（国家海洋公报，2002）。

2003年海洋公报

2003年各保护区进一步加大了宣传工作和管理力度，保护区内基本杜绝了乱砍红树林、采挖珊瑚礁、炸鱼、捕鱼的现象，鱼群数量明显增多。保护区内红树林逐步恢复，保持和恢复了红树林生态系统基本的生态动力学过程和生态学功能，维护了红树林生态系统中物种的基本生命过程和生物多样性。广西山口国家级红树林自然保护区内生物多样性丰富，红树林生长茂盛，植物种类达14种，直接或间接地依赖于红树林系统生存的生物超过800种，其中，鱼类40余种，浮游生物120余种，底栖生物近300种。珊瑚礁生态有一定程度的恢复，三亚国家级珊瑚礁自然保护区加强了珊瑚病害调查与繁殖研究工作，积极研究珊瑚礁恢复技术，促进珊瑚礁的加速生长和恢复并取得了一定进展。通过控制陆源污染和海上污染源等有效的防污治污措施，使保护区海域水质达到一类海水水质标准，区内珊瑚礁及其生态保护和恢复取得明显成效（国家海洋公报，2003）。

2004年海洋公报

2004年监测结果表明，15个生态监控区中，海南东海岸生态监控区内的珊瑚礁、海草床生态系统，雷州半岛西南沿岸生态监控区珊瑚礁生态系统，以及广西北海生态监控区内的珊瑚礁、海草床及红树林生态系统健康状况良好。主要海湾、河口及滨海湿地生态系统处于亚健康或不健康状态。其中莱州湾、黄河口、长江口、杭州湾和珠江口生态系统均处于不健康状态。生态系统不健康主要表现在富营养化及营养盐失衡，生物群落结构异常，河口产卵场严重退化、部分产卵场正在逐步消失，生境丧失或改变等；主要影响因素是陆源污染物排海、围填海侵占海洋生境、生物资源过度开发。我国近岸海洋生态系统整体处于脆弱状态，生态环境恶化的趋势尚未得到缓解（国家海洋公报，2004）。

2005 年海洋公报

海南东海岸生态监控区生态系统处于健康状态。监控区绝大部分海域水质状况良好。监控区海草床生态系统相对稳定，分布的海草种类丰富，主要种类有二药藻、羽叶二药藻、海菖蒲、针叶藻和喜盐草。陵水新村、黎安、高隆湾、龙湾及长玘港五个海草重点分布区，海草盖度、植株密度及海草生物量均处于较高水平，上述各区域海草盖度分别为 63%、32%、64%、80%和 76%，每平方米植株数量分别为 270 株、62 株、266 株、307 株和 412 株，每平方米海草生物量分别为 48.8g、113.2g、6.4g、59.5g 和 141.8g（国家海洋公报，2005）。

2006 年海洋公报

2006 年监测结果表明，绝大部分珊瑚礁、红树林和海草床生态系统处于健康状态，西沙群岛珊瑚礁生态系统，海南东海岸生态监控区内的珊瑚礁、海草床生态系统，广西北海生态监控区内的珊瑚礁、海草床及红树林生态系统以及北仑河口红树林生态系统健康状况良好，雷州半岛西南沿岸珊瑚礁生态系统处于亚健康状态。主要海湾、河口及滨海湿地生态系统处于亚健康或不健康状态。其中锦州湾、莱州湾、杭州湾和珠江口生态系统处于不健康状态，主要表现在富营养化及营养盐失衡、生物群落结构异常、河口产卵场退化、生境丧失或改变等。主要影响因素是陆源污染物排海、围填海侵占海洋生境、生物资源过度开发。连续三年的监测结果表明，我国长江口以北海域生态监控区的水质和生物群落结构略有好转，主要表现在海洋生物的密度和生物量有所恢复；长江口以南海域生态监控区的水质和生物群落结构略有下降，主要表现在水体富营养化呈增高趋势，浮游植物密度偏高，海洋动物的密度和生物量偏低。总体而言，我国近岸海洋生态系统生态环境恶化的趋势仍未得到有效缓解（国家海洋公报，2006）。

2007 年海洋公报

2007 年监测结果表明，绝大部分珊瑚礁、红树林和海草床生态系统处于健康状态，西沙群岛珊瑚礁生态系统，海南东海岸生态监控区内的珊瑚礁、海草床生态系统，广西北海生态监控区内的珊瑚礁、海草床及红树林生态系统，以及北仑河口红树林生态系统健康状况良好，雷州半岛西南沿岸生态监控区珊瑚礁生态系统处于亚健康状态。主要海湾、河口及滨海湿地生态系统处于亚健康或不健康状态，其中锦州湾、莱州湾、杭州湾和珠江口生态系统处于不健康状态，连续四年的监测结果表明，我国海湾、河口及滨海湿地生态系统存在的主要生态问题是富营养化及氮磷比失衡、环境污染、生境丧失或改变、生物群落结构异常和河口产卵场退化等。主要影响因素是陆源污染物排海、围填海活动侵占海洋生境、生物资源过度开发。总体而言，我国近岸海域生态系统健康状况恶化的趋势尚未得到有效缓解（国家海洋公报，2007）。

2008 年海洋公报

海草床生态系统处于健康状态。海草群落基本稳定，共分布有 8 种海草。其中以泰来藻和喜盐草密度最高，海菖蒲和小喜盐草密度最低。生物量则以海菖蒲最高，其次是泰来藻，其余种类生物量偏低。海草床内大型底栖生物以软体动物为主。监控区内的海水养殖活动、捕捞作业、船只停泊、海岸带开发活动和污水排放等是海草床受到的主要威胁（国家海洋公报，2008）。

2009 年海洋公报

海南东海岸生态监控区：实施监测的珊瑚礁和海草床生态系统均处于健康状态。活珊瑚礁平均盖度为 30.6%，与上年相比变化不大，硬珊瑚礁补充量为 1.03 个/m^2，是上年的 2.2 倍。造礁石珊瑚生长发育良好，共有 86 种，比上年增加 19 种。珊瑚礁鱼类种类及数量丰富，共有 89 种鱼类，平均密度为 68 尾/百平方米，是上年的 1.2 倍。

海南东海岸海草种类多样性丰富，共有 8 种海草分布，主要优势种是泰来藻。本区海草生长状况良好，平均盖度为 49.7%，是上年的 1.8 倍；海草平均密度为 316 株/m^2；平均生物量为 114g/m^2。海草伴生生物种类丰富，有 60 种大型底栖生物，平均密度为 21 个/m^2，平均生物量为 226g/m^2。

近年来海南东海岸近岸环境受到了汞、砷、镉、铅和滴滴涕等污染物不同程度的污染。2004 年以来的监测与评价结果表明，部分生物体内汞、砷、镉、铅和滴滴涕残留水平超第一类海洋生物质量标准，其中个别年份部分生物体内汞和铅残留水平超第二类海洋生物质量标准（国家海洋公报，2009）。

2010 年海洋公报

河口、海湾、滩涂湿地、红树林、珊瑚礁和海草床等生态系统是我国近岸海域主要的生态系统类型，它们的调节功能、支持功能、供给功能和文化功能等，支撑着我国沿海区域的经济社会发展。为掌握近岸典型海洋生态系统的健康状况及变化趋势，国家海洋局自 2004 年起在我国近岸设立 18 个海洋生态监控区，开展监测评价工作。2010 年监测结果表明，我国近岸典型海洋生态系统多处于亚健康状态，部分海洋生态系统健康状况有所好转，但局部区域恶化态势严重。

所监测的珊瑚礁、红树林和海草床生态系统多处于健康和亚健康状态，过去长期处于健康状态的西沙和海南东海岸珊瑚礁、广西北海山口红树林、广西北海海草床等生态系统，其健康状况有所下降。受长棘海星和核果螺等敌害生物的侵害，珊瑚礁白化现象有所加剧；广西北海山口红树林发生了较为罕见的大面积虫害；广西北海和海南东海岸的围填海、养殖等人为活动对海草床的栖息环境破坏较大（国家海洋公报，2010）。

2011 年海洋公报

2011 年，在我国典型海洋生态系统和关键生态区域鉴定出浮游植物 627 种，浮游动物 774 种，底栖生物 955 种，海草 7 种，红树植物 11 种，造礁珊瑚 66 种。监测结果表明，浮游生物和底栖生物物种数和生物多样性指数从北至南呈增加趋势，符合其自然分布规律，浮游和底栖生物的生物多样性及群落结构基本稳定（国家海洋公报，2011）。

2012 年海洋公报

《海洋公报》表明，我国海洋生物多样性状况基本稳定，部分近岸生态系统健康状况不佳。2012 年，海洋生物多样性状况监测结果显示，海洋浮游生物和底栖生物主要类群基本保持稳定，符合其自然分布规律，海草、红树等群落结构保持基本稳定。国家级海洋保护区环境质量总体良好，主要保护对象或保护目标基本保持稳定。长江口、苏北浅滩等典型海洋生态系统和关键生态区域生物多样性水平呈下降趋势，变化情况值得关注。81%实施监测的近岸河口、海湾等典型海洋生态系统处于亚健康和不健康状态。栖息地生境丧失、富营养化严重、生物群落结构异常是造成典型生态系统健康状况不佳的主要原因（国家海洋公报，2012）。

2013 年海洋公报

海洋浮游生物和底栖生物主要类群基本保持稳定，自然分布格局未发生显著变化；海草、红树等群落结构保持基本稳定。国家级海洋保护区的海洋生物资源和自然遗迹等保护对象基本保持稳定，但长江口、苏北浅滩等典型海洋生态系统和关键生态区域生物多样性水平呈下降趋势（国家海洋公报，2013）。

2014 年海洋公报

海南东海岸海草床生态系统呈健康状态，广西北海海草床生态系统呈亚健康状态。与上年相比，海南东海岸海草床生态系统的海草盖度增加 34%，密度增加 1.6 倍；广西北海海草床仍处于退化状态，海草密度下降 81%（国家海洋公报，2014）。

附录 2：海草保护区

● 广西海草自然保护区

1996 年，在广西合浦建立了国家级的儒艮自然保护区，并由保护区管理站进行一年一度的儒艮栖息环境的调查研究，共持续了 6 年。主要调查研究的对象有该保护区海域的 7 个海草床，分布于淀洲沙、北暮盐场海堤外、英罗港、英罗港口门外、淡水口、高沙头、山寮九合井底 7 个滩涂。1987 年春季的调查结果显示，淀洲沙、北暮盐场海堤外、英罗港的海草床的面积分别为 200hm^2、46.7hm^2、667hm^2；1994 年秋季淀洲沙、北暮盐场海堤外、英罗港、英罗港口门外、淡水口、山寮九合、高沙头的海草床面积分别为 20.0hm^2、16.7hm^2、133.3hm^2、133.3hm^2、46.7hm^2、26.7hm^2 和 33.3hm^2，而在 1999 年冬季这些海草的面积下降为 13.3hm^2、10.0hm^2、33.3hm^2、1.3hm^2、2.7hm^2、13.3hm^2 和 13.3hm^2；在 2000 年夏季这些海草床的面积有所增长，分别为 133.3hm^2、30.3hm^2、12.0hm^2、20.0hm^2、2.0hm^2、33.3hm^2、133.3hm^2，总面积为 364.3hm^2，而 2001 年夏季，由于自然灾害和人为因素的影响，7 个海草床海草总面积只有 229.6hm^2。

● 海南首建海草特别保护区

省政府日前批准建立陵水新村港与黎安港海草特别保护区，总面积 23.2km^2，其中新村港面积 13.1km^2，黎安港面积 10.1km^2。主要保护对象是海草床及其海洋生态环境（见报日期：2007-07-04）。

● 雷州流沙海草自然保护区

2003 年 8 月，经雷州市政府批准，在流沙海域建立雷州海草自然保护区。保护区面积为 3633hm^2。主要保护丰富的海草资源及其生态环境。

海草作为一种生长在水下的水生植物，由陆生植物演变而来。海草是唯一淹没在浅海水下的被子植物，其花在水下结果，然后再发芽。全世界的海草包括 12 个属，约 50 个种，这些植物广泛分布于温带和热带的海岸带水域，并且是常常受到自然原因和人为原因严重干扰的群落生境。它们偏爱的生境主要是流动有限的沿海泻湖、河口和海湾。在热带和亚热带地区，海草场、与红树林和珊瑚礁一样，是三大典型海洋生态系统。

海草场是生物圈中最具生产力的水生生态系统之一。海草在海洋生态环境中的作用非常重要，如改善了水的透明度，控制浅水水质；许多动物的直接食物来源；为许多动物种类提供了重要的栖息地和隐蔽保护场所；栖息着许多重要的底栖生物；抗波浪与潮的能力，是保护海岸的天然屏障。海草的根使之能利用沉积物中所存在的含量较高的营养物质，而这些营养物常常无法被该生态系统中的其他初级生产者所利用。海草代表最大的固碳贡献之一，海草通过其高生产力建立很大的碳储备，在热带地区，这些碳储备被食草动物如海龟、鸟类和海洋哺乳动物利用。碎屑食物链通常被认为是来自海草的主要能量源流动的途径。据国际上的研究结果，海草的经济价值远高于红树林和珊瑚礁的经济价值。

海草场的存在改善了周围的环境，为周围的居民提供了便利或福利。海草场的存在对净化水质、减少岸堤维护费用、增加海草场及其近海的渔业资源有着极大的作用。海草通过吸收周围海水中的 N、P 等营养元素而达到净化水质的效果，从而避免赤潮的发生。海草场为鱼、虾、贝类等生物提供庇护场所、栖息场所，提供食物，使海草场中的渔业资源特别丰富，此外海草场也是许多经济鱼类孵育仔稚鱼的好场所。海草场的存在不但对其中的渔业资源有很大的贡献，而且对其附近海域的渔业也有很大的贡献。海草场中的经济动物在海草场中孵卵、生长及生活，其幼体长大后可能游到附近的海域生活，这就为附近的海域增加了渔业资源。海草的存在可以低档住部分风力，减弱风力，保护海堤。

● 台湾垦丁海草自然保护区

垦丁国家公园是台湾的第一座国家公园，1982 年 9 月 1 日公告计划，1984 年 1 月 1 日成立管理处。位于屏东县境内、台湾最南端的恒春半岛上。陆地面积 18084hm^2，海域面积 15185hm^2，海陆域合计共 33269hm^2，园区南北长约 24km，东西宽约 24km，全境属热带。在垦丁海域，有海草床的分布。

● 台湾东沙岛海草自然保护区

东沙环礁国家公园为台湾的第七座国家公园，隶属台湾当局内政主管部门“营建署”，于 2007 年 1 月 17 日成立，并于该年的 10 月 4 日成立海洋国家公园管理处管理之。东沙环礁国家公园包含南海的东沙岛与其环礁及附近海域，总面积为 353667.95hm^2，陆域面积为 174hm^2，剩余部分为海域面积。园区主要为东沙岛与包含前者的直径 25km 的圆形环礁，为热带季风气候，距高雄市 445km。为了生态保护，并不对一般民众开放观光。在东沙岛海域，有大面积海草床的分布。

附录3：海草观测站

2013年5月，由中国水产科学研究院黄海水产研究所碳汇实验室与荣成楮岛水产有限公司共同组建的海草床生态系统碳汇观测站在荣成市东楮岛上建设成立。这是我国首个海草床生态系统碳汇观测站。

据介绍，该观测站将系统开展有关海草床碳汇功能的研究，获得有关海草床碳汇年际变化的长期观测数据，为我国应对全球气候变化管理策略的建立提供基础数据。

据了解，海草床生态系统广泛分布于热带到温带的大陆近岸海域，与珊瑚礁、红树林构成了世界近海三大典型生态系统。开展海草床生态系统碳收支过程及其驱动机制研究，对于认识我国海草床碳汇功能具有非常重要的理论意义。同时，认识海草床的气候调节功能，对于引起全社会重视和保护海草床具有紧迫的现实意义。

附录 4：图版

图版 1　附生生物较多的海草，上面有很多的海葵（如开花般）

图版 2　分离的单独海葵

图版 3　海草床中的大型藻类

图版 4　海草和藻类之间的竞争

图版 5　草藻之间的竞争

图版 6　处于劣势而将要死亡的海草

图版 7　死亡断裂的海草叶片依然黏附在海草上

图版 8　附生生物较多但很健康的海草

图版 9　含有白色硅质附生生物的海草叶片

图版 10　长有附生生物的老龄化的海草叶片

图版 11　新村港海草分布（水面上拍摄）

图版 12　新村港海草分布（水面上拍摄）

图版 13　海草和藻类相互纠缠,水体中颗粒物很多

图版 14　海草和藻类相互纠缠，海草略显优势

图版 15　海草和藻类相互纠缠，海草略显优势

图版 16　由于硅质附生生物较多，海草叶片已经硬化

图版 17　底质上的毛状物（目前没有鉴定出来）

图版 18　附生生物相对较少的海草

图版 19　紫色叶状附生生物

图版 20　附生生物较少相对健康的海草

图版 21　在海草根部有附生生物的海草

图版 22　海草中的双壳类贝

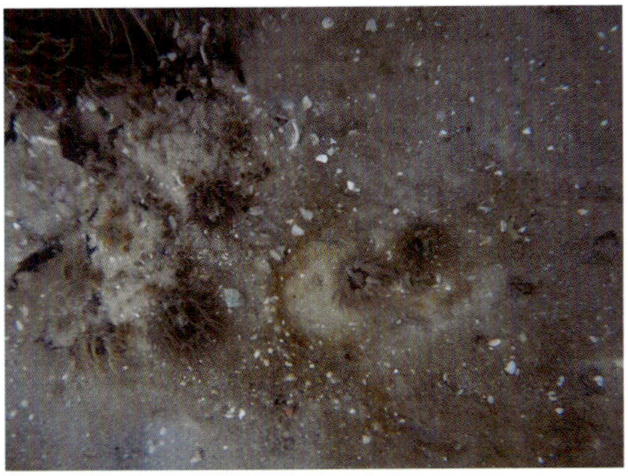

图版 23　已经枯萎的附生生物（环状）

图版 24　底质中的硅质沉积

图版 25　根部有较多附生生物的海草

图版 26　海草上海葵的一个特写

图版 27　底质上的硅藻（黄色）

图版 28　海草上粉红色的附着生物（目前未鉴定）

图版 29　海草床中的海星

图版 30　海草床中的海星

图版 31　底质和海草上均附着有附生生物

图版 32　海草床中的小鱼

图版 33　健康的海草和底质上有较多硅藻

图版 34　浮生生物较多以及白色丛状海草

图版35　面包海参，由于经济价值不高，捕获量小，海草床中分布较多

图版36　面包海参反面

图版37　海参

图版38　海葵

图版39　没有鉴定出来的结构或生物

图版40　海鸟和人工桩

图版 41　深海网箱

图版 42　海草中的地笼，捕捉螃蟹或虾

图版 43　海草床中的人工水泥桩，有很多藤壶附着

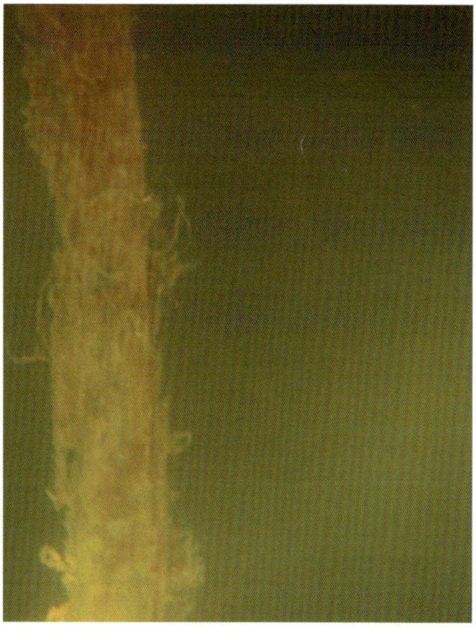

图版 44　浑浊的海水中很难拍到海草

图 45　浑浊的海水

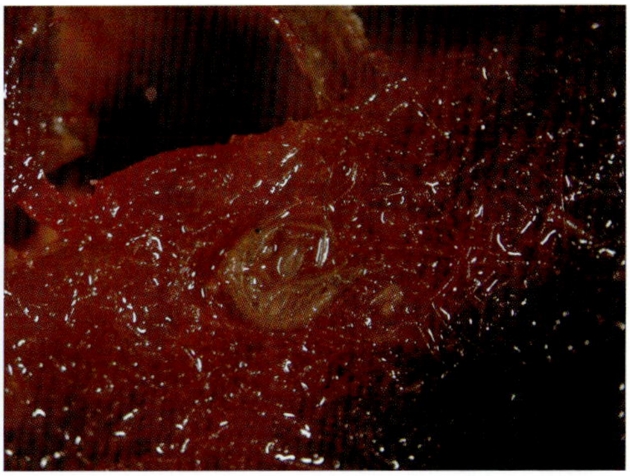

图版 46　附着生物的显微图像，红色线状的附生生物中有虾

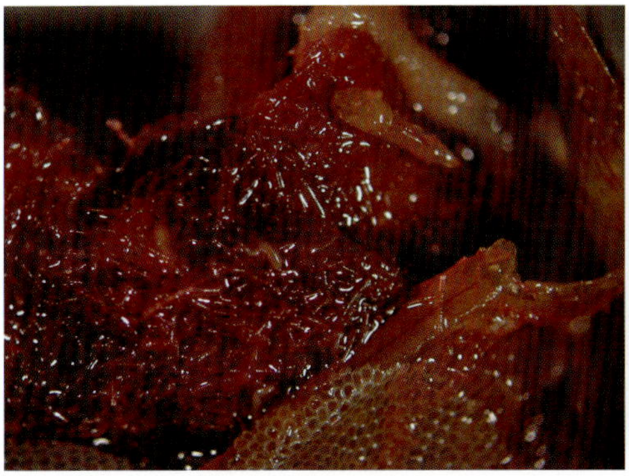

图版 47　附着生物的显微图像，红色线状的附生生物中有鱼

图版 48　附着生物的显微图像，白色黏稠状的附生生物

图版 49　附着生物的显微图像，螺状附生生物

图版 50　附着生物的显微图像，线管状附生生物

图版 51　附着生物的显微图像，绿色藻类附生生物

图版 52　附着生物的显微图像，网状硅质附生生物

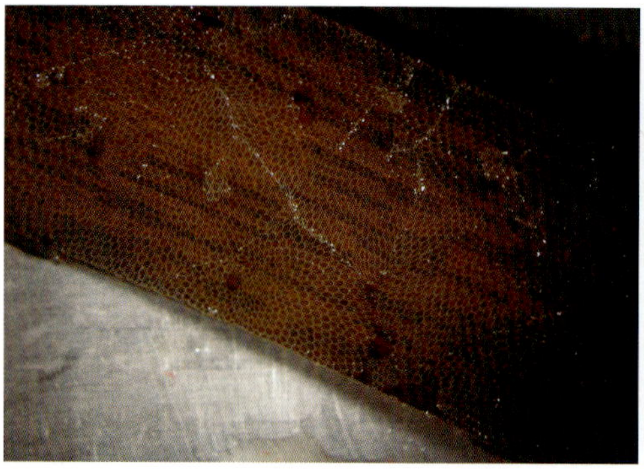

图版 53　附着生物的显微图像，网状硅质附生生物

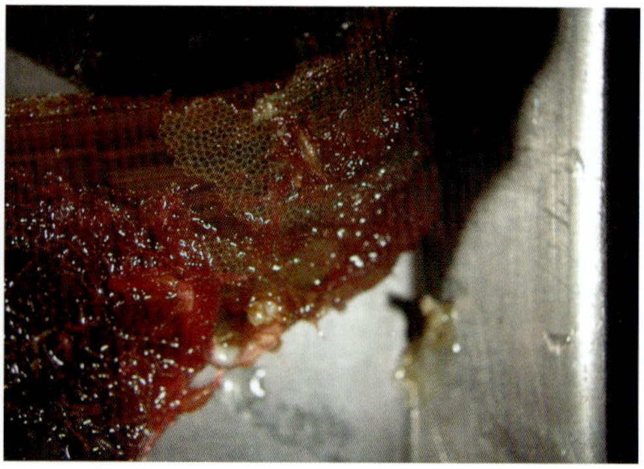

图版 54　附着生物的显微图像，网状硅质和黏稠状附生生物较为靠近

图版 55　附着生物的显微图像，线管状附生生物上有块状附生生物

图版 56　附着生物的显微图像，线管状附生生物上有类似虫型附生生物

附录 5：彩图

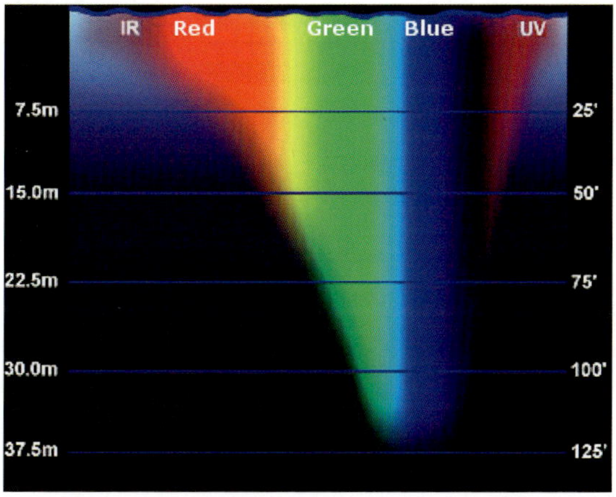

图 1-1　不同波段光谱在水中的透过情况

http：//www.seos-project.eu/modules/oceancolour/oceancolour-c01-p07.html

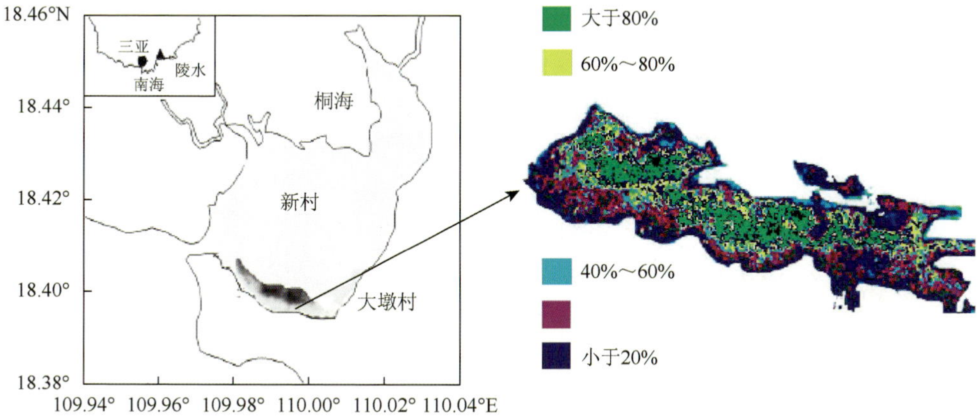

图 2-31　采用 Quickbirds 对海草分布信息

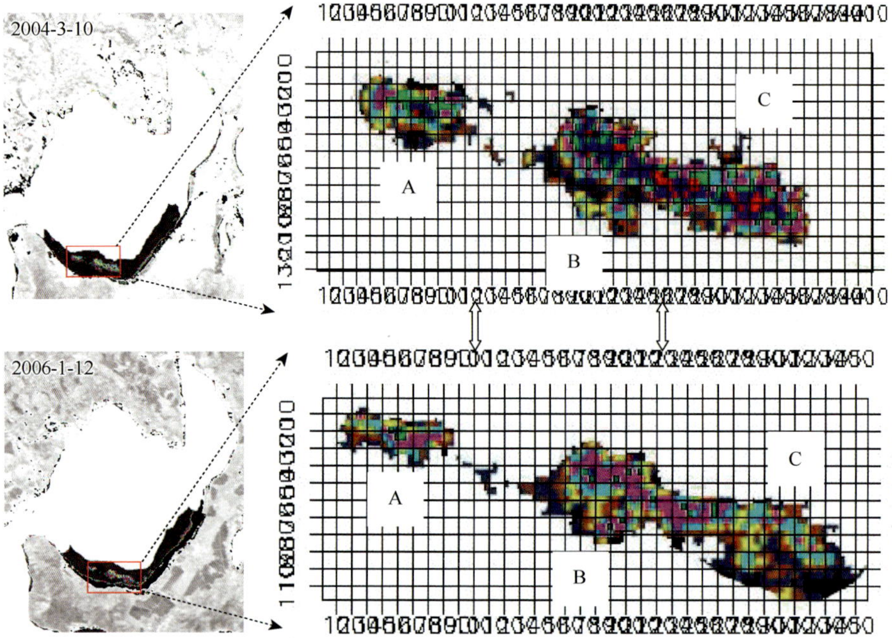

图 2-36　台风前后海草分布面积的变化

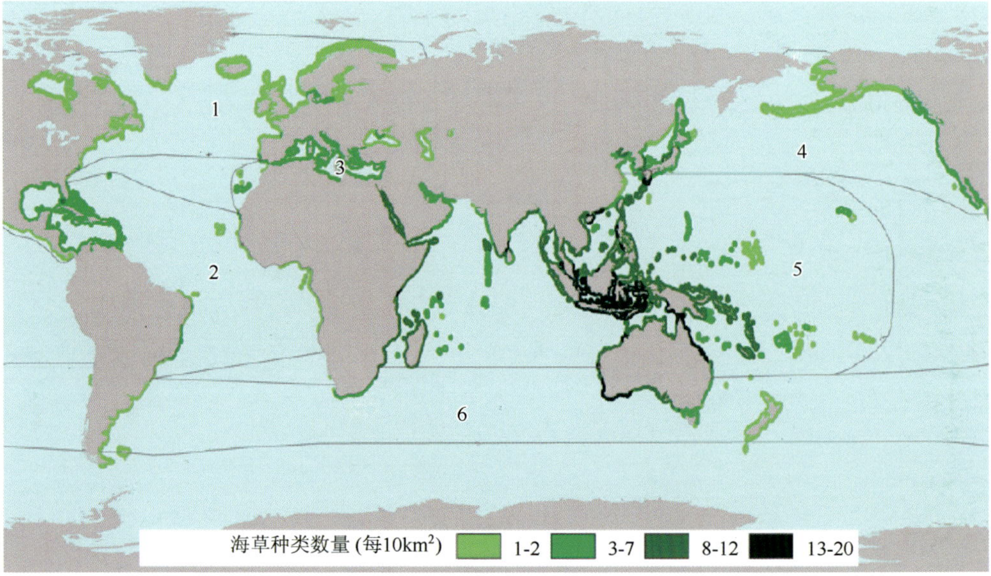

图 4-1　世界海草的分布（Short et al.，2007）